LAS NUEVAS TECNOLOGÍAS, COMO SIEMPRE

(El mito del cambio social–III)

José Antonio Martínez

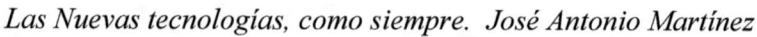

Las Nuevas tecnologías, como siempre. José Antonio Martínez

Las Nuevas tecnologías, como siempre. José Antonio Martínez

*A Inmasunta y
Consuelo, por hacer
posible este proyecto
con su ánimo y
paciencia*

ÍNDICE

INTRODUCCIÓN

Abordamos aquí las tecnologías de la información y de la comunicación, "tic", probablemente una de las materias que más contribuyen a resaltar el aspecto novedoso de la sociedad, el cambio social, y ello se hace con la intención de contrastar si realmente nos encontramos ante un hecho absolutamente nuevo, suficiente para justificar de un modo sustancial una concepción de la sociedad completamente diferente a las precedentes, o si solo se trata de una novedad técnica, asimilable en parte a otros casos anteriores, y que produce un cambio de hábitat, de entorno, al que ha de acomodarse la vida social e individual de los hombres, pero que no nos autorizaría a hablar de una sociedad radicalmente nueva.

Para ello se lleva a cabo, en la primera parte de la obra, un tratamiento en cierto modo "tradicional", es decir similar al que puede realizar cualquier estudioso de la sociología, salvo en cuanto a la elaboración de encuestas, mediciones, etc., ya que en buena parte resultan evidentes y no son precisas, porque reflejan tendencias suficientemente claras a todo observador. En el capítulo siguiente se incluye una reconsideración sobre los datos que hemos extraído de ese "estudio sociológico", formulándose toda una serie de matizaciones que hacen cuestionable ese axioma del cambio social, y que apoyan la conveniencia de un análisis más considerado con la permanencia de los fenómenos sociales, con una participación mayor de las demás disciplinas humanas, en particular la historia, la antropología, la filosofía, etc.

Si acogemos la tesis de la importancia de la estabilidad social y la subsiguiente matización de la valoración del "cambio social", podemos llegar a unos resultados más ponderados, en donde resultan perfectamente encajables la mayoría de las teorías producidas en las disciplinas humanas, con una recuperación de conceptos y tesis que habitualmente son desechadas por no cuadrar con la vorágine teórica que cada vez más requiere la actual consideración del cambio social.

A resultas de ello, nos encontraremos con un aparato teórico y conceptual bien diferente del que actualmente se maneja, y que en nuestra opinión produce una distorsión del modo de concebir la realidad social. Podremos disponer de un amplio acervo de información estable, contrastada, que nos permitirá dar cuenta de una forma más exacta de la realidad social. Nuestro propósito va en la dirección de recuperar buena parte de toda la información y extraordinario acopio teórico que históricamente se ha venido generando en estas materias, y que en los últimos dos siglos principalmente se ha visto injustamente relegado. Se intenta ofrecer un distinto acercamiento a lo social mediante una nueva formulación metodológica, que no supone desde luego la reutilización sin más de toda la tradición, es preciso un criterio sumatorio claro, aunque únicamente serán desechadas aquellas teorías y concepciones que presenten una incompatibilidad insalvable con el conjunto teórico general, ya que incluso el pensamiento que podamos tener por más desacertado, puede resultar útil en cuanto lección del error, del que tantas veces el hombre ha aprendido históricamente.

El hecho de haber elegido esta materia no se ha debido ni al azar, ni a una decisión caprichosa, sino que obedece a que quizás ninguna otra responde tan bien al propósito buscado al iniciar el presente trabajo, es decir, abordar de un modo decidido la cuestión del cambio social, y hemos entendido que las Tecnologías de la Información y de la

Comunicación constituyen el mejor supuesto posible, por cuanto ofrecen un apabullante despliegue de novedades técnicas que nos permiten disfrutar de un "mundo nuevo", que es acogido mayoritariamente por la teoría social como el fundamento indiscutido de una nueva sociedad, completamente alejada y distinta de las precedentes.

Pues bien, a la vista de todo ello, se desarrollan en la primera parte y de un modo breve muchos de los lugares comunes dominantes en esta materia. Dentro de las técnicas actualmente en uso, para nuestro propósito hemos creído suficiente con acudir a una cierta "observación participante" del autor, en la confianza de que los resultados generales no serían muy diferentes de haber empleado otros procedimientos tenidos en cierto sentido como más objetivos, como pudiera ser la encuesta.

Hemos asumido el reto de abordar de un modo crítico y contracorriente una de las materias en que fundamentalmente se sustenta hoy en día la teoría del cambio social, con la pretensión de señalar algunos de los excesos a los que se puede llegar si se dan por establecidos sin más la novedad y el cambio absoluto como viene siendo común entre la teoría sociológica de forma mayoritaria.

En el capítulo siguiente, bajo el título de "Matización del cambio social en las tic" se plasman de un modo parcial muchas de las apreciaciones subjetivas que en torno a esta materia hemos ido desgranando, únicamente trayendo a colación algunas de la infinidad de aportaciones que las disciplinas humanas acogen en sus nutridos cuerpos teóricos.

La expresión "Tecnologías de la Información y de la Comunicación" (en adelante "tic") es comúnmente admitida, ha cobrado por completo carta de naturaleza, y su significado no ofrece dudas, alude al conjunto de avances técnicos que tienen como objeto la información, tanto en su tratamiento como en su difusión y recepción. Son numerosas las ciencias que aportan sus descubrimientos al conglomerado de conocimientos que posibilitan actualmente estas tecnologías, así, entre otras, la física, la informática, la electrónica, la biología, la química, la robótica o la matemática, ocupan lugares destacados en este protagonismo científico.

El carácter "novedoso" de todas estas tecnologías ha de ser precisado. Conviven bajo esta denominación descubrimientos e inventos que datan de fechas "recientes", el DVD por ejemplo, con otros más "veteranos", de más de sesenta años, como es el caso de los primeros ordenadores. De todos modos, la comercialización de un producto tecnológico normalmente no obedece a una invención repentina, el proceso suele ser la culminación de muchos años de trabajo de grandes corporaciones que invierten ingentes cantidades de dinero y medios en ir mejorando las prestaciones de productos ya existentes. La genialidad individual cada vez más va dejando paso a ese nuevo modo de progreso, la ciencia avanza sobre sus propios conocimientos y los fundamentos científicos de ordinario encuentran sus raíces en otras épocas. Conviene, sin embargo, llamar la atención sobre un hecho destacable, la valoración del tiempo en la época reciente; un período de veinte o treinta años, que hasta hace poco era considerado como un lapso históricamente breve, actualmente puede suponer una eternidad. Particularmente en dominios como los de las nuevas tecnologías, la gran velocidad que se imprime a los cambios hace que en cuestión de un año o incluso meses, el estado de conocimientos pueda sufrir modificaciones trascendentes.

Los consumidores han asumido ya, plenamente, esa circunstancia, y cuando adquieren un equipo informático nadie duda que, por más sofisticadas y sorprendentes que sean sus prestaciones, es difícil que sea lo último que exista en el mercado, con total seguridad en algún lugar se estará ya mejorando. Así pues, la compra de esos aparatos nunca es de carácter muy duradero, no porque se produzca el deterioro de sus componentes físicos, sino porque el estado general de la tecnología los hará obsoletos en un plazo corto. La interrelación constante de las nuevas tecnologías entre sí y con otros usuarios hace que las antiguas pierdan de inmediato buena parte de su valor y sean repudiadas tan pronto como otras nuevas vienen a implantar su mayor eficacia. En este sentido, aumenta constantemente el número de los conocidos como *willing users*, amantes de las tecnologías de última generación. El hecho de poseer o usar un instrumento con el que no cuenta el círculo de referencia, es un valor importante que está surgiendo al hilo de la configuración social que generan estas nuevas tecnologías. Lo último o novedoso constituye un valor en sí mismo, con independencia de la necesidad o utilidad real que pueda tener para el usuario. Para no quedar descolgado de ese círculo de referencia, es necesario contar por lo menos con los mismos instrumentos técnicos que los miembros de ese círculo, lo que induce a la adquisición del correspondiente material técnico.

Han surgido numerosos sistemas de medición que dan muestra del interés que despierta en la sociedad el conocimiento cada vez más exacto de lo que ocurre, de las cifras que se manejan, y de todos aquellos datos referidos a las nuevas tecnologías de la información. Se busca la comparación constante entre ellos sobre el mayor o menor avance y seguimiento de estas tecnologías; como sector económico de primerísimo orden en que se ha convertido, la cuantificación de sus cifras y magnitudes ha cobrado una enorme actualidad. Pero con ser mucho el interés económico en conocer esos datos, también el interés del público en general sobre estas cuestiones es enorme, las numerosas revistas y publicaciones que han surgido en torno suyo fomentan y se nutren de este tipo de información.

Sorprende comprobar el elevado volumen de negocios que se mueve en torno a estas tecnologías y el alto crecimiento anual de las cifras, lo que representa una muestra de la importancia de este sector de la economía y de su imponente tendencia al alza. Incluso se han hecho necesarios espacios bursátiles propios y específicos. No sólo aspectos de magnitud económica han llevado a esta situación, las propias características de estos valores han hecho aconsejable la adopción de esta medida, especialmente la incertidumbre que se produce en torno a ellos, la zozobra, alto riesgo y cambio constante que es norma habitual de sus cotizaciones. No existen aquí, ordinariamente, los mismos parámetros que suelen utilizarse para valorar una empresa convencional, circunstancias distintas y generalmente intangibles suelen condicionar en mayor medida la cotización de estas nuevas empresas. El poder de atracción y fascinación que ejercen en los ciudadanos son elementos que influyen mucho en la consideración económica de estas entidades, a lo que se une la reticencia por parte de los valores tradicionales a dejarse arrastrar por los vaivenes de estos más novedosos, que cambian, multiplican o dividen su valor en muy poco tiempo, haciendo de la estabilidad algo completamente ajeno a su comportamiento en los mercados. Muchas de las mayores fortunas se forjan actualmente entre los magnates que gestionan estos nuevos mercados, que de la noche a la mañana ven multiplicar sus cuentas de resultados por índices impensables hace muy pocos años, aunque también grandes caídas suelen ser frecuentes en estos dominios, donde a una gran subida, suele acompañar una no menor bajada.

Son infinidad los ámbitos sociales que han resultado afectados por estas nuevas tecnologías. Se pueden señalar, a título de ejemplo, las nuevas perspectivas abiertas a los interesados, en el caso de los expedientes administrativos, quienes pueden efectuar consultas a distancia, a través del ordenador o por otros medios técnicos, comprobando su estado y fase de resolución, sin necesidad de someterse a unos horarios determinados y a una presencia física en las dependencias oficiales donde es objeto de tramitación dicho expediente. Es evidente la novedad que ello representa, la ruptura con el sistema tradicional en que las largas colas y la mala atención levantaban oleadas de protestas y originaban una opinión claramente negativa respecto a la burocracia y a la administración pública. Hoy en día se ha producido, en cierta medida, una alteración en esta situación, aunque la presencia física siga siendo la nota dominante en las relaciones con los poderes públicos o con entidades prestadoras de servicios. Más que un cambio total, se trata de una alternativa a la gestión tradicional para intentar paliar la saturación que provoca el alto nivel de burocratización. Muestra por dónde ha de ir el camino en el futuro, qué sistemas se irán imponiendo próximamente.

Otros sectores como el de la banca han sido pioneros en facilitar la automatización de gestiones y relaciones con los clientes, a través de sistemas como los cajeros automáticos, por medio de los que desde hace mucho tiempo ya es posible efectuar ingresos, cobros, consultas de saldos y movimientos, recargas de teléfonos móviles y otras muchas operaciones. También el mundo de la banca se ha situado actualmente en cabeza al facilitar a sus clientes el acceso a una gran parte de operaciones a través de la red. Aspectos económicos han impulsado esta tendencia, el ahorro que con estos nuevos usos se produce en mano de obra es evidente y ese incremento de productividad es el motor que hace avanzar en esta dirección, aunque algunas entidades ofrecen compartir con los usuarios ese menor o, en algunos casos, nulo coste en mano de obra, como aquellas entidades que operan únicamente "on line", que carecen de oficinas tradicionales y en las que la totalidad de intercambios se realizan a distancia. Por medio de la red ya es posible efectuar buena parte de las operaciones que se realizan directamente en la ventanilla de una oficina bancaria. Aunque el número de usuarios de estos servicios es aún reducido, sin embargo su crecimiento constante es muy elevado y, a buen seguro, que en poco tiempo estará en cifras próximas al tradicional. Como limitaciones a ese crecimiento se encuentra el coste de las tecnologías necesarias para este tipo de operaciones y la dificultad que para poder manipularlas encuentra todavía una buena parte de la población.

También se han incorporado a las nuevas técnicas las agencias de viajes, las compañías aéreas y de transportes, las operadoras telefónicas, el mundo de los espectáculos, de la hostelería y un largo etcétera que va aumentando día a día. Se produce un proceso de ósmosis generalizado, que constantemente se retroalimenta, contagiando de estos nuevos aires todos los campos, de modo que no pueden ser ajenos a ellos y reciben un impulso añadido en ese proceso modernizador.

Con carácter general se recogen a continuación algunas ventajas e inconvenientes relevantes al hablar de las aportaciones que las nuevas tecnologías realizan a la vida social en la actualidad.

La clave fundamental de su éxito hay que buscarla en la mejora que para la productividad tienen estas nuevas tecnologías. Puede decirse que ésta es la principal razón que ha hecho que sean admitidas y utilizadas de un modo masivo. No cabe establecer comparación con la situación anterior, es tal ese nivel de mejora que resulta abrumadora la diferencia, al punto que ha venido a significar el abandono definitivo de muchos de los sistemas precedentes.

Lo dicho respecto a la productividad sirve del mismo modo para la calidad. Ésta en absoluto puede entenderse al margen de la primera, hoy la productividad incluye necesariamente la calidad. Es más, con las nuevas tecnologías se ha alcanzado lo que se conoce como calidad total o error cero, es decir que aparte de una gran mejora en el rendimiento, se da al mismo tiempo una calidad absoluta, de modo que el error prácticamente desaparece. Los propios sistemas son casi perfectos, y si en casos concretos se produce el error, éste es debido normalmente a la falta de destreza del usuario.

De lo anterior se deriva asimismo una mayor facilidad y comodidad para los trabajos en que se utilizan habitualmente estas nuevas técnicas. A una mayor productividad y calidad se une el hecho de que todo ello se logra además con mayor comodidad, lo que representa un aspecto definitivo para el éxito de las mismas. En la sociedad en la que vivimos esa comodidad resulta fundamental a la hora de optar por algo. Así pues, si los modernos aparatos y programas ofimáticos nos permiten hacer más cosas, con calidad total, y además con menos esfuerzo, el éxito será seguro e irreversible. No son comparables, en este punto del análisis, la comodidad y ventajas que permiten las nuevas técnicas respecto de las anteriores. La suavidad de los teclados, un simple clic basta a veces para realizar una tarea para la que antes era necesario invertir mucho tiempo y esfuerzo, la posibilidad de rectificar sin límite cualquier escrito, de guardarlo como modelo el tiempo que haga falta, por referirnos sólo a algunos aspectos de los modernos avances, por no hablar de los tremendos progresos en comunicaciones y acceso a la información que constituyen una mínima enumeración de las notables ventajas que las nuevas tecnologías ofrecen sobre los sistemas y medios técnicos a los que han sustituido.

Aunque pesan en los usuarios mucho menos que las ventajas,

también podemos hablar de ciertos inconvenientes, sin ánimo exhaustivo se relacionan los siguientes:

La complejidad de su manejo y las consecuencias, a veces graves, si no se observan las normas y protocolos para su correcto uso. Frente a ello hay que señalar la relativa sencillez de las viejas máquinas de escribir, que incorporaban en un sólo aparato el equivalente –en cuanto permitía realizar unas funciones análogas- al teclado, a la pantalla, al disco duro y a la memoria, además de la impresora y todos los demás componentes que integran hoy día una moderna unidad de trabajo ofimático. Sin embargo toda esta sencillez no es suficiente para disuadir a los usuarios, y la balanza se ha decantado definitivamente del lado del ordenador y las nuevas tecnologías.

Como hemos dicho, los aspectos negativos no pesan lo suficiente en los usuarios como para retraer su incorporación a estos nuevos avances, cada día aumenta el número de personas que se muestran dispuestas a engrosar la larga lista de los que los utilizan habitualmente, hasta el punto de rayar casi en la adicción. Resulta a veces dificultoso distinguir con nitidez cuándo su uso obedece a una necesidad verdadera o por el contrario ya se ha hecho automático y exagerado. Cuando "el ordenador no funciona", ya nadie osa pensar que los trabajos se pueden hacer igualmente, es tal el grado de dependencia de estos nuevos instrumentos y de las nuevas técnicas, que volver al pasado, aunque sólo sea por unos momentos, ya no entra en los parámetros normales de funcionamiento que se manejan en nuestras oficinas modernas, tanto desde el punto de vista de la persona que presta el servicio administrativo como incluso del que lo demanda.

Por volver al caso de los trabajos de oficina, podemos señalar que frente a los relativamente pequeños desembolsos que suponía anteriormente equipar un despacho, en la actualidad esos costes se han disparado. Si antes, como hemos dicho, era suficiente una máquina de escribir, ahora todo el conjunto de aparatos que constituyen la unidad operativa de estos trabajos, es decir la unidad central del ordenador con sus múltiples componentes, la pantalla, el teclado, el ratón, el escáner, la impresora, el módem, las disqueteras, y todo el sinfín de periféricos que pueden complementar ese conjunto, pueden representar - en función de la calidad y de la cantidad de aparatos- un elevado coste, sobre todo si se le compara con la situación anterior. Se produce asimismo un desembolso constante para adquirir y mantener actualizados los despachos con las dotaciones necesarias de este material informático, tanto en software como en hardware. Parece completamente calculado (aunque sea un efecto de la guerra comercial desatada entre proveedores) el desfase y la aparición de nuevos instrumentos más modernos, de forma que los usuarios ya han dado por inevitable la disposición de las correspondientes partidas presupuestarias para mantener al día sus equipos.

La cantidad de descubrimientos técnicos y novedades que se producen constantemente, junto a la interacción, transferencia de información y comparación que tienen lugar diariamente entre usuarios, hacen que los desfases se pongan inmediatamente de manifiesto. Si a ello añadimos el hecho de que lo último y lo novedoso en estas materias posee en sí mismo un valor adicional, tenemos como resultado que se impone una actualización constante tanto de material como de programas. Las consecuencias económicas para la industria que opera en este ámbito son evidentes, las ventas iniciales ya están aseguradas y además lo que se adquiere ha de ser sustituido en breve plazo, con lo que prácticamente el material informático se está convirtiendo en material desechable y en un suministro, para lo que es preciso disponer un presupuesto más o menos constante. Ello hace que las compañías y las empresas informáticas relacionadas con este dominio constituyan un sector en alza, con un gran presente y unas enormes expectativas comerciales, como ya se ha apuntado anteriormente.

Uno de los inconvenientes de las nuevas tecnologías es la necesidad ineludible de formación que permita utilizar las cada vez más sofisticadas instrucciones de manejo. En los distintos tratamientos de textos, sistemas operativos, sistemas de navegación, bases de datos, nuevos métodos de comunicación telefónica, etc., en todos resulta imprescindible dominar una amplia gama de complejos comandos, dispositivos e intrincadas normas de uso. Es precisamente esta creciente y en ocasiones desalentadora complejidad la que retrae la incorporación de algunos usuarios, que se resisten en la medida en que todavía es posible. Hay actitudes contrarias a estas nuevas tecnologías que pretenden justificarse con argumentos diversos, pero en realidad lo que normalmente enmascaran es el rechazo ante ese esfuerzo intelectual y de tiempo que son precisos. Estos conocimientos se pueden adquirir o bien a través de los cursos que imparten la multitud de empresas que se dedican a ello, o bien de un modo informal a través de otros usuarios más avezados que facilitan los rudimentos necesarios para extraer de estas nuevas tecnologías las prestaciones mínimas para su utilización, y posteriormente con la práctica diaria y paciente se va logrando una mayor destreza, sin pretender alcanzar el dominio total de los nuevos artilugios, algo que ya ha sido descartado por la inmensa mayoría de usuarios. El coste de esta formación y el tiempo necesario para adquirirla es algo que no se valora adecuadamente, pero que se ha asumido como normal y necesario para estar al día en las nuevas tecnologías.

Por otra parte, estas nuevas tecnologías no son absolutamente inocuas, sino que tienen consecuencias negativas para la salud, aunque abordar este tema de un modo exhaustivo excede el propósito de este estudio. Todavía no se ha tomado conciencia plena de los efectos que tienen las continuadas horas de exposición ante los ordenadores. Frecuentemente se difunden noticias alarmantes sobre las consecuencias del uso de las nuevas tecnologías, así ocurre por ejemplo con respecto a los teléfonos móviles, a los que se achacan a veces terribles efectos para el cerebro. Tampoco es despreciable el dinero que le cuestan a los sistemas de seguridad social las bajas laborales del personal de oficina debido a las malas posturas, o los daños que para la columna vertebral, la vista o la espalda representan esos trabajos. La legislación en materia de prevención de riesgos laborales ya ha comenzado a incorporar estas circunstancias.

J.A.M - 2015

I. LAS "NUEVAS" TECNOLOGÍAS DE LA INFORMACIÓN Y DE LA COMUNICACIÓN ("Tic")

Dentro del ámbito de las tic vamos a acotar el campo a tratar en este trabajo y nos centraremos en la ofimática, es decir aquellas tecnologías que tienen más que ver con las funciones que se desarrollan en las oficinas modernas. Comenzaremos por el ordenador, como elemento fundamental en esta materia, y símbolo de las tecnologías que pivotan en torno a estos novedosos procesos técnicos. Inseparable de él encontramos los llamados "periféricos", que vienen a completar y amplificar sus prestaciones. A continuación nos referiremos a los tratamientos de textos, en tanto que parte fundamental de la labor ofimática que es ejecutada a través del ordenador, y a las bases de datos, que suponen una herramienta capital dentro de la misma.

Finalmente haremos una exposición breve de internet, el comercio electrónico y los nuevos sistemas de comunicación, que han venido a dar un vuelco en materias tan básicas como las comunicaciones y el comercio, redondeando así la innovación en esta materia.

21

1. EL ORDENADOR

Si hay un aparato que aglutina todas las notas que configuran las nuevas tecnologías de la información, ese es sin duda el ordenador, se trata del instrumento físico principal, sin él no es posible poner en marcha el proceso que a través de las mismas se despliega, aunque su dependencia respecto a los demás componentes que integran el conjunto es tal, que sin ellos resultaría muy mermada esa actividad, si no totalmente imposibilitada. Un ordenador sin unos programas de software carece de utilidad, pero al propio tiempo el software sin el ordenador en el que desplegarse hasta hace poco no era operativo, aunque están apareciendo otras alternativas que cuestionan y limitan ese carácter imprescindible del ordenador, como por ejemplo el acceso a la red a través de teléfonos móviles.

1.1. Historia

Desde el uso minoritario del ordenador en los años setenta hasta su empleo masivo en la actualidad han pasado muchas cosas en el desarrollo de este instrumento que ocupa un lugar central en la historia reciente de la humanidad. Es imprescindible hacer alguna referencia, aunque sea muy breve, a la trayectoria de los ordenadores.

Si en un principio fueron los sistemas operativos los que impulsaron el éxito de los ordenadores personales, posteriormente lo hicieron las hojas de cálculo y los primeros procesadores de textos. Más recientemente sistemas operativos como el Windows 95 – que facilitan un uso sencillo e intuitivo- han hecho popular definitivamente el ordenador, tendencia que se incrementará en el futuro, aunque se ignora si el acento del crecimiento se situará en los propios ordenadores o en la red. Los enormes y primeros ordenadores de hace poco más de cincuenta años han evolucionado de tal modo que se han convertido en nuestros días en un instrumento de uso habitual. Han dado lugar en los años ochenta al ordenador personal, para pasar luego en su proceso revolucionario a "pensar y aprender" con una lógica casi humana y a constituirse actualmente en un poderoso instrumento de comunicación a través de la red.

Por vía judicial se estableció que fue John Atanasoff en 1939 el autor del primer prototipo de ordenador, con la ayuda de su alumno Clifford Berry. En 1943 Mauchly y Eckert construyeron el ENIAC (Electronic Numerical Integrator and Calculator), un ordenador programable, pero de un enorme tamaño, y en 1951, los mismos inventores terminaron el UNIVAC (Universal Automatic Computer), considerado el primer ordenador de uso comercial, cuyos resultados se podían imprimir. Sin embargo, sería a partir de 1959 cuando se inició la moderna industria del ordenador, al descubrirse ese año el circuito integrada, siendo posible soldar en un chip de modo automático muchos transistores, lo que permitió reducir el tamaño, aumentar la velocidad y ahorrar energía.

En los setenta se hace posible la comunicación telefónica entre ordenadores y la miniaturización que permite ya los miniordenadores. En 1972 Intel fabrica el primer microprocesador, el 8008, que al año sería sustituido por el 8080. En 1975 Mits produce el Altair, basado en el microprocesador de Intel 8080 con 256 bytes de memoria.

En esta época surge también la industria del software, como industria independiente de la del hardware. Nuevos constructores popularizaron los famosos "garajes" de jóvenes que ponían a prueba diseños suyos, así la pareja compuesta por Steven P. Jobs y Steven Wozniak lanzaron el Apple II, surgiendo otras empresas inmediatamente. Otra pareja famosa de comienzos de los años setenta, Bill Gates y Paul Allen, ya había hecho en su pequeña compañía, Microsoft, una adaptación del lenguaje de programación BASIC para que pudiese funcionar en el Altair. Dan Bricklin y Bob Frankston crearon el Visicalc, la primera hoja de cálculo, que, junto a los primeros procesadores de texto, constituye el motivo principal de uso de los primeros ordenadores personales y, por tanto, de su venta creciente. En esa época se crea también Lotus 123, y así la industria del software comenzaba su explosión masiva.

Por lo que hace referencia a la década de los noventa y primera década del siglo XXI, los usos, las capacidades y los precios de los ordenadores personales están a la vista de todos. La competencia entre los grandes fabricantes - Compaq, IBM, Apple, Packard Bell, Samsung o Hewlett-Packard, entre otros - produce rebajas anuales de un 25 por ciento en el precio de los equipos. Puede pues decirse que el ritmo de evolución es paralelo al descenso de los precios de los equipos y a la reducción del plazo de tiempo desde que se concibe una innovación tecnológica y se utiliza de forma generalizada y a un coste asequible para el consumidor. El volumen de facturación de estas empresas se incrementa sin cesar cada año, aunque no se pueden despreciar las cifras de ventas de los productos "clónicos" procedentes en buena parte del sudeste asiático, es decir aquéllos que copiando modelos y tecnologías, los comercializan a un precio sensiblemente inferior, gozando de gran aceptación por su calidad y prestaciones.

1.2. Complejidad técnica

Aparte la complejidad habitual de las nuevas tecnologías, el ordenador está diseñado para operar de un modo especialmente diferente a otras tecnologías recientes. Junto al soporte material, que pudiéramos denominar normal, aparece todo un conjunto de procesos inteligentes, que actúan a distintos niveles y que son los que posibilitan su actividad. Así pues, tenemos una multitud de elementos en el conjunto del ordenador: el propio aparato físico, junto con sus programas de funcionamiento, además del sistema operativo que marca las directrices dentro de las que podrá instalarse cada uno de los programas que, a su vez, permitirán desplegar todas las virtualidades del sistema. A ello hay que añadir la acción constante del usuario, para lo que se requiere un especial adiestramiento en el manejo de tan complicado conjunto de aparatos y programas. Además, el ordenador va normalmente acompañado de una pluralidad de elementos externos, periféricos, que mejoran, posibilitan y permiten que el ordenador funcione adecuadamente, nos referimos a la impresora, escáner, altavoces, ratón, módem, disqueteras, y todo un conjunto de otros instrumentos "menores", que forman parte de ese conglomerado que podemos denominar ofimático.

Especialmente llamativo resulta, como se ha apuntado repetidamente, el contraste entre la simplicidad de una máquina de escribir tradicional y la tremenda complejidad física y de manejo de un moderno ordenador personal. Solamente las grandes ventajas de este último son las que han ocasionado el eclipse de la primera, pese a su gran sencillez. No siempre lo más sencillo es, pues, sinónimo de éxito, al menos ésta parece ser la lectura que pueda extraerse de la historia reciente de la suplantación de una tecnología por otra, aunque quepa considerar otras variables a la hora de analizar las causas para que un fenómeno así se haya producido, y además con tanta rapidez. Dichas circunstancias son analizadas en el presente trabajo, creemos que la clave cabe hallarla, en el cómo, en el qué y en el cuánto de los resultados que con una y otro se obtienen.

Son posibles varias definiciones del instrumento "ordenador", una técnica, la que sería estrictamente la unidad central o CPU, y otra acepción más amplia, de uso más general, que vendría a equivaler por extensión a todo el conjunto de programas y de periféricos que realmente permiten que el ordenador despliegue todas las opciones de que es capaz. Resulta en cierta medida compleja la delimitación física de qué es el ordenador. ¿Qué instrumentos lo integran realmente?: evidentemente la "unidad central", conocida como CPU, pero también su inteligencia, es decir los programas informáticos, el software. Lo que ocurre es que casi todos los componentes de ese conglomerado se comercializan por separado, así ocurre con la CPU, la pantalla, el teclado, el ratón, la impresora, los programas de software, el escáner, los altavoces, el módem, a veces las disqueteras, e incluso los mismos componentes físicos de esa unidad central, tales como la memoria, que es susceptible de ser adquirida por separado, o de ser ampliada en un futuro, según interese, etc.

1.3. Multifunción

Una de las principales notas del ordenador es la de la pluralidad de funciones que el mismo presta. Sirve y se utiliza habitualmente para hacer cálculos, para hacer escritos, para dibujar, para comunicarse, para recibir y emitir información, para jugar, etc. Sirve para trabajar y para divertirse, para relacionarse y para informarse, para comprar y vender, para "viajar", para realizar operaciones quirúrgicas e incluso para delinquir o luchar contra la delincuencia, para oír música o radio, para ver televisión o cine, para leer, para mantener cierto tipo de relaciones, para hacerse rico o para arruinarse, para controlar un vuelo espacial o para localizar al enemigo y destruirlo, para defenderse de él, para controlar una empresa o para gestionar el riego de un campo o regular la producción, transmitir y recibir cualquier tipo de enseñanza o "asistir" a un oficio religioso, etc. Puede decirse que a través del ordenador, y de las tecnologías a él asociadas, es posible realizar "prácticamente" cualquier actividad tradicional. Es un invento fundamental y de enorme importancia para la humanidad, se ha instalado en nuestras vidas de un modo definitivo y fundamental, la sociedad moderna gira en gran medida en torno a él y a todas las tecnologías que funcionan a través de él.

Así pues, la importancia que tiene es enorme, tanta que resulta difícil delimitarla, porque otra de las notas fundamentales es la de totalidad, es decir abarca casi toda la realidad, configurando junto a ella, otra realidad que se denomina "virtual", y que presenta algunos rasgos distintivos de la auténtica realidad tradicional, aunque cada vez va resultando más difícil distinguir con nitidez una y otra. Para muchas personas la auténtica realidad puede decirse que es la que hemos denominado "virtual", y la "tradicional" pasa a un segundo orden, dadas las vivencias que experimentan, las horas que se pasan ante el ordenador, y la centralidad que tiene en sus vidas.

Hoy es muy difícil mantenerse al margen del ordenador, la sociedad ha optado definitivamente por ese modelo tecnificado en que el ordenador es el elemento capital, y por tanto, en la medida en que el mundo está mucho más interconectado que hace unos pocos años, resulta muy difícil el aislamiento tecnológico. Los ciudadanos o países que no han dado el salto, corren el riesgo de quedar apartados de la historia, de ser excluidos. En general, puede decirse que se están suplantando los modos tradicionales de vida, tanto desde una perspectiva individual como colectiva; no sólo los individuos, sino también las empresas, las organizaciones, las administraciones, han optado por esta nueva posibilidad que la tecnología les ha ofrecido. Las razones de esta inmersión en el nuevo modo de hacer las cosas de siempre y quizás algunas nuevas, con unas connotaciones de rapidez, eficacia y calidad, entre otras, hasta ahora desconocidas para el hombre, hay que buscarlas precisamente en esas connotaciones. Uno de los objetivos del presente trabajo es ahondar en este aspecto, es decir, en el de sí todo el actual conglomerado tecnológico se encuentra justificado, si es solamente un negocio, y si la auténtica utilidad justifica el fenómeno.

1.4. Inercia, mito y moda

¿Así pues, es el ordenador y su entorno una tecnología innecesaria, es decir, un instrumento que no satisface una necesidad real de los ciudadanos? ¿Hasta qué punto es imprescindible el uso de estos aparatos, hasta qué punto aportan algo nuevo a los procesos vitales?. Estas son algunas de las cuestiones que intenta responder el presente trabajo en su conjunto, constituyendo este epígrafe únicamente el lugar para la formulación de la presente cuestión, cuya respuesta ha de ofrecerla cada individuo, en función del uso particular y el modo en que el mismo se produzca en cada usuario.

Se trata de analizar de un modo crítico y ponderado toda la serie de circunstancias que concurren en este nuevo y singular fenómeno, que tanto ha transformado la vida social en los últimos años. No se pretende poner en cuestión gratuitamente los beneficios y utilidades que afloran constantemente cuando uno se acerca a estos nuevos equipos informáticos. La opinión pública es abrumadoramente mayoritaria al señalar las grandes ventajas de los mismos, sin que apenas se plantee la necesidad de profundizar más en algo que es tan evidente. Queremos bucear en esa opinión dominante y tratar de analizar si se sostiene en bases sólidas o si se trata de argumentaciones ligeras que presentan puntos débiles, tras los que pudiera esconderse una exageración o una infundada necesidad o utilidad.

No se ha producido en este dominio un hecho disuasorio en el que pudiera apoyarse una posible crítica. Todo, por ahora, parece ir en su favor, es decir, la utilidad, la eficacia, la satisfacción individual y colectiva, abonan la tesis del beneficio social que de su uso se deriva. No ha ocurrido en este campo ni un Chernóbil, ni un Hiroshima, ni se pueden observar efectos devastadores para el medio ambiente, de modo que se cuestione el desarrollo. Tampoco estamos ante hechos de suma gravedad y tan preocupantes como los continuados accidentes de circulación, y ni aún así éstos llevan a cuestionarse las ventajas de los modernos medios de transporte, parece ser aún muy pronto para un planteamiento similar en este campo. Estamos en la fase en que prácticamente todas son ventajas, únicamente algunos pequeños escollos fácilmente superables aparecen en el camino triunfal de estas tecnologías; puede decirse que algunos casos de adicción o de morbilidad no suponen un peligro serio para esa evolución y desarrollo tecnológico. Es necesario que transcurra más tiempo y que sucedan algunos acontecimientos significativos para que esa opinión tan dominante pudiera verse afectada.

Sin embargo, aquí se trata de profundizar en las razones que se esgrimen a favor de estas nuevas tecnologías para ver si son tan "razonables", y si tras las mismas no hay algún aspecto que se halle ahí de un modo ilegítimo, quizás obedeciendo intereses económicos o de otra índole, y que enmascare una realidad diferente. Una vez expuesto el planteamiento general, es necesario acometer el tema más en concreto, en este caso se trata de ver si el ordenador y su entorno informático obedecen a una necesidad real de los usuarios o si estamos ante un exceso y un uso exagerado de una tecnología prescindible. La solución no puede ofrecerse de una manera tajante, ordenador sí – ordenador no, hay tantos aspectos y facetas tras estos complejos instrumentos, que ha de ser abordado globalmente el mayor número de los mismos para obtener una visión lo más amplia posible de los factores que intervienen y determinan la situación actual. Solamente después podremos aventurarnos a esbozar una opinión sobre el alcance de esa pregunta.

En principio, estas tecnologías parten de una utilidad inicial plenamente real, pero presentan efectos colaterales y aspectos indeseados que aconsejan actuar con cautela a la hora de adoptar posturas tan incondicionales a su favor. Sobre esa base real, sobre esa utilidad inicial, se actúa tanto que podemos pensar que es ahí donde comienza el aspecto mítico. Es decir, hay una inicial racionalidad, en el sentido de que son útiles en cierta medida, pero un conjunto muy elevado de la población se ve compelido a traspasar ese estadio, por campañas publicitarias, por inercia, por condicionamientos, de modo que algo que tiene una evidente razón de ser y supone un importante avance social puede llegar a ser un problema por razón de su desorbitado uso y abuso, por convertirse en un elemento de consumo en sí mismo, de tenencia y ostentación, más allá de toda lógica, más allá de un uso racional.

Evidentemente desde un punto de vista individual, tanto el ordenador como las nuevas tecnologías en general despiertan un elevado grado de admiración, de gratitud, de sorpresa, e incluso veneración por parte de los usuarios, que en muchos casos han visto aliviado su trabajo diario, o han experimentado la satisfacción de gozar de sus espectaculares resultados y de las expectativas que las mismas les han abierto, por lo que su opinión no puede por menos de ser tremendamente favorable. Desde una óptica empresarial, de organizaciones o administraciones, asimismo la acogida es totalmente positiva. Hoy por hoy la organización de grandes instituciones o la gestión de las modernas corporaciones y administraciones es impensable al margen de estos nuevos instrumentos que las hacen posibles. Las nuevas tecnologías no pueden ser puestas en entredicho sin despertar sospechas de falta de juicio. Sin embargo la misión del investigador social pasa por adentrarse en todos estos planteamientos y ver si esa consideración es real o tiene una fundamentación acertada, en la medida en que pueda abordarse esta cuestión tan amplia y compleja. Lo que ocurre es que dejar para cuando haya transcurrido mucho tiempo estas cuestiones, hace perder a ese análisis buena parte de su valor y, de ser necesaria una acción crítica y limitante, podríamos haber dejado pasar la oportunidad de actuar a tiempo.

En definitiva, ¿Es el ordenador – y de paso, las mismas tic - una tecnología fraudulenta, un invento que no presta ninguna utilidad real, que no supone una gran ventaja respecto a otras soluciones anteriores? Mantener esa postura supondría un planteamiento, cuando menos, temerario. Parece completamente evidente que eso no es así, que los beneficios son muchos y que representa una gran ayuda para antiguos procesos o trabajos y que viene a permitir nuevas actividades inexistentes hasta ese momento, abriendo un mundo nuevo de opciones y posibilidades. El propósito de este trabajo es profundizar en la medida de lo posible en esta cuestión, ir más allá de la opinión incuestionada, que sobre el ordenador en particular, y sobre las nuevas tecnologías en general, dominan abrumadoramente nuestra sociedad. ¿Tiene razón la mayoría, está fundamentada realmente esa opinión pública, hay algunos matices que puedan aportar algún elemento que limite el alcance de ese veredicto sobre la bondad de estos nuevos fenómenos? Estas y algunas otras cuestiones son las que pretenden ser abordadas mediante la presente exposición y que se irán revelando y contestando a lo largo de este trabajo.

Como se apunta en otros lugares, no hay un hecho fundamental y disuasorio del uso del ordenador, como pudiera ser respecto a la salud del sujeto o del medio ambiente, aunque esto ha de ser considerado desde una perspectiva más compleja y global. El sujeto-usuario percibe el ordenador, en la mayoría de los casos, como una gran ventaja, como una gran liberación, como un mundo apasionante que se ofrece a su vista, y es reacio a consideraciones más críticas. Todavía es relativamente poco tiempo el que ha transcurrido desde el uso masivo de los ordenadores como para que hayan aparecido grandes patologías o graves problemas para la salud, que hagan cuestionar su uso. Desde una consideración de las organizaciones, de las empresas o de las corporaciones, ya no es contemplado como reversible el proceso y la evolución de las nuevas tecnologías. La competitividad, la eficacia, la rentabilidad pasan inexorablemente por el papel principal que se les otorga a estas tecnologías.

Por todo ello, podemos decir que contemplada la dimensión actual de las tic de un modo subjetivo, desde la óptica de los sujetos que las usan y las disfrutan, las tic tienen su lógica de desarrollo, son completamente útiles y aceptadas. Sin embargo, hay evidentes aspectos exagerados y excesivos que es preciso tener en cuenta, sobre todo desde aquellas instancias cuyo cometido es analizar de un modo más general y objetivo los distintos aspectos de la vida social, y esa es precisamente nuestra intención.

1.5. Importancia económica: negocio

La importancia económica de todo este entramado tecnológico es enorme, ya se han apuntado las grandes cifras que se mueven en torno a este sector de la economía. Sin embargo, una buena parte de la facturación total corresponde al ordenador, en cuanto elemento fundamental; ya sea en el sentido estricto, ya sea en el más amplio, lo cierto es que el ordenador y su entorno constituyen un factor económico de primerísima magnitud, hasta el punto de que, incluso por partes, el ordenador es capaz de generar subsectores económicos de gigantescas cifras de negocio que originan grandes fortunas y condicionan el mercado de trabajo mundial, en concreto nos estamos refiriendo a las auténticas corporaciones que poseen un tremendo poder, y no sólo en el ámbito económico; tal ocurre, por ejemplo, con Microsoft, en el ámbito del software, en el caso del hardware no se produce la misma situación de monopolio, ya que en este subsector informático, también conocido como el del "hierro", hay bastantes empresas – y no sólo americanas – que compiten en el mercado total.

Se produce una constante superación técnica en el ámbito del software y en el hardware, y precisamente ésta es una de las claves de los beneficios que se generan. Ya no se trata de que tenga ordenador "todo el mundo", además es necesario ir renovando periódicamente los equipos para adaptarlos a las nuevas ofertas de mejoras tecnológicas que se producen constantemente y que convierten en obsoletos equipos con muy poca antigüedad. Continuamente están saliendo al mercado nuevos programas de

33

software que requieren una mayor potencia, rapidez y capacidad de esos equipos para poder funcionar adecuadamente, lo que obliga a mantener un hábito de adquisición también continuada de esos instrumentos, de modo que nos encontramos casi ante un suministro, más que ante la compra de una sola vez de esos equipos. Por la propia naturaleza de estas nuevas tecnologías, una de sus principales notas distintivas es permitirle al usuario "estar a la última", acceder a los más modernos procesos e información existente, de modo que cuadra mal con esa "mentalidad" el uso de un ordenador o de un programa "anticuado" – y se entiende en este dominio por "anticuado" un equipo o un programa de muy pocos años de antigüedad, quizás no más de tres o cuatro. El fenómeno del "willing users" o seguidor de la tecnología del último minuto es muy habitual, lo que beneficia enormemente los intereses de las empresas de este sector.

1.6. Cambio social

El usuario ha incorporado "el ordenador" a su vida de una forma plena y con una dimensión desconocida hasta ahora. Estamos ante un aparato que acapara una gran atención humana, no sólo en cuanto a tiempo, que desde luego es muy importante, sino también en cuanto a energía comunicativa, lúdica, laboral, cultural, formativa. Los ciudadanos se están acostumbrando a convivir con este nuevo instrumento símbolo de la modernidad, es un compañero de viaje en cualquiera de las muchas funciones que con o a través de él se pueden desarrollar. Aunque las edades en que se produce mayoritariamente esa relación es en la juventud y en la edad madura, puede decirse que en cualquier edad se da ese uso, incluso entre las personas mayores se está potenciando esa incorporación a los hábitos de vida. Ya desde la más tierna infancia se produce, a través de los programas educativos, esa instrucción tecnológica, de modo que se adquiera ese adiestramiento y el individuo sea capaz de usar estos instrumentos cuanto antes. Razones de tipo competitivo y de práctica social consolidada se pueden esgrimir como las determinantes de ese fomento tecnológico en todas las edades de la población.

Casos de adicción y de uso excesivo del ordenador se producen con mucha frecuencia, como consecuencia del placer que su manejo genera en los usuarios. Junto al empleo adecuado y justificado de estos equipos informáticos, es muy habitual el exceso en el mismo, de forma que son muchos, mayoritariamente jóvenes, los que se "enganchan" y quedan amarrados en las "redes" de las nuevas tecnologías, incapaces de sopesarlas y utilizarlas de un modo adecuado, las consecuencias pueden ser asimiladas en cierta medida a determinadas ludopatías. Con todo, la satisfacción es la nota dominante entre los usuarios de las nuevas tecnologías de la información, si no fuera así no se produciría el grado de aceptación tan elevado que crece constantemente. Hay, pues, desde el punto de vista subjetivo del usuario una acogida muy favorable al uso de la tecnología en general, y del ordenador en particular.

Es pronto todavía para hacer una valoración sobre las consecuencias que el uso masivo de la informática produce y producirá en los usuarios. Son múltiples los aspectos que pueden ser considerados para abordar esta cuestión, así por ejemplo, y sin ánimo exhaustivo, las nuevas tecnologías de la información han venido a llenar en numerosas ocasiones un vacío vital, un tiempo de ocupación de muchos ciudadanos, no sólo en el ámbito laboral sino también en el de ocio. Constituyen estas nuevas tecnologías un objetivo en los planteamientos de muchas personas, que aspiran a disponer de una buena cantidad y calidad de las mismas, y configuran su vida y su tiempo libre alrededor de ellas. De qué otra forma podrían llenar estos ciudadanos todo ese tiempo y energías con otra actividad es algo que no sabemos; lo que está claro es que al menos en este sentido el uso masivo del ordenador y su conjunto produce un efecto integrador y cohesivo de la sociedad. Podría decirse que este mismo efecto ha ocurrido con la televisión, o con la radio, o con otros fenómenos como el deporte, por hablar de algunos fenómenos modernos, o quizás cabría citar las religiones si consideramos periodos más amplios.

Sin embargo, el uso del ordenador y su entorno informático es un fenómeno social que presenta algunas particularidades respecto a estos aspectos que hemos citado y que pasamos a desglosar brevemente a continuación: a) Aglutina y concita de modo simultáneo unas energías y una actividad del sujeto que se pone en contacto con ellas y que llegan a ser en muchos casos de tal envergadura que absorben gran parte de la jornada de trabajo y de ocio de los ciudadanos; se mezcla el aspecto lúdico y el laboral, el formativo y el comunicativo. b) El papel del sujeto que interviene es muy activo; de hecho, sin su colaboración el proceso no funciona, ha de ser instado constantemente por el actor, que ha de formular adecuadamente sus preferencias, señalando todas las distintas circunstancias bajo las que ha de operar esa relación usuario-máquina; el hombre marca los tiempos, el contenido, señala el itinerario de acción, fija los interlocutores, etc. c) Sin embargo, pese a ese papel activo y fundamental del usuario, en el fondo se produce una captación de la voluntad del sujeto, que de modo consciente o inconsciente se ve abocado a mantener, en muchos casos, una dependencia respecto a ese ordenador, que parece que efectivamente le "ordena" al sujeto, le mantiene a su lado, le impone unas normas de conducta, le controla su actividad laboral, lúdica, comunicativa, y en fin condiciona en gran medida su vida. Es éste un efecto perfectamente constatable, otra cosa es que eso se haga de buen grado, porque al sujeto le interesa, le conviene, le gusta, le satisface. Lo que habrá que valorar, quizás con una perspectiva más amplia, con un mayor cúmulo de datos, aunque sobre este punto estimamos importante la necesidad de afrontar al mismo tiempo con prontitud esos efectos y estas circunstancias para, en su caso, tomar medidas ante hechos que de otro modo podrían ser irreversibles. d) No se puede olvidar el papel que el ordenador y su entorno desempeñan en la liberación de muchos trabajos y procesos penosos en la vida laboral del hombre. Éste ha venido a aliviar a muchos trabajadores cuya jornada laboral dependía de un solo proceso mecánico, que ocasionaba el consiguiente embrutecimiento y empobrecimiento de su vida, suponiendo de ese modo la superación de una disfunción ocasionada por una anterior tecnología, ahora relegada, liberando, por ejemplo, a los mecanógrafos de la rutina que suponía el uso de la máquina de escribir. Asimismo el ordenador ha venido a producir infinidad de mejoras en procesos que obligaban al hombre a penosas tareas que no ha tenido más remedio que realizar desde siempre, tales como, por ejemplo, el cálculo matemático o el riego y abono de un campo de cultivo, por citar supuestos dispares entre los innumerables casos posibles.

1.7. Inconvenientes

Según la perspectiva que se adopte para la consideración del precio de estos instrumentos, podemos estimar que su coste es elevado o no tanto. Desde el punto de vista de las funciones que en sí mismos prestan, cabe decir que es mínimo, habida cuenta la cantidad de posibilidades, opciones, tareas -casi infinitas- que por medio del ordenador podemos llevar a cabo. Sin embargo ese coste, que al principio de la "era informática" era extratosférico, únicamente al alcance de grandes corporaciones o empresas, ha experimentado una popularización, una rebaja tal que lo ha hecho asequible a una gran mayoría de la población, de modo que precisamente en esa divulgación masiva es donde se anclan los grandes beneficios que la poderosa industria informática ha obtenido en todos estos años. Es ésta una de las principales condiciones del desarrollo investigador y de avance en esta materia; es decir, en la medida en que una determinada tecnología pueda ser usada por grandes capas de población y pueda ser catalogada como bien de consumo masivo, en esa medida se promueve la investigación y mejora, lo que no ocurriría si dicha investigación no fuese susceptible de ser debidamente rentabilizada en una posterior fase comercial.

Es decir, la industria informática avanza y progresa fundamentalmente en la dirección que le trazan los beneficios económicos que, hoy por hoy, obtiene mayoritariamente de esa comercialización general de sus productos. Lo que no quiere decir que no destine esfuerzos y energías a la satisfacción de las necesidades de determinados organismos y entidades concretas, pero esos beneficios son menores que los que se producen como consecuencia de esta nueva demanda global. Lo cierto es que los costes de los productos informáticos se han popularizado, se han hechos asequibles al poder adquisitivo de los consumidores, en una relación muy estudiada de dicho mercado. También puede decirse que dentro de ese contexto comercial, las empresas del sector lanzan y generan productos informáticos, entre ellos el ordenador y todos los demás periféricos, de modo que constantemente se van mejorando los aparatos y se va haciendo necesario adquirir otros nuevos que tengan una mayor potencia y capacidad, en los que puedan funcionar adecuadamente los nuevos programas que igualmente se suceden en un proceso similar de obsolescencia controlada, de tal forma que se produce un efecto de consumo continuado, que engrosa los beneficios de las empresas que los producen y, a la vez, satisfacen el deseo de los usuarios, que disponen de lo más moderno, aunque por breve tiempo, puesto que con seguridad se verá superado a corto plazo por otro instrumento o programa más evolucionado.

En la cuestión de los costes informáticos, ha irrumpido recientemente con cierta notoriedad una cuestión de importancia, sobre todo para las empresas afectadas, aunque sólo indirectamente repercute en los costes de los ordenadores. Es el llamado software libre, como singularmente ocurre con aquél que deriva de Linux, y que viene a suponer una grave amenaza económica para el grande del sector, Microsoft, por cuanto es gratuita la utilización de todo el conjunto de programas de software, sin necesidad de abonar licencia ni coste alguno. Aunque pasar de la actual situación de pago a la que pudiéramos llamar "gratuita" tiene unos costes, que a veces pueden ser muy elevados, sin embargo en el futuro es de prever que esta opción gratuita pueda llegar a acabar con el monopolio mundial de Microsoft, de ahí las grandes presiones que la firma estadounidense está realizando a todos los niveles en todas partes. Entre las razones que exponen para rechazar esa nueva oferta gratuita está la pérdida de puestos de trabajo directos o inducidos. Como puede verse, las "razones" que esgrimen son en cierta medida colaterales a los propios usuarios, son más bien de macroeconomía, afectarían sobre todo a los estados o gobiernos, salvo a los empleados de la propia firma. De modo indirecto, y por razones técnicas, se produce para el caso concreto del ordenador, que es el que estamos abordando en este apartado, un efecto en cuanto ese software libre parece ser más conservador respecto al hardware, al requerir para su adecuado funcionamiento menos potencia y sofisticación.

Uno de los efectos inmediatos del uso del ordenador es la gran dedicación que precisa. No es posible realizar simultáneamente otra actividad, requiere una tal interacción por parte del usuario que le absorbe casi por completo. Además esa dependencia ha de ser mantenida generalmente durante muchas horas a diario, lo que condiciona la vida de ese usuario y le obliga a estar al lado de ese ordenador, en una postura determinada y en unas determinadas condiciones físicas y mentales. Al margen de la satisfacción mayor o menor que con esa conducta se obtenga, lo cierto es que su vida queda muy condicionada y dependiente del funcionamiento de ese instrumento. El carácter voluntario o forzoso, consciente o inconsciente de esa dedicación y dependencia, son cuestiones que han de ser estudiadas y que suponen un hecho de gran relevancia en la vida social de nuestro tiempo. Hay casos o situaciones claramente anómalos en que ese uso presenta unos efectos y unas consecuencias graves para la voluntad del sujeto – adicción - y para su salud, dando lugar a unas patologías que están comenzando a surgir y a ser causas de numerosas bajas laborales. Con el tiempo dispondremos de más datos y mejor información sobre estas nuevas situaciones con las que ha de contar necesariamente el usuario del ordenador y de estas nuevas tecnologías. Hay casos en que estos "daños colaterales" son muy graves y frecuentes, pero la sociedad ya cuenta con ellos, los contempla como inevitables y los asume como un mal necesario, fruto de nuestros hábitos modernos, como el precio que hemos de pagar por las altas cotas de bienestar y de desarrollo, por la sofisticación de la vida en la actualidad. Sólo cuando esas consecuencias negativas son tan graves y elevadas como ocurre por ejemplo con las víctimas de los accidentes de circulación es cuando comenzamos a valorar el uso de esas nuevas tecnologías, es cuando nos cuestionamos la bondad del desarrollo tecnológico y nos preguntamos si ese precio compensa la comodidad, aunque la solución suele venir de la mano de otras alternativas, en ningún caso de una vuelta al pasado y una renuncia a ese nivel de "desarrollo". Con el ordenador y su entorno informático aún no se ha producido o no nos han llegado consecuencias tan nocivas como para poner en peligro el uso del mismo, son datos perfectamente asumibles los relativos a esa adicción o secuelas para la salud, y no parecen representar un obstáculo para su desarrollo y uso.

1.8. Futuro

Los antiguos mecanógrafos han dejado paso a los "usuarios", auténticos especialistas en informática, necesitados de un nivel de conocimientos en constante evolución, y que pierde su actualidad con la rapidez con la que los grandes consorcios del medio lanzan al mercado nuevos productos de software y de hardware.

Como muestra de la evolución de las previsiones sobre estos nuevos instrumentos tecnológicos, aludimos a continuación a determinados pronósticos sobre el crecimiento de los ordenadores personales, vertidos ya hace algunos años y que reflejaban las posturas encontradas de dos de los máximos exponentes del sector, Bill Gates, presidente de Microsoft, y Larry Ellison, presidente de Oracle, su principal rival. El primero sostenía que por medio de las comunicaciones individuales en el mundo de la educación y la empresa se produciría un gran crecimiento del ordenador personal, debido a un hardware más barato junto con un software más imaginativo, lo que él denominaba "rizo del éxito del ordenador personal". Ellison, en cambio, preveía una caída del ordenador personal, al que consideraba un aparato ridículo y de difícil manejo, que sería sustituido por terminales más sencillos y baratos, no inteligentes, puesto que la inteligencia se ubicaría en la red que es la que facilitaría la información y el entretenimiento. El software que se aloja en los ordenadores personales, dejará paso a una gama más amplia que se alojará en dicha red. Sus opiniones aparecen muy condicionadas por los intereses empresariales de uno y otro, a corto plazo es previsible un crecimiento de los ordenadores personales debido a la divulgación de los juegos de tres dimensiones, junto al aumento en el uso de las redes y de los ordenadores portátiles.

1.9. El ordenador portátil

Una constante en el proceso evolutivo de los ordenadores, y en general de las nuevas tecnologías, es la reducción de tamaño. Cada instrumento que irrumpe en el mercado suele tener como una de sus características principales el tamaño inferior a su antecesor. Un salto cualitativo lo ha representado la aparición, ya hace algunos años, del ordenador portátil. El hecho del tamaño ha permitido al ordenador desempeñar nuevos cometidos y ampliar su uso y ubicuidad. Con las dimensiones reducidas de sus componentes es posible que prácticamente las mismas funciones que desarrolla un ordenador personal, pueda prestarlas el portátil. Una de las limitaciones a su difusión la constituía su precio en relación con el PC, aunque esto actualmente ya ha variado. Sin embargo hay usos o utilidades que no puede prestar el ordenador personal y sí el portátil, como por ejemplo el transporte de bases de datos e información susceptible de ser tratada en cualquier lugar; con todo, se produce una convivencia entre ambos tipos de ordenadores, cada uno mantiene su campo de actuación propio, hay actividades para las que se muestra más ventajoso el uso del PC y otras en las que el portátil es lo más

Las Nuevas tecnologías, como siempre. José Antonio Martínez

indicado. Las mismas empresas que fabrican los modelos fijos, suelen disponer asimismo de los modelos portátiles, y realmente la competencia entre ambas tecnologías no parece que sea muy grande, más bien se complementan, ordinariamente el usuario del portátil suele disponer del correspondiente modelo fijo.

Las Nuevas tecnologías, como siempre. José Antonio Martínez

2. LOS PERIFÉRICOS

Aunque técnicamente los periféricos son distintos al ordenador en sentido estricto, sin embargo los usuarios los consideran partes integrantes de él. La adquisición de los mismos se hace ordinariamente a la vez que la del ordenador, pero el usuario debe elegir entre la variada gama que el mercado le ofrece en cuanto a ratones, teclados, pantallas, modems, escáners, altavoces, impresoras, disqueteras, etc.; los precios y características varían enormemente, la oferta técnica se ve continuamente mejorada, presionando sobre el usuario para que cambie a esos nuevos modelos. La relación del usuario con estos instrumentos es considerada por él como un todo, como un conjunto integrado por el ordenador y dichos aparatos. Desde el momento en que todos esos elementos son necesarios para el correcto funcionamiento de la unidad ofimática, no hay diferencias en cuanto a la relación respecto a la que podemos denominar "principal", referida al ordenador. Lo que sí han tener en cuenta los usuarios es el coste que suponen todos esos instrumentos; se genera toda una panoplia de nuevas prestaciones, pero lógicamente todo eso comporta un coste adicional. Ni que decir tiene el nuevo cúmulo de conductas que el ordenador, y también los periféricos por supuesto, generan en los ciudadanos. Podemos decir que al teclado ya estaban acostumbrados en cierta medida la mayoría de los usuarios antiguos, debido al uso de la máquina de escribir, sin embargo ha sido novedosa por ejemplo la utilización permanente de una pantalla. Este instrumento no ha escapado a ese proceso de reducción de tamaño, sobre todo debido a las pantallas planas, y al mismo tiempo se ha incrementado su espacio visual, reduciendo a la vez sus efectos negativos para la visión.

La calidad es una circunstancia que se ha visto notablemente mejorada con el uso de las nuevas tecnologías ofimáticas. Por tanto esa posibilidad es ya un hecho que se ve plasmado constantemente en los escritos y resultados de ese uso tecnológico; las consecuencias de ello son una mayor exigencia en ese sentido. Al haberse generalizado ese uso que permite una superior calidad de resultados, el mercado se ha acostumbrado a ese nuevo nivel y lo exige. Otro tanto cabe decir de la cantidad, de la productividad. Ahora es posible realizar en el mismo o inferior tiempo una cantidad de acciones y de resultados superiores a los de los sistemas precedentes.

En general, puede decirse que la productividad es ahora bastante superior, aunque el "beneficio neto" del uso de las nuevas tecnologías ha de ser ponderado mediante el adecuado análisis de esas mismas variables y que también dejan sentir sus efectos. Así, la ya mencionada mayor exigencia de calidad opera como un factor que eleva el umbral de funcionamiento de las mismas y por tanto requiere de más recursos para hacer lo mismo que anteriormente. Por otra parte, al haberse hecho más sencillo, cómodo y productivo el manejo de estas tecnologías, se usan más que los precedentes instrumentos técnicos, y en muchas ocasiones más allá de los estrictamente necesario, con lo que ello supone en cuanto derroche de esfuerzos. El usuario tiene la sensación de encontrarse ante un conjunto de aparatos que tienen un gran potencial de acción; otra cosa es que toda esa capacidad raramente llegue a ser puesta en marcha; son instrumentos que en la mayoría de los casos presentan un nivel de utilización inferior al posible, no se les saca las prestaciones de que son capaces.

En general las funciones que estos instrumentos cumplen respecto al uso del ordenador han experimentado un proceso de crecimiento constante. El ordenador se configura actualmente como una unidad compleja de actuación a la que han venido a sumársele sucesivamente toda una serie de instrumentos que completan y mejoran sus prestaciones. En general se trata de otras tecnologías ya existentes previamente, que unidas al ordenador vienen a suponer un complemento importante para su labor y las funciones que podríamos denominar "propias"; se ha producido un efecto de integración de diferentes tecnologías, pasando a constituir todas ellas una unidad ofimática. Al propio tiempo se ha generado una cierta desagregación técnica de algo que antes, en el caso de la máquina de escribir, formaba parte de una misma unidad de trabajo, así las máquina referidas incorporaban en un único elemento el teclado, la impresora, e incluso la pantalla, aunque los resultados que con los mismos se obtenían no eran comparables.

Nos encontramos ante un hecho, el uso de los llamados "periféricos", totalmente vinculado a la inmersión de los sujetos en el mundo de las nuevas tecnologías. Si uno opta por pasarse a esta nueva dimensión técnica, ha de contar irremediablemente con el uso de estos otros instrumentos, menores en apariencia, pero igualmente fundamentales en cuanto son imprescindibles, en el estado actual de estas tecnologías, para el propósito emprendido. Completan y complementan otros instrumentos más principales, aunque ésta sea una cuestión discutible por cuanto sin ellos los que hemos denominado "principales" no podrían desarrollar las facultades que les son propias. Sin embargo, estos periféricos, en la práctica resultan tan determinantes como los supuestamente "principales" a la hora de captar adeptos y convencer a los usuarios de las ventajas de las nuevas tecnologías como procedimiento conveniente de la vida diaria. Piénsese, por ejemplo, en un ordenador sin impresora, o sin ratón, o sin altavoces en determinados casos, evidentemente perderían una gran parte del poder de seducción que ejercen sobre sus seguidores.

La pantalla. Apuntados ya los rasgos principales de este instrumento, referiremos ahora algunos aspectos relacionados con su uso. Generalmente se considera pronto para evaluar los efectos que la utilización prolongada de las pantallas de ordenador producirá en los ciudadanos. A primera vista, las consecuencias más evidentes parecen ser de tipo sanitario; el mantenimiento continuado de posturas inadecuadas y la fijación de la vista en esos aparatos pueden dañar, y de hecho lo hacen, la salud. El primero de los problemas intenta ser paliado por consejos ergonómicos, relativos a cómo ha de ser reeducado el cuerpo para adecuarlo a las exigencias físicas de estas tecnologías. Son ya muy numerosas las bajas laborales, y por tanto los costes sociales, de la repercusión del uso de estas nuevas tecnologías. El incremento de vida sedentaria y la incorrección de posturas está ocasionando un alarmante aumento de las enfermedades músculo-esqueléticas, que ha elevado esta dolencia - las enfermedades de espalda - a uno de los primeros lugares de la morbilidad general. La vida sedentaria repercute en muchos órdenes en la salud, desde la obesidad, hasta la hipertensión, hipercolesterolemia, etc. Respecto a la visión, aunque reiteradamente se señala el carácter prácticamente inocuo de las nuevas tecnologías, parece ser que no lo son tanto, en un principio se utilizaron filtros como un sistema de combatir irradiaciones inconvenientes, posteriormente las propias pantallas incorporaban ya ese sistema y recientemente las pantallas planas lo han mejorado.

La impresora. Constituyen el hardware complementario del ordenador, los usuarios poco podrían hacer simplemente con el ordenador y el procesador de textos, en la mayoría de los casos los escritos han de plasmarse de modo material y tangible, aunque muchas funciones no requieran el soporte papel, pero hoy por hoy en el estado actual de la tecnología todavía resulta imprescindible en gran medida el uso de las impresoras. Están dotadas de su propio software, que ha de ser reconocido por el del ordenador, a la vez que ha de ser compatible con él. Técnicamente se han ido sofisticando y complicando mucho, las de tipo matricial han ido dejando paso a las de chorro de tinta y éstas paulatinamente, aunque conviven unas con otras, a las láser; las impresoras en color han venido a completar la gama de las primitivas, en blanco y negro. La rapidez, el nivel de ruido, el precio y el consumo, junto con la calidad de impresión y el tamaño son los factores más apreciados a la hora de optar por unas u otras, y también en este apartado se ha producido un vuelco total respecto a la situación de hace bien pocos años. Las impresoras son pues artilugios imprescindibles y no pocas veces el fallo en el correcto y esperado funcionamiento de las mismas echa al traste con un trabajo ya terminado. Cuando la impresora no funciona cunde la alarma; la sofisticación de estos aparatos, la complejidad de su funcionamiento y la relativa escasez – aunque cada vez menor, es cierto - de profesionales que de modo rápido den una solución adecuada, son factores que de ordinario contribuyen a incrementar el problema técnico.

El ratón. Un aparato particularmente curioso en cuanto a su novedad, uso y circunstancias es el "ratón". Su misión es mejorar el desplazamiento del usuario a cualquier lugar de la pantalla, ha supuesto una gran ventaja respecto a la situación precedente, y resulta sorprendente ver su grado de utilización. De ser totalmente desconocido ha pasado a ser de uso imprescindible para todos los usuarios del ordenador, ha sido una novedad total que ha impuesto su existencia en todos los ámbitos. No puede decirse que las consecuencias presenten una especial significación, al margen de las que son comunes al conjunto de las nuevas tecnologías, salvo que es una actividad que comparten millones de usuarios en todo el mundo.

Otros. Hay otros instrumentos periféricos, como por ejemplo las disqueteras, el modem o el escáner, que integran asimismo el entorno del ordenador constituyendo las modernas unidades ofimáticas, resultando necesarios para que el ordenador despliegue todas las posibilidades de que es capaz.

La fotocopiadora. Aunque no se trate estrictamente de un periférico, en la práctica actualmente viene a desempeñar un papel análogo en las oficinas y por ello la tratamos en este epígrafe. El uso de la fotocopiadora comenzó hace ya bastantes años, hasta ese momento lo más parecido era el papel calcante que permitía realizar simultáneamente varias copias idénticas, pero había un abismo respecto a las posibilidades que ofrece el moderno procedimiento de fotocopiar, es decir de obtener posteriormente copias idénticas en décimas de segundo de cualquier tipo de escrito, documento o imagen. En época más reciente se incorporó el color, con lo que se amplió enormemente la gama de posibilidades de la reproducción, hasta el punto de hacer verdaderamente difícil la distinción entre los originales y las copias. Evidentemente el ahorro de tiempo que supuso la generalización del uso de la fotocopiadora para la obtención de copias fue muy grande. En un primer momento, debido al elevado coste de estas máquinas, el servicio de fotocopiado comenzó a ser prestado asimismo por establecimientos que también ofrecían el de fotografía, imprenta u otros similares. A medida que el precio se fue reduciendo, se fue generalizando el uso de la fotocopiadora y ésta pasó a integrarse, como un elemento más, en el mobiliario técnico-ofimático de toda oficina moderna. El coste de estos instrumentos es actualmente relativamente reducido, permitiendo que cualquier usuario y la inmensa mayoría de las oficinas dispongan de estos aparatos.

El empleo de esta técnica ha incrementado la lesión del derecho de

49

autor, lo que ha hecho necesaria la prohibición, mediante la normativa del copyright, de la reproducción por cualquier medio mecánico de documentos o textos amparados por ese derecho. Significativamente destacable resulta el uso y a veces el abuso que se realiza del fotocopiado, así actualmente se copian y reproducen expedientes y documentos de modo innecesario, con el consiguiente menoscabo del espacio y del medio natural, que sufre las consecuencias perniciosas del uso excesivo y de la costumbre de "fotocopiarlo todo" que ha tomado cuerpo en nuestra sociedad y en nuestras oficinas públicas y privadas. Como intentos de paliar esa situación se ha recurrido al uso del papel reciclado o al escáner – solución más compleja, y que a la vez reduce el espacio necesario para el archivo y almacenaje de expedientes, aunque por ahora no se ha generalizado.

3. LOS PROCESADORES DE TEXTOS

3.1. Antecedentes

En cuanto tienen mucho que ver con los procesadores de textos, vamos a mencionar a continuación una serie de acontecimientos que cabe entender en cierta medida como precursores de los mismos.

3.1.1. La escritura

Es necesario referirse, aunque sea de un modo muy breve, a la evolución que ha experimentado la escritura en general, señalando algunos hechos relevantes en su dilatada vida. Se suele hablar de "historia" desde que aparecen los primeros documentos escritos, con anterioridad a ese momento estaríamos en la "prehistoria", así de importante es este fenómeno. Hasta llegar a los caracteres gráficos de que se compone la escritura actual, ha habido muchos precedentes, entre ellos podemos señalar la escritura cuneiforme, en forma de cuña o clavo, data del tercer milenio antes de Cristo, el ejemplo más notable es el Código de Hammurabi, el código de leyes más antiguo del mundo, era de aplicación en Babilonia en el siglo XVIII a.C. El significado de este tipo de escritura fue descifrado a principios del siglo XIX.

En Egipto, la escritura era jeroglífica, hecha a base de pictogramas, su significado fue desvelado por el egiptólogo francés Jean François

Champollión en 1822, comparando el texto grabado en jeroglífico, demótico y griego de la famosa piedra "Rosetta". Sin embargo, la escritura fonética desbancó fácilmente a la pictográfica y la ideográfica; los fenicios fueron los difusores de este tipo de escritura, llegando a Grecia y Roma. El "alfabeto" griego fue ampliamente difundido con las conquistas de Alejandro y durante el período helenístico. En Roma se adoptó otra grafía diferente a la griega, el "abecedario" latino, que aún constituye hoy en día mayoritariamente el componente de la escritura de la civilización occidental. Otros tipos de escritura diferentes a la latina son, entre otras, la cirílica, la china, la japonesa o la árabe.

Los libros de historia suelen señalar la invención de la imprenta como uno de los principales acontecimientos que se han dado en la humanidad, incluso a veces se utiliza ese hecho para fijar el fin da la Edad Media. Johannes Gutenberg inventó en Maguncia la imprenta, el instrumento que estaba llamado a ser fundamental en la difusión de la cultura, y que supuso una ruptura total con la situación precedente, en que los medios técnicos disponibles – el copiado de forma manual de los textos escritos – hacían imposible que esos textos, y por tanto la cultura, llegasen con facilidad a amplias capas de la población. Y en 1456 se publicó la Biblia de Gutenberg, de 42 líneas. No es el lugar para glosar todos los efectos de este descubrimiento científico, para nuestro propósito baste decir que significó un cambio total respecto a la época anterior: en la práctica gran cantidad de ciudadanos vieron acercárseles la posibilidad de aprender a leer y a escribir, de modo que lo que antes constituía una labor propia de determinadas profesiones y estatus social, estuvo desde entonces al alcance de una gran mayoría de la población.

Otro momento histórico importante en este proceso fue la invención de la máquina de escribir. Así como la imprenta significó el acceso de los textos escritos a una gran parte de ciudadanos, la máquina de escribir les permitió elaborar por sí mismos esos escritos de forma más normalizada, de modo que se eliminaba la aportación subjetiva de los autores; así se ganaba en inteligibilidad de los textos y se posibilitaba el hecho de que cualquiera pudiese realizar un escrito, sin necesidad de acudir a "especialistas", es decir a aquellos que habían sido dotados con la virtud de la "buena letra". El nuevo invento supuso un valiosísimo instrumento de trabajo para las empresas y actividades en las que la claridad del contenido y la impersonalidad de los textos eran fundamentales. De inmediato fue acogida por entidades bancarias y de seguros, por las diferentes administraciones públicas y en general por todo el mundo empresarial, con la misma inmediatez se desarrolló la profesión correspondiente, la del mecanógrafo, aunque desde sus comienzos fue considerada como más propia del género femenino, siendo muchos menos los hombres que se dedicaron a ella. La situación se mantuvo así hasta el momento en que el micrordenador, y particularmente el ordenador personal vino a desbancar definitivamente a la máquina de escribir.

La escritura no siempre ha sido patrimonio de todos, en Grecia, por ejemplo, incluso los cantores épicos eran analfabetos, aunque haciendo alarde de una memoria prodigiosa eran capaces de recitar, por ejemplo, los más de 16.000 versos de la Hilíada o los más de 14.000 de la Odisea. Sólo en épocas recientes la mayoría de la población ha sido capaz de leer y escribir; anteriormente la escritura fue objeto del trabajo específico de unos pocos, los amanuenses o copistas, y los escribanos, precursores de los actuales notarios, eran los que se dedicaban a la elaboración de textos y contratos jurídicos; ya con anterioridad los escribas se encargaban en exclusiva de esta importante misión. Tradicionalmente, pues, la función de escribir ha sido propia de las clases altas, así ocurría, por ejemplo, en Egipto, en

53

Israel o en Grecia.

Aparte la evidente razón utilitaria, la escritura también ha tenido a lo largo de la historia un importante componente artístico. De gran valor son la mayoría de textos y códices que durante la Edad Media fueron laboriosamente realizados fundamentalmente en los cenobios y monasterios, siendo una de las principales tareas que se les encomendaban a los monjes, y de los que se conservan gran cantidad en museos y espacios culturales.

Escribir no ha sido sólo reproducir mecánicamente un texto, sino que ha habido que hacerlo de acuerdo a unas normas caligráficas, esto ha sido tradicionalmente así y continua siéndolo hoy en día, para ello se habilitaron los pertinentes instrumentos que mediante la instrucción correspondiente han ido transmitiendo sucesivamente un determinado modo de escritura. Aún en la actualidad se mantienen los cánones de escritura que arrancan de fecha inmemorial; por eso el sistema educativo acoge en su primera fase, en la que tiene lugar el aprendizaje de la grafía idiomática, un muy preciso modelo de escritura. Ahora a los niños no sólo se les educa en la escritura manual, sino que también se les inicia en el aprendizaje de la escritura por medio del ordenador y se les instruye en el conocimiento de los procesadores de textos.

La ortografía y la gramática son objeto de una posterior etapa educativa, cuando es más fácilmente asimilable el conjunto de conceptos y explicaciones que suponen. "Leer y escribir", junto con el aprendizaje de "las cuatro reglas" han sido considerados por una buena parte del pueblo como los conocimientos mínimos con los que ya se podía "funcionar" en sociedad. Hoy, por fortuna, esta concepción ha cambiado sustancialmente; ese "mínimo" cultural ya no es aceptable para casi nadie, pero desde luego sí que sigue siendo imprescindible. Enseñar a escribir constituye un objetivo básico de todos los sistemas educativos, no sólo en España; en este sentido la ONU, a través de UNICEF, acoge esa pretensión como uno de sus finalidades más importantes.

La cantidad es un dato que también tiene gran importancia a la hora de abordar el fenómeno de la escritura, el aumento del volumen de escritos es una consecuencia directa de la invención de la imprenta, a partir de esa fecha se incrementó considerablemente el número de textos escritos. En la medida en que grandes capas de la población aprendieron a escribir, se multiplicó asimismo la cantidad de escritos, no ya por el efecto único de la imprenta – que permitía editar innumerables copias de un mismo tratado -, sino por el hecho de que cualquier ciudadano podía elaborar un escrito. Como hecho que no contradice lo anterior, sino que da muestra del extraordinario interés de algunos pueblos en la antigüedad, señalamos la ingente labor que desarrollaron en la elaboración de escritos y tratados, hasta el punto que la biblioteca de Alejandría albergaba más de 700.000 manuscritos, o 200.000 la de Argos.

El soporte material en que históricamente se ha insertado la escritura ha variado mucho. Mientras en Mesopotamia los escritos que se conservan, en escritura cuneiforme, se encuentran en su mayoría en tablillas de barro cocido. En Egipto, junto a las inscripciones en piedra, hallamos otras en papiros -material de cuidada y laboriosa confección a base de cañas de la planta del mismo nombre que crecía en las cercanías de ríos y lagos-, eran menos duraderos que la piedra, aunque mucho más manejables y versátiles. En Grecia, de los volúmenes (que deben esa denominación a su carácter enrollable), se pasó a los pergaminos, cuya etimología procede de la ciudad griega de Pérgamo, donde se inició el método de fabricación de estos primitivos "libros", hechos a base de pieles de cabra cosidas, además en Grecia se usaban también las tablillas de cera, que

55

llevaban incorporado un punzón que lo mismo servía para escribir que para borrar un texto, fue muy utilizado en los "gimnasios" y centros de enseñanza por su carácter práctico. Posteriormente, durante la época romana y en la Edad Media, se fue aligerando el material en el que se escribía.

En todos estos casos nos encontramos con un determinado soporte o materia que sirve para el reflejo físico de la escritura. Sin embargo los procesadores de textos suponen por vez primera en la historia que la escritura es sometida a un proceso de "volatilización", o, por emplear un término en boga en el mundo informático actual, se hace "virtual", contrapuesto al "real", propio de la época anterior. Hoy en día, el uso de los procesadores de textos ha hecho que la escritura sea completamente ubicua, es decir, un texto elaborado por este nuevo procedimiento se aloja en el ordenador, pero puede encontrarse en multitud de soportes materiales. La escritura ha experimentado un paulatino proceso de "espiritualización" en cuanto a su soporte físico, hasta alcanzar el nivel máximo en los procesadores de textos. Hoy por hoy un texto de estas características – hecho en un moderno procesador – puede ser guardado en el disco duro del ordenador, puede ser enviado por correo electrónico a cualquier lugar del planeta, además de modo instantáneo puede ser impreso en cualquier tipo de papel o superficie, desde simple papel a planchas de imprenta, puede ser borrado, almacenado en un disquete, ya fuera en los primeros disquetes, ya en desuso, o en otros más modernos y de mayor capacidad como los CD-Rom o DVD; las posibilidades de ubicación y de impresión son muy elevadas, sin olvidar, entre otras opciones, la de enviarlo a través de la red a uno o a una pluralidad de destinatarios.

3.1.2. Aspectos lingüísticos

Hasta aquí hemos aludido a la escritura, como un proceso en el que se refleja de modo material y perfectamente visible todo un conjunto de pensamientos y se plasman contenidos culturales por medio de signos más o menos convencionales, más o menos evidentes. Sin embargo, desde un punto de vista teórico, conviene hacer cuando menos un mínimo comentario a la situación que se produjo fundamentalmente en el siglo XX respecto a algunas cuestiones que tienen que ver con la escritura y con los contenidos o con las reglas que rigen esa escritura y esos contenidos, particularmente la gramática, la lingüística, la filosofía del lenguaje o la lógica. No son cuestiones nuevas evidentemente, ya en la Grecia clásica la gramática constituía, junto con la ortografía, las matemáticas y la geometría, una de las primeras materias que se les enseñaban a los niños, no a las niñas, en el "gimnasio", a partir de los cinco años, una vez abandonaban el "gineceo", en el que habían convivido y se habían formado junto a sus madres y hermanas. La gramática y la lógica griegas han estado vigentes, en buena parte, hasta épocas muy recientes en nuestra historia cultural. A principios del siglo XX, en 1915, se publicó el "Curso de lingüística general", obra del filólogo suizo Ferdinand de Saussure, aunque fueron dos de sus alumnos los que lo sacaron a la luz, en él se vienen a fijar las bases de la moderna lingüística, estableciendo la distinción fundamental entre "langue et parole", lengua y habla; a la vez que se propugna un estudio sincrónico del lenguaje, se sostiene la idea fundamental de la lengua como un sistema, como una estructura. Para Saussure existen unas estructuras inconscientes en la mente del hablante que le permiten usar correctamente una lengua, sin necesidad de dominar todos los mecanismos morfológicos y sintácticos que ocurren en ese proceso. Posteriormente estas teorías influyeron decisivamente en los lingüistas de la escuela de Praga, Jakobson y Trubetzkoy, y dieron lugar al estructuralismo, paradigma teórico de amplia difusión, que ha sido utilizado en dominios como la antropología o la sociología, siendo figuras destacadas Lévy-Strauss o Althusser, entre otros. Otro modo de entender la lingüística moderna es el propuesto por el prolífico autor Noam Chomsky, al que se debe la gramática generativo-transformacional, que ha irrumpido con fuerza a partir de 1956, cuando publicó sus " Estructuras sintácticas", distingue Chomsky entre las estructuras profundas del lenguaje - iguales en todas las lenguas- y las estructuras superficiales, así como entre competencia - equivalente a la lengua saussuriana - y actuación - que equivaldría al habla del filólogo suizo.

La lógica, en cuanto ciencia que disciplina las reglas del razonamiento, arranca de Aristóteles, y se ha mantenido en esos planteamientos hasta fechas muy recientes. Sin embargo la lógica matemática ha venido a quebrar esa situación, ha establecido un nuevo marco teórico en el que se distingue la lógica de proposiciones y la lógica de enunciados, algunas de sus figuras más señaladas han sido Peano, Frege, Russell o Wittgenstein. La filosofía, ciencia fundamental en la antigüedad, ha venido sufriendo una pérdida constante de competencias, en la medida en que los contenidos que constituían su objeto clásico han venido a adquirir sustantividad propia y han logrado estatus científicos independientes. Una de las alternativas actuales de la filosofía, en la situación en que se encuentra el conocimiento, es la llamada Filosofía del Lenguaje; el lenguaje se ha hecho el objeto básico de la filosofía así entendida, figurando como los principales promotores de esta corriente el conjunto de autores que constituyeron el Círculo de Viena, particularmente Moritz Schlick, y otros como Wittgenstein, Russell, Austin, o Whitehead. En general estas corrientes filosóficas han venido a subrayar la importancia del fenómeno representativo del lenguaje, a la vez que llaman la atención de la ingenuidad de la creencia en la validez universal del lenguaje para representar y referirse a la realidad, práctica muy extendida hasta tiempos muy recientes. Particularmente la filosofía tradicional o la metafísica han caído, según estas opiniones, en ese error que por eso mismo invalidaría buena parte de sus pretendidas conclusiones. Según esta corriente, es necesario configurar toda una serie de condiciones que harían legítima esa labor denotadora y referencial del lenguaje respecto de la realidad, lo que habría llevado a afirmar que de " de lo que no se puede hablar, mejor es callarse", en la formulación célebre de Wittgenstein, con la que concluye su igualmente célebre obra "Tractatus logico-philosophicus". Hay que decir, sin embargo, que el mismo autor, uno de los pioneros en esta materia, ha mantenido tesis diferentes en otra de sus más conocidas obras, "Las investigaciones filosóficas", hasta el punto que suele ser habitual hablar de dos Wittgensteins, en función de las dos obras citadas. Según cuál sea la que se tome como referencia, Wittgenstein ha encabezado dos corrientes filosóficas diferentes, el neopositivismo, desarrollado fundamentalmente por el colectivo incluido bajo la denominación de "Círculo de Viena", que parte de la primera de ellas, y la filosofía analítica que toma como referencia "Las investigaciones filosóficas"; pese a que hay autores, como el británico Anthony Kenny, que sostienen una continuidad entre ambas obras, y por tanto cuestionan la legitimidad de esa duplicidad de Wittgensteins.

Una última referencia conviene hacer al hecho de que la especialización científica está afectando al propio lenguaje: actualmente cada disciplina, cada dominio del saber, se crea su propio modo de expresión, las ciencias van elaborando todo un conjunto de conceptos y de explicaciones a los fenómenos que constituyen su objeto. La tendencia es crear un marco terminológico propio, que delimita y acota los elementos lingüísticos que utiliza, ello facilita la labor de los especialistas, por cuanto aclara a qué se refieren en cada momento al usar esos términos, a la vez que excluye las interferencias de otros ciudadanos en su materia, así se habla actualmente del lenguaje de la física, del lenguaje matemático, informático, etc.

3.2. Concepto

El Diccionario de la Real Academia Española de la Lengua define al "procesador de textos" como: " Programa para el tratamiento de textos", al "tratamiento de textos" como: "Proceso de composición y manipulación de textos en una computadora", y al "sistema operativo" como: " Programa o conjunto de programas que efectúan la gestión de los procesos básicos de un sistema informático, y permite la normal ejecución del resto de las operaciones". Desde un punto de vista coloquial, los procesadores o tratamientos de textos son entendidos como modernos sistemas de escritura, que son utilizados por medio del ordenador.

Hay que tener en cuenta que los procesadores de textos son programas, software, que acompañan a un paquete más amplio, el sistema operativo, y por tanto su historia va inevitablemente unida a la de éstos. A efectos expositivos se hará referencia conjunta a ambos fenómenos en este apartado, aunque técnicamente se trata de cosas distintas, por más que el consumidor suela disponer actualmente de ambos a la vez. Normalmente no era posible utilizar un procesador de textos en un sistema operativo que no fuese el "suyo", el que le corresponde, y cuando se pone en el mercado un sistema operativo, éste conlleva "su" propio procesador de textos; sin embargo esto también está cambiando, y ahora suele darse una mayor compatibilidad y posibilidad de uso de tratamientos diferentes. Haremos a continuación una alusión breve a los distintos sistemas operativos y procesadores de textos puestos a disposición de los usuarios. Junto a los desarrollos de un nuevo hardware, también ha tenido lugar la aparición de un software que trata de facilitar las tareas al usuario.

3.3. Historia

Conviene hacer alguna alusión a la historia de los sistemas operativos y en particular a los procesadores de textos. En primer lugar, por lo que a la empresa dominante en el mercado se refiere, Microsoft, hemos de mencionar el sistema operativo DOS, uno de los primeros, muy poco flexible, muy rígido, solo por el teclado se podían manejar sus complejos comandos, y los procesadores compatibles con él eran el Word Perfect o Word 5.

Cuando apareció el ágil e intuitivo sistema operativo Apple, con iconos interactuantes con el usuario, en un Macintosh, se hundió el DOS. Entonces Microsoft lanzó su Windows 3.0, que incorporaba la multitarea, en 1992 lo mejoró con el Windows 3.1. Sin embargo el dominio definitivo del mercado de software tuvo lugar con el Windows 95, que permitió superar muchas de las limitaciones de las versiones anteriores, especialmente la falta de robustez, superando el 85 por ciento de la cuota de mercado mundial.

Los procesadores de textos que han acompañado a las distintas familias del sistema operativo Windows han sido el Windword, incluido ya en el paquete integrado Microsoft Office, (junto con la base de datos Acces y con la hoja de cálculo Excel). Versiones más modernas del procesador de textos de la casa de Seattle son el Word 97, el Word NT, o el Milenium, y otros más recientes.

Una versión más moderna de sistema operativo de Microsoft es el Windows XP, que continúa la línea de los anteriores sistemas operativos Windows, aunque mejora muchas de sus prestaciones, suprime algunas de sus dificultades y hace cada vez más fácil su manejo. La única competencia que existía en el campo de los sistemas operativos – y por tanto de procesadores de textos – de la corporación Microsoft era la de Apple. Sin embargo se ha producido una novedad que ha alterado en cierta medida esa situación, "un hecho extraño" ha venido a abrir una vía por la que parece posible romper ese dominio mundial, se trata del sistema operativo Linux, obra de una persona aislada, original de un pequeño país, Finlandia, y que de modo individual ha venido a plantar cara a esos gigantes que hasta ahora copaban el mercado. Se trata de un sistema operativo que se ofrece y se mejora vía red, según muchos expertos, lejos de ser una propuesta extravagante, constituye una auténtica alternativa, perfectamente viable y con grandes prestaciones. Será solo cuestión de tiempo que vaya consolidándose en el mercado, puesto que condiciones objetivas y calidad técnica posee indiscutiblemente, aunque ha de luchar con el absoluto predominio de Microsoft, y en menor medida de Apple.

En Estados Unidos radican las principales empresas que han alcanzado esta situación de predominio mundial en la puesta en el mercado de esos productos. Sorprende que sólo aquí se den las circunstancias que propicien tal hecho, sobre todo teniendo en cuenta que la producción de hardware se encuentra muy dispersa en varios países del mundo, particularmente de la Unión Europea, el Extremo

Oriente y China. No obstante, los sistemas operativos – y los procesadores de textos – parecen ser patrimonio exclusivo de Estados Unidos, la razón no es evidentemente el desinterés económico por esta actividad, que mueve enormes cantidades de dinero y ha catapultado a los presidentes-gerentes de estas corporaciones a la cabeza del ranking mundial de hombres más ricos; nos parece atinada la hipótesis de que el hecho de ser los primeros en ofrecer al mercado esos productos les ha permitido consolidar esa posición de predominio, unido además a la dificultad que encuentran los usuarios para abandonar un sistema operativo una vez superada la dificultosa fase de aprendizaje que requiere.

Como nota destacada de los momentos históricos por los que atraviesa la evolución tecnológica actual hay que señalar la brevedad y la superación continua de los mismos. Al hablar de brevedad nos estamos refiriendo a periodos de pocos años, cada vez menos, en los que un producto pasa por diferentes fases: una primera de novedad, en que los conocidos con el ya usual término de *willing users* satisfacen su pasión, siendo los primeros en disfrutar de los mismos; una segunda fase de consolidación y difusión masiva entre la población (en este sentido, la referencia a "la población" se hace a la práctica totalidad del planeta, hoy ya cliente y consumidor en su conjunto); y finalmente una fase que podemos denominar de aburrimiento y cansancio de la misma, la razón de esta fase que cada vez es más temprana radica en la conciencia general de estos productos como bienes temporales, circunstancia que se ve impulsada por la presión del sector mediante el ofrecimiento a los ciudadanos de nuevos productos más modernos y eficaces, se ha creado una mutua interacción entre los consumidores que demandan novedad tecnológica y los productores que la ofrecen, hay un consenso al respecto, para lo que se precisa la acción simultánea de ambos factores. Los medios de comunicación y de difusión son los que posibilitan y ocasionan la propagación global – mundial - de los actuales productos de consumo, entre los que lógicamente se encuentran los tecnológicos, que a su vez han nacido con la idea de actuar como intermediarios, de servir para transmitir y recibir información, aunque en la actualidad esa función puede decirse que en cierta medida es una excusa, que los modernos instrumentos que la técnica ofrece e impone a los ciudadanos constituyen en sí mismos un auténtico fin, en cuanto el usuario invierte una buena parte de su tiempo y obtiene más satisfacción con el uso de ese aparato, que con la función primitiva para la que ha nacido; en otros lugares dedicaremos más atención a la polémica, ya clásica desde su inicial formulación en los años sesenta entre la función de medio o de fin.

3.4. Ventajas

Fue en la década de los ochenta y sobre todo en los noventa, con el lanzamiento del Windows 95, cuando los tratamientos de textos alcanzaron su mayor difusión. Las sucesivas familias de tratamientos de textos producidos por la factoría de Seattle, comenzaron a extenderse y generalizarse, hasta convertirse en los más usuales. Paralelamente a su implantación ha tenido lugar el abandono de las máquinas de escribir, que fueron hasta ese momento los instrumentos dominantes en nuestras oficinas y despachos. La facilidad para hacer y deshacer textos, para cortar y pegar, para insertar, para subrayar, para destacar una palabra, una línea o un párrafo, en negrita o en cursiva, las posibilidades de utilizar los más diversos tipos y tamaños de letra, la perfecta presentación de documentos, la introducción de gráficos y colores, la obtención de tantas copias como se desee, el archivo y transporte de "documentos"

64

con la mayor facilidad, en un espacio mínimo - el disquete o el disco duro-, la posibilidad de efectuar correcciones ortográficas y sintácticas de los textos, etc., son sólo una mínima parte de la infinidad de opciones que se ponen a disposición de los usuarios de estas nuevas tecnologías y que ejercen un inmediato poder de atracción. Los precios de los tratamientos de textos suelen ser bastante elevados, de ahí que las versiones pirata sean muy frecuentes. Para luchar contra este fraude, el ordenamiento jurídico dispone de una serie de normas de carácter administrativo, civil y penal, protectoras de la propiedad intelectual y de los derechos de autor.

Se ha hecho referencia ya a la mayor facilidad y comodidad, a la mayor productividad y calidad del ordenador, que llega a ser total, con un menor esfuerzo, lo que asegura su éxito, no resultando comparables con la situación precedente.

No se pretende enumerar exhaustivamente todas las mejoras y posibilidades que ofrecen las nuevas tecnologías en el campo de la ofimática, sino destacar sólo algunas a título ilustrativo, por ejemplo el hecho de que nos encontramos ante un eficaz sistema que evita errores y posibilita la corrección automática de ortografía y sintaxis. Nos hemos referido de pasada a la calidad total que permiten estos nuevos sistemas, como un señalado ejemplo de la misma hay que decir que los tratamientos de textos llevan incorporada la posibilidad de activar unos mecanismos que señalan y permiten corregir el error en la escritura, tanto en cuanto a la ortografía como a la sintaxis, de hecho vienen a suponer una gran ayuda al usuario, le señalan con nitidez el error cometido y le advierten para que lo corrija, incorporan además diccionarios que permiten efectuar esas correcciones en varios idiomas, si así se desea. En este sentido son innumerables los casos que podemos señalar, aunque ello desborda el propósito principal de este trabajo.

3.5. Inconvenientes

También es necesario considerar los inconvenientes del uso del ordenador y de los tratamientos de textos, desde el apagón eléctrico que nos deja sin todo un escrito grabado durante varias horas si no se ha tomado la precaución de "guardarlo" periódicamente, hasta la pérdida irrecuperable de ficheros enteros por un mínimo error al salir del programa, pasando por la ya referida necesidad de observar una gran cantidad de instrucciones si se desea obtener unos buenos resultados. En este sentido, pueden ser apuntadas las consecuencias negativas que un uso inadecuado del procesador puede suponer para los usuarios. Son muchos los elementos que se concitan en la actividad de reproducción textual de un escrito según este moderno sistema. La perfecta coordinación entre todos ellos se configura como una premisa operativa fundamental para que el proceso se desarrolle adecuadamente; basta que alguno de los múltiples aspectos intervinientes no se produzca en "su" momento y lugar, para que el resultado no sea el esperado. Sin embargo el sistema es lo suficientemente "inteligente" para tomar en consideración esa eventualidad, tan frecuente por lo demás; se suele decir que un sistema es robusto cuando las consecuencias de cualquier error del usuario en su manejo es fácilmente subsanable y no produce trastornos de importancia en el funcionamiento normal. De todos modos, por más previsiones que contemple un procesador de textos, el usuario, en ejercicio de su "completa libertad", siempre puede ignorar las "mínimas" reglas de correcto manejo, y originar una grave disfunción, que a veces puede suponer, por ejemplo la pérdida de textos completos. No sólo el error humano, también algún problema técnico, por ejemplo la citada desconexión eléctrica es susceptible de convertirse en causa de similares "catástrofes" si no se han tomado las debidas precauciones, en este caso, guardar periódicamente los textos grabados.

Frente a ello, como ya se ha señalado anteriormente hay que destacar la sencillez en el manejo de anteriores tecnología como las viejas máquinas de escribir, que incorporaban en un sólo aparato el equivalente al teclado, pantalla, disco duro y memoria, además de la impresora y todos los demás componentes que integran hoy día una moderna unidad de trabajo ofimático. Aunque ello no haga desistir a los usuarios de los nuevos instrumentos, aunque sean mucho más complejos.

 No quedan ahí los efectos negativos, aparte de los apuntados es preciso destacar también las consecuencias que para la salud tiene el uso continuado durante muchas horas del ordenador, parece que puede originar numerosas enfermedades todavía no bien estudiadas, pero que causan, entre otras, patologías de la vista, de tipo mental o del aparato locomotor.

Si no es posible utilizar el tratamiento de textos, resulta muy dificultosa la vuelta a un sistema tradicional y el empleo de las viejas máquinas de escribir o de los cálculos manuales, o del simple uso del bolígrafo, cada vez parecen más alejados del ámbito de actuación habitual de los usuarios. Sin embargo, hay que tener en cuenta que la mera presentación de un documento, de un escrito realizado de acuerdo con las nuevas tecnologías ya no implica un efecto favorable "per se", puesto que eso ya es lo normal; en cambio sí es muy fuerte el efecto contrario, es decir el rechazo inmediato de textos hechos al antiguo modo.

Hasta aquí se ha hecho referencia únicamente a algunos de los más evidentes inconvenientes que padecen los usuarios de los procesadores de textos. Hay otros que simplemente se apuntan, o que todavía es pronto para que se manifiesten de una manera significativa, tal es el caso de las consecuencias que para la salud se derivan de las largas horas de uso de los tratamientos de textos y consiguiente permanencia ante los ordenadores.

De cualquier modo, la novedad, ya ciertamente relativa (habida cuenta además la valoración del factor tiempo en el campo de las nuevas tecnologías), de los procesadores de textos, junto con el margen de confianza que paradójicamente suele acompañar ahora a lo nuevo, y a la aparición de este tipo de fenómenos, son aspectos que inducen a minimizar esas posibles disfunciones o efectos colaterales no deseados. Es necesario mayor tiempo para juzgar con más datos e información muchos de los efectos de esta tecnología, todavía en sus "primeros" momentos históricos.

Anteriormente el proceso de escritura por medio de la máquina era relativamente barato, ahora, aunque el coste de los procesadores de textos no es excesivo en sí mismo, es necesario tener en cuenta varias circunstancias, en primer lugar no se trata de un desembolso único (es decir, que excluya cualquier otro en un plazo de 10 o más años, tiempo que se consideraba de vida útil de las máquinas de escribir), ha de tenerse en cuenta que en un plazo más breve, en torno a los 5 años habrá salido al mercado otro procesador más novedoso, con mejores prestaciones, que se difundirá con gran rapidez entre los usuarios, y convertirá al anterior en obsoleto, haciéndose por tanto preciso su cambio; hay que tener en cuenta además que para ser utilizado el procesador requiere de un hardware acorde, en cuanto ha de permitir su funcionamiento correcto, para ello ordinariamente viene ocurriendo que, debido a la potencia y velocidad de los nuevos tratamientos de textos y demás software, se hace precisa también la renovación de los referidos equipos físicos, con lo que el gasto se incrementa notablemente.

Al hablar de las tic en general, ya hemos hecho referencia anteriormente al inconveniente que supone la necesidad ineludible de formación para poder usar y obtener los resultados propios de las mismas. En este sentido, el correcto manejo de los procesadores de textos requiere una adecuada formación que suele recorrer diferentes etapas. Para desarrollar sus aspectos más básicos es suficiente con unos conocimientos relativamente sencillos, sin embargo, para extraer de los mismos una buena parte de sus virtualidades, se hace precisa una formación mucho más compleja; puede decirse que es difícil llegar a dominar todos los aspectos de un procesador de textos, ni siquiera aquellas personas que lo utilizan diariamente como elemento de trabajo llegan a conocer y dominar por completo todas sus posibilidades, debido al elevadísimo número de funciones y alternativas que ofrecen. No se hace pues necesario un conocimiento completo, ni "de golpe" de los procesadores de textos, bastan unas iniciales instrucciones para ponerlos en marcha, y con "paciencia y tesón", además del recomendable auxilio de manuales, cursillos de formación u otros usuarios más avezados, se va mejorando en ese lento camino de perfección técnica, que casi nunca llega a ser total.

Algunos de los motivos que incitan a los ciudadanos a formarse en las nuevas tecnologías son los siguientes: la ilusión por no perder el paso de la historia y por ponerse al nivel de los demás, junto con el carácter más o menos lúdico o divertido que, sobre todo al principio, acompaña a este tipo de aprendizaje, así como la necesidad de competir en un mercado de trabajo (en el que los "conocimientos informáticos" están sustituyendo las tradicionales "cuatro reglas", casi olvidadas por causa de otro artilugio tecnológico, la calculadora). Los planes de estudios ya cuentan con esta circunstancia al incluir en los curriculums este tipo de conocimientos técnicos, entre los que cuenta con un destacado lugar el adiestramiento en el manejo de los procesadores de textos.

Como hemos señalado, estas nuevas tecnologías no son inocuas, tienen consecuencias negativas para la salud, aunque abordar este tema de un modo exhaustivo excede el propósito de este estudio.

Como ya se ha indicado, el número de descubrimientos técnicos y novedades, junto a la interacción, información y comparación diaria entre usuarios, llevan a un desfase inmediatamente percibido, que junto al hecho del valor de lo último en sí mismo, impone la necesidad de una actualización constante de hardware y de software.

3.6. Cuestiones formales: ortografía, caligrafía y soporte

La caligrafía o la ortografía experimentan una consideración distinta cuando las contemplamos en relación con los procesadores de textos. Con anterioridad el autor del escrito había de poner especial cuidado en observar todas las reglas que desde las mismas disciplinas se imponen al correcto uso de la escritura, sin embargo cada vez más el usuario tiene todo un conjunto de recursos que el nuevo software pone a su disposición para evitar que incumpla las normas observables. En primer lugar la caligrafía experimenta una sustancial transformación por el hecho de que el que graba los caracteres ya no es el escritor, sino que el tratamiento de textos se encarga de disponer esos caracteres que el usuario le señala; son innumerables las opciones de elegir el tipo de letra, el tamaño, el formato y presentación de un texto. Los sistemas educativos aún contemplan la preocupación de que los alumnos adquieran unas grafías adecuadas e inteligibles; aunque la importancia de esta cuestión cada vez será menor por la razón de que el volumen de textos manuscritos va disminuyendo inexorablemente como consecuencia del empleo masivo de esta nueva técnica de escritura. La gramática y la ortografía son también otros recursos que el sistema facilita al autor de un texto, se señalan aquellas palabras o frases que no se corresponden con las correctas en el idioma que se está empleando. El usuario dispone además de una serie de alternativas para enmendar el error cometido. Resulta de una gran ayuda este tipo de indicación para corregir esos fallos gramaticales u ortográficos. No sólo aspectos formales de la escritura son objeto de estos modernos tratamientos, también se ofrecen otro tipo de soluciones para que el texto sea lo más rico posible, mostrando al autor todo un conjunto de sinónimos para alejarle de la pobreza conceptual, se pretende enriquecer el lenguaje, permitiendo al usuario elegir entre una gran variedad de términos alternativos.

Respecto al soporte material de un texto escrito, éste ha experimentado, como hemos tenido ocasión de ver en el apartado anterior, un proceso evolutivo de menos a más nivel de ligereza y versatilidad. Mucho han cambiado las cosas desde las primitivas grabaciones en piedra o incluso en pergaminos. Sin embargo, en estos miles de años de historia de la escritura, es ahora la primera vez que un texto escrito es susceptible de liberarse de su materialización física visible, es cierto que continúa existiendo, aunque sea en un lugar tan inaccesible y escurridizo como la memoria del ordenador, o la red, pero esa existencia presenta unos caracteres que la hacen muy diferente de cualquiera de los modos precedentes. Se trata ahora de una realidad "virtual", como existencia en cierta medida que se puede contraponer a la existencia "real"; es una existencia muy peculiar, está a un paso de la propia materialización y al mismo paso de la inexistencia (circunstancia, ésta última, que muchas veces es la que tiene lugar cuando, por cualquier contingencia humana o del mismo sistema, se pierde por completo un texto que estábamos a punto de imprimir, haciendo de ese hecho una de las mayores objeciones que contra el tratamiento de textos se pueden formular – aunque incluso en este supuesto, digamos extremo, los modernos tratamientos ya cubren en parte esa eventualidad "guardando" en muchos casos la mayor parte de ese texto-). Así pues, la materialización de la escritura en la actualidad ha consumado un proceso de espiritualización total, y es susceptible de una pluralidad de tratamientos, desde su impresión en papel, hasta su remisión por e-mail, por Internet, por fax, de almacenaje en el propio disco duro del ordenador, o en los diversos sistemas de bases de datos, o disquetes, o CD-rom o DVD, memoria USB, en la red, etc. Las ventajas de estas opciones son evidentes y constituyen un importante argumento de esta nueva tecnología para convencer de su uso a los ciudadanos que, evidentemente, no encuentran objeción que formular. Efectivamente, esas ventajas van desde las medioambientales –se dice que la edición de un libro de tirada mediana equivale a la tala de trescientos árboles -, hasta el ahorro de espacio, posibilidad de recuperación, almacenaje, etc.

3.7. Rapidez de la difusión

El hecho de la generalización y del tiempo en que se ha producido, 20 o 25 años, aunque es muy corto, no debe impresionarnos tanto si se tiene en cuenta que con anterioridad otros descubrimientos y tecnologías ya han logrado implantarse con suma rapidez. Así ha ocurrido con la televisión, con la radio, con la electricidad, o incluso con inventos mucho más antiguos, como la imprenta. Por tanto es un fenómeno notable por su rapidez, pero ya ha tenido varios precedentes, más importantes incluso si tenemos en cuenta que las circunstancias de difusión no eran tan favorables como las actuales.

Sin embargo, la rapidez con que las nuevas tecnologías se imponen en el mercado hay que entenderla hoy día en un doble sentido: de una parte como proceso en el que tiene lugar la implantación *ex novo* de la tecnología en cuestión, y de otra, de todas las modificaciones y mejoras que esa tecnología lleva consigo para mantenerla actualizada. Un plazo de diez años es más que suficiente hoy en día para que una nueva tecnología sea conocida, pase después a ser mayoritariamente empleada, y se haga "antigua", siendo necesaria además su modernización. Además en este sentido ningún artilugio de esta naturaleza se concibe actualmente como algo acabado y definitivo; su lanzamiento se hace ya con la perspectiva fundamental de la temporalidad, entendida como una duración limitada o condicionada a la existencia de otra tecnología más avanzada, que sacará al mercado no ya las empresas de la competencia, sino incluso, lo que es muy curioso, la propia empresa o corporación que ha hecho el lanzamiento inicial. Desde el punto de vista empresarial se asume plenamente el fenómeno de que el usuario demandará enseguida, o quizás otra empresa ofertará en breve plazo, mejoras a la tecnología inicial, y por tanto la nueva tecnología se quedará obsoleta; por ello mismo, cuando una empresa saca un producto, ya está trabajando en su mejora. Esto es una novedad histórica en el mundo de la producción industrial, no hay reposo productivo, la actividad empresarial se acomoda a la actual situación de cambio constante de la sociedad y ofrece unos productos de duración temporal y en constante fase de revisión. Circunstancia ésta que es de fundamental importancia para los planteamientos económicos con los que cuenta el capitalismo moderno: no sólo se intenta satisfacer unas determinadas necesidades humanas, sino que además esas necesidades, aparte de ser originadas más o menos artificialmente, son objeto de modificación y de potenciación a voluntad de los agentes productivos con el fin de obtener el mayor beneficio posible.

Desde un punto de vista teórico, el plazo de 25 años, que muchos historiadores consideran necesario para abordar un fenómeno social, en este contexto es excesivo. Si transcurre ese plazo, el fenómeno de las nuevas tecnologías pierde buena parte de su interés y de su frescura; entendemos que ha de ser tratado con mayor proximidad para evitar que se esfumen y desvanezcan las consideraciones que acompañan estos hechos tan volátiles, fugaces y escurridizos. "El valor excepcional del tiempo largo", "la larga duración" a que se refiere Braudel en *La Méditerranée*,   tiene en este caso una aplicación cuando menos cuestionable: los fenómenos sociales como el que es objeto de análisis en este supuesto, o son estudiados en su momento, cuando se producen, o un estudio posterior, sosegado, pausado, alejado del constante fluctuar, conduce a la pérdida de aspectos y elementos fundamentales para valorarlo en sus justos términos; es posible que ese reposo aporte aspectos valiosos para un determinado enfoque, que haga más fácil e inteligible la evolución del mismo, pero con ese procedimiento se pierden connotaciones que ayudan a comprender mejor ese acontecimiento, aunque sea más complejo y problemático un análisis de esa naturaleza, pero por el hecho de esa mayor dificultad no es posible posponer ese estudio para momentos ulteriores, porque habremos perdido una ocasión inmejorable para abordarlo, aunque hay que cuidar que la escasez de perspectiva no haga perder objetividad. Ambas opciones son complementarias y han de saber coexistir; la inmediatez aporta valiosas observaciones que ayudan a comprender ese acontecimiento, aunque una visión más alejada en el tiempo pueda venir a completarla o aún a corregirla, cuando sea necesario.

Desde un punto de vista temporal, resulta ilustrativa la mera enumeración de los hitos históricos que pueden ser considerados como antecedentes de los procesadores de textos: hace 4000 años el Código de Hammurabi, hace 500 años la imprenta (aún subsiste), hace 100 años la máquina de escribir (desaparecida), hace 20 años los procesadores de textos.

3.8. Monopolio

Actualmente los sistemas operativos de Microsoft, ya sea en su versión Windows 95, ya en otras mas modernas, se encuentran instalados en más del 85 por ciento de los ordenadores personales y portátiles existentes en el mundo, superando incluso las previsiones del propio fabricante. La situación de dominio es clara y evidente, no ofrece lugar a dudas; sin embargo este hecho insólito en el mundo del consumo debe hacernos reflexionar sobre las circunstancias que se dan actualmente para que una cosa semejante pueda suceder. No es fácil poner otros ejemplos de fenómenos parecidos, quizás lo más próximo quepa buscarlo en el campo de la propia tecnología, pero fuera de ahí se nos hace difícil pensar en algo similar. Como causas de este predominio tan abrumador no se puede argüir la falta de interés económico en el sector, pues son enormes las cifras del beneficio que produce. Aunque escapa al propósito de este trabajo el análisis económico, creemos reseñable este hecho por su novedad y por las consecuencias que tiene de cara a crear unos hábitos de comportamientos pautados. Tras el procesador de textos de Microsoft se encuentre una gran organización –en opinión de los usuarios la primera del sector- que mejora e innova constantemente, lo que es decisivo para que su uso se imponga y consolide su monopolio en este campo.

Quisiéramos apuntar como hipótesis explicativas de ese monopolio las siguientes: así se puede destacar la calidad del producto (se trata de una materia compleja, muy sofisticada, que requiere una gran inversión en investigación, no sólo para lanzar el producto, sino para mejorarlo continuamente), lo que excluiría de la competencia a todas aquellas empresas o corporaciones que no tengan esa capacidad operativa. Junto a la calidad (incluyendo por supuesto un precio competitivo), que como hemos dicho precisa a su vez de una dimensión empresarial, ha de destacarse la publicidad, que evidentemente trata de convencer al cliente de las excelencias de la mercancía; al referirnos al proceso histórico anteriormente se ha aludido a las grandes cantidades que se destinan para lograr ese objetivo, y que marcan una diferencia clara con aquellos otros que no se mueven en el gigantesco volumen de negocios de la empresa dominante. Así pues, factores de dimensión empresarial se encuentran entre las razones que deben dar cuenta de un hecho económico tan destacado, que determinan la calidad del producto y permiten una adecuada difusión de sus cualidades. Sin embargo, hay una circunstancia que es altamente responsable de ese gran éxito, se trata del hábito de consumo que ha generado en millones de usuarios en todo el mundo. Ese hábito tiene unas características que lo hacen peculiar, se trata de una habilidad manual y mental que requiere mucho tiempo y mucha dedicación, además en buena medida sólo sirve para ese concreto tipo de tecnología, es decir, no es aprovechable, en líneas generales, para otro sistema distinto; y además es muy satisfactorio (lo que quiere decir que hay muy pocos "fallos" en ese producto, es decir, el usuario apenas tiene quejas ni se le ocurren novedades que puedan mejorar esa tecnología, y, en su caso, esas posibles mejoras y "fallos" ya están siendo contemplados para el lanzamiento del siguiente producto por la misma casa). Sólo razones de sencillez y mejora explicarían el abandono de un sistema operativo por otro, lo que ya ha ocurrido con el precursor del Windows 95, el MS-DOS, mucho más complicado y menos robusto, pero ese no es el caso de los productos de la generación Windows. Además se trata de uno de los primeros y escasos sistemas que se ha implantado; los usuarios si no ven ventajas evidentes (calidad, precio, sencillez de manejo, etc.) no están dispuestos a abandonar una tecnología que colma todas sus aspiraciones, y cuyo cambio requiere un gran esfuerzo adaptativo por su parte.

Hasta aquí hemos hecho una referencia global al sistema operativo, pero cuanto se ha dicho es totalmente extrapolable al procesador de textos, en la medida en que forma parte de un todo que se ofrece, hoy por hoy, con esa nota de indisociabilidad. No es habitual emplear un procesador de textos en otro sistema operativo que no sea el "suyo", debido a la prácticamente incompatibilidad entre los distintos sistemas. Lo que sí es posible es utilizar versiones superadas de un procesador de textos, desde un sistema operativo posterior de la misma familia, lo que ocurre, por ejemplo en el caso comentado, de Windows. La situación parece difícil de cambiar, se habla con razón de monopolio, legítimo o no, pero los hechos son así para bien o para mal. Sin embargo, ya hace algunos años tuvo lugar una fuerte polémica, con su correspondiente reflejo en los tribunales, como consecuencia del intento de Microsoft de aprovechar ese dominio, para introducir además otro producto de "la casa", en ese caso el Microsoft Network; por el procedimiento de apretar un botón, el usuario del sistema operativo accedía a ese sistema de información a través de la red, cuya conexión se ofrecía con el mismo programa. Las furibundas reacciones de la competencia han llevado la cuestión hasta instancias judiciales. Las consecuencias del dominio de Microsoft en el mundo son analizadas de distinta forma, según las fuentes.

3.9. Inductor de otras tecnologías

La importancia que el uso del procesador de textos tiene en la decisión que lleva al ciudadano a adquirir un ordenador es, en principio, variable, según el sector de población y la ocupación. Habida cuenta el carácter polivalente de este aparato, el mismo es susceptible de un uso con distintos objetivos, no siendo éstos en absoluto excluyentes, sino complementarios en buena medida. El ordenador ha sido concebido, y constantemente se incrementa esa faceta, como prestador de múltiples funciones, de hecho el software cada vez tiene más en cuenta esta posibilidad que lo hace más atrayente para el usuario; las facilidades para la "multitarea" son una de las notas más destacadas de los sistemas operativos actuales. Está surgiendo, sin embargo, una alternativa al sistema hasta ahora consolidado, ésta viene del mundo de la red, consiste en alojar en la misma el software necesario para determinados usos, no obstante, hoy ésta es aún una solución menos importante que la tradicional, aunque una de las características de las nuevas tecnologías de la información es que las cosas cambian con suma rapidez, y cualquier principio o postulado puede desaparecer de la noche a la mañana. En este sentido, ahora también se ofrece, y con tendencia al alza, el acceso a Internet a través de otros instrumentos, por ejemplo el teléfono móvil, con lo que ha desaparecido ese monopolio del ordenador en la dispensa de esa función, aunque todavía es muy importante.

En este contexto, la relevancia de los tratamientos de textos en la decisión del consumidor informático es una cuestión, como se ha apuntado, de características que oscilan mucho. Las causas determinantes del peso del procesador de textos en la adquisición del ordenador ya han sido apuntadas anteriormente; las mismas se derivan fundamentalmente de la gran mejora en la productividad y en la calidad que depara su uso; actualmente los tratamientos de textos son muy útiles, lo que los ha convertido en completamente imprescindibles; ello sin menospreciar la importancia de otros factores como, por ejemplo, la imagen que su uso ofrece en el actual mercado competitivo. Desde el presente punto de vista, las consecuencias de la importancia de los procesadores de textos están evidentemente en íntima relación con el elevado éxito de ventas de los ordenadores en cuanto instrumentos que permiten su uso.

A la vista de los datos observables, podemos decir que en estos momentos los procesadores de textos han alcanzado un uso generalizado, ello es un hecho que ha ocurrido en los últimos 25 ó 30 años. El estado actual de las tecnologías, su grado de difusión, junto con los medios de publicidad que operan con enorme rapidez a escala planetaria, hacen posible que un "invento" como éste se extienda en todo el mundo con una gran velocidad y eficacia.

Como causas de esa generalización pueden apuntarse las siguientes: a) En primer lugar la propia utilidad real, perfectamente palpable y evidente por sí misma; las ventajas de su uso se hacen patentes de modo inmediato simplemente a la vista de un escrito hecho según este sistema, así como con cualquier sencilla demostración de su infinidad de aplicaciones. b) La publicidad, actualmente de transcendental importancia, no se centra en este caso concreto en incidir en las ventajas del uso de los procesadores de textos, eso es algo que ya no admite discusión; ni siquiera el esfuerzo publicitario resalta el desfase de un determinado tratamiento de textos para convencernos del uso de uno nuevo, eso es evidente por sí mismo;

los clientes ya son fieles a la tecnología en cuestión, lo que pretenden las campañas publicitarias es mostrar la conveniencia de un nuevo sistema operativo, que ya incorpora ordinariamente un nuevo tratamiento de textos. c) A veces ocurre que el uso se produce de modo indirecto. Se ha adquirido el ordenador con otro objetivo, pero como los programas de que se nutren suelen estar compuestos por "paquetes integrados" que incorporan una pluralidad de productos, entre ellos el tratamiento de textos, entonces de modo colateral se inicia el usuario en ese tratamiento de textos, aunque esa no fuese la finalidad inicial. d) Por otra parte, el que utiliza este sistema de escritura se siente en cierta medida poderoso, dispone de unos instrumentos que le permiten un elevado nivel de maniobrabilidad y de eficacia, con gran facilidad puede acometer multitud de acciones, además se elimina el componente altamente rutinario en que hasta ahora consistía la reproducción de textos, permitiéndose una mayor subjetividad en el mismo trabajo.

En fin, dentro del aspecto mítico que caracteriza a las nuevas tecnologías, puede decirse que se ha instalado una inercia social que inclina al ciudadano a la inmersión total en este campo, dando por bueno el fenómeno en su conjunto. Castells habla, sin entrar en un mayor desglose, de "imperativo categórico" moderno al referirse a la imposición que el ordenador ejerce sobre los ciudadanos; similar calificación entendemos aplicable al tratamiento de textos, en cuanto uno de los principales componentes, "lógico" o "software" en este caso, que integran ese complejo bien de consumo que es el ordenador.

3.10. Consecuencias del uso

Citamos a continuación sin ánimo exhaustivo algunas de las consecuencias más notables que se derivan del uso de los procesadores de textos, y que en buena medida se pueden generalizar a las demás tic: a) Al tratarse de una tecnología vinculada, es decir no susceptible de uso independiente, requiere de un instrumento físico desde el que operar: el ordenador (en este sentido se suele utilizar la doble distinción: sistemas lógicos-sistemas físicos, o software-hardware), por tanto constituye un elemento claro en la decisión material de adquirir ese elemento de consumo. b) Conviene reflexionar un poco sobre el proceso que sigue la implantación definitiva de este sistema de escritura; si nos retrotraemos al momento de la toma de la decisión de adquirir el ordenador, se percibe que en una buena medida ello ha obedecido al objetivo, al menos declarado, de mejorar en todos los aspectos nuestros escritos, lo que por sí sólo constituye razón determinante; si además comprobamos que el ordenador permite otras múltiples tareas, entonces cualquier duda sobre la conveniencia de pasarnos a este sistema queda de inmediato desterrada. Si ésta es la situación en cuanto a los ciudadanos que han conocido el procedimiento anterior, ni que decir tiene que a las personas que únicamente han tenido contacto con esta tecnología (para ellas ya no será

Citamos a continuación sin ánimo exhaustivo algunas de las consecuencias más notables que se derivan del uso de los procesadores de textos, y que en buena medida se pueden generalizar a las demás tic: a) Al tratarse de una tecnología vinculada, es decir no susceptible de uso independiente, requiere de un instrumento físico desde el que operar: el ordenador (en este sentido se suele utilizar la doble distinción: sistemas lógicos-sistemas físicos, o software-hardware), por tanto constituye un elemento claro en la decisión material de adquirir ese elemento de consumo. b) Conviene reflexionar un poco sobre el proceso que sigue la implantación definitiva de este sistema de escritura; si nos retrotraemos al momento de la toma de la decisión de adquirir el ordenador, se percibe que en una buena medida ello ha obedecido al objetivo, al menos declarado, de mejorar en todos los aspectos nuestros escritos, lo que por sí sólo constituye razón determinante; si además comprobamos que el ordenador permite otras múltiples tareas, entonces cualquier duda sobre la conveniencia de pasarnos a este sistema queda de inmediato desterrada. Si ésta es la situación en cuanto a los ciudadanos que han conocido el procedimiento anterior, ni que decir tiene que a las personas que únicamente han tenido contacto con esta tecnología (para ellas ya no será "nueva" desde un punto de vista que podríamos llamar "filogenético", sino sólo desde una consideración "ontogenética"), no se les plantea siquiera la cuestión "ordenador sí – ordenador no", y por consiguiente tampoco "tratamientos de textos sí – tratamientos de textos no", para ellas esta situación es completamente "natural" y "lógica", por más "artificial" que en sí misma sea. Así pues, de fundamental ha de ser calificada la importancia del tratamiento de textos en el proceso que conduce a los usuarios a decantarse por la adquisición del ordenador. Al hilo de ello, en cuanto factor que contribuye poderosamente a desencadenar un consumo, la trascendencia económica de este hecho no es menor, baste señalar las enormes cifras que mueve este sector de la economía. c) A través del procesamiento de textos los ciudadanos entran en contacto con el "lenguaje" informático, traban relación con el "conglomerado" de las nuevas tecnologías, se inician y adquieren una destreza susceptible de ser empleada en otros usos tecnológicos afines. d) En la medida en que la actividad del usuario se canaliza hacia estos nuevos métodos, a la vez que se robustece esa pauta de conducta, paralelamente se pierden las anteriores, se crean unos hábitos de trabajo y se abandonan otros. e) Además en cuanto que el instrumento de trabajo es altamente cualificado y complejo, se establece una clara distinción entre mero usuario y personal técnico, en el que a su vez se distingue entre el que produce y fabrica esa tecnología y el que atiende los problemas que pueden surgir en su uso, ya sea de formación o de reparación. Se constituye, pues, una dependencia del usuario respecto a este personal técnico, personal que ha ido ganando peso – en cuanto integrante del colectivo más amplio de "técnicos"- en el conjunto de la sociedad, constituyendo en opinión de algunos autores, como Bell, una de las notas fundamentales de lo que denominan "Sociedad post-industrial".

3.11. Destrezas

Como hemos adelantado anteriormente, ya en el colegio se instruye a los alumnos en el manejo del ordenador, y por consiguiente del procesador de textos. Para lograr un dominio aceptable de un procesador de textos se requiere que se den una serie de circunstancias; aparte de disponer del correspondiente equipo material es necesario hacer algo, interactuar con la máquina, no basta encender el aparato, hay que desarrollar toda una actividad constante. El usuario va introduciendo datos que el ordenador va reflejando; en principio parece ser una reacción electrónica muy sencilla y simple, sin embargo el verdadero mérito de la tecnología del procesador de textos radica en el modo de procesar y de tratar esa información inicial. Además el sujeto puede requerirle a la máquina que realice una infinidad de funciones y que transforme esa información a su gusto.

El mecanismo ordinario de interacción del usuario con la tecnología consiste en pulsar un teclado, reflejándose inmediatamente los caracteres en una pantalla. Fundamentalmente en esta acción no hay apenas novedad respecto a la tecnología suplantada, en este caso la de la máquina de escribir "tradicional". Parece un acierto la reutilización y aprovechamiento de una conducta ya habitual entre los posibles usuarios del procesador de textos; es de agradecer que se haya intentado facilitar las cosas, al menos para que el paso al nuevo sistema sea menos traumático, aunque a aquellos usuarios que no hayan conocido el sistema precedente no les afectará "esta ventaja"-. La reutilización de una destreza ya adquirida por múltiples ciudadanos es algo que presenta aparentemente beneficios y constituye un factor claro en la captación, al menos inicial, de clientes. Históricamente constituye un suceso destacable. Si observamos otras tecnologías próximas, en ninguna de ellas ocurre eso, todas implican una nueva destreza o mecanismo de uso; todas dan lugar a un nuevo comportamiento mecánico del usuario. En el caso que nos ocupa, puede decirse que esto no es así, o por mejor decir, no totalmente, puesto que como hemos visto esa reutilización de la habilidad anterior de los usuarios de la máquina de escribir ha de ser completada con otros dispositivos y funciones adicionales.

Sin embargo, no todo depende de la interacción mecánica ya conocida previamente por los ciudadanos que eran usuarios de la máquina de escribir. Esto no ha sido suficiente, al teclado tradicional se le ha dado una nueva configuración, le han sido incorporadas una serie de teclas nuevas, y desde luego hay que referirse a la aparición del "ratón", que ha venido a añadir toda una serie de mejoras en el desplazamiento espacial por la pantalla; con este nuevo instrumento se ha mejorado y superado la anterior rigidez del sistema, dotándolo de superiores posibilidades de movimiento y maniobrabilidad. Nos venimos refiriendo solamente a los procesadores de textos "tradicionales", es decir, no a una nueva generación de los mismos que ya se vienen utilizando, aunque en mucha menor medida, y que prescinden del teclado y utilizan el nuevo sistema de "reconocimiento de voz", es decir, el sistema reproduce las órdenes y textos que le dicta de viva voz el usuario.

3.12. Cambio social. La máquina de escribir y "Las mecanógrafas"

Lo hemos apuntado en varias ocasiones, pero es preciso dedicar a esta cuestión un análisis más detallado. Nos encontramos ante una revolución silenciosa que origina y provoca más cambios en los modos de vida y en los comportamientos sociales que cualquier otro fenómeno. La tecnología afecta tanto a nuestro modo de comportarnos y desenvolvernos que a veces resultan drásticas las consecuencias que de ellas se derivan. A este principio no es ajena en absoluto la situación creada por las nuevas tecnologías, y en concreto por los procesadores de textos. A continuación vamos a aludir a dos efectos inmediatos y palpables que han producido los tratamientos de textos: la práctica desaparición de una tecnología reciente, la máquina de escribir, y de una profesión que había surgido y se había consolidado en torno a ese instrumento, la de mecanógrafa/o.

Las Nuevas tecnologías, como siempre. José Antonio Martínez

La máquina de escribir.- Cuando apareció en el mercado la máquina de escribir, supuso un cambio radical en cuanto venía a sustituir por vez primera en la historia el modo manual de escribir de forma habitual –con anterioridad la imprenta había implantado este procedimiento de modo profesional en la elaboración de textos escritos para su difusión masiva-; pero era la primera vez que el hombre individualmente utilizaba un instrumento mecánico complejo para plasmar textos escritos. En su momento supuso una radical transformación de un procedimiento que desde siempre se había venido utilizando. Exigió una práctica manual compleja, el acoplarse a ese nuevo instrumento que complicaba bastante el hecho de escribir. El adiestramiento necesario era ciertamente sofisticado, aunque presentaba varias opciones: una, la más rudimentaria, escribir mirando el teclado y utilizando dos o pocos dedos, y otra, un procedimiento más completo y recomendable, aunque también mucho más difícil de adquirir, utilizar todos los dedos de las manos y a poder ser hacerlo sin mirar. Para conseguir dominar esta técnica era preciso recibir clases específicas, en las que se memorizaba la ubicación de todas las teclas, universalmente colocadas en el mismo emplazamiento para facilitar precisamente esa tarea. Esta habilidad se adquiría primero con una labor memorística, y posteriormente con la práctica diaria.

Con el tiempo apareció todo un conglomerado de empresas que pusieron a disposición de los usuarios este novedoso instrumento. Además se hizo preciso el correspondiente personal técnico que solventase los "pequeños" problemas que planteaba el uso diario de ese aparato; los problemas más habituales eran resueltos directamente por los usuarios, puesto que no eran muy complejos.

Por otra parte surgió la profesión del mecanógrafo, aunque realmente se trataba de una profesión mayoritariamente femenina;

en un principio eran conocimientos que acompañaban a la profesión de secretaria/o; pero posteriormente se avanzó en la especialización y surgió la auténtica profesión de mecanógrafa/o, en torno a la máquina de escribir.

Para satisfacer la demanda formativa, nacieron de modo paralelo determinados centros o academias que adiestraban en estas habilidades; habitualmente eran conocimientos que se adquirían al margen del sistema educativo. Las academias de mecanografía venían así a satisfacer esta concreta necesidad social y tuvieron una vida muy próspera y duradera.

Nos encontramos ante un hecho curioso históricamente, un invento reciente es sustituido por otro. La máquina de escribir supuso un importante avance mecánico en la técnica de la escritura, pero actualmente puede decirse que se encuentra prácticamente superada, aunque mantiene todavía una existencia residual, muy minoritaria. Son muy pocas las personas que aún hoy utilizan este aparato de modo habitual, como instrumento de trabajo. Las funciones que desempeñaba la máquina de escribir son realizadas y superadas mediante el empleo del procesador de textos. Pese a la sencillez de la máquina de escribir; pese a que en un sólo aparato reúne las funciones de teclado, pantalla, impresora, periféricos; pese a que es independiente de la electricidad, no se estropea casi nunca, e incluso los usuarios son capaces de resolver los escasos problemas técnicos que suele plantear; a pesar de todo eso, su existencia se encuentra completamente desplazada, al menos en cuanto instrumento de uso habitual y masivo. Un aparato dotado de inteligencia sustituye a otro sin inteligencia añadida; un aparato físico-lógico, sustituye a otro sólo físico. Parecía una tecnología duradera, pero hoy es prácticamente una reliquia, por más que desarrolló incluso, en algunas de las versiones más sofisticadas,   una mínima inteligencia.

No obstante, podemos hablar todavía de un mínimo y ciertamente muy residual uso de la máquina de escribir. En algunas oficinas aún subsiste, aunque a costa de causar una mala imagen, de transmitir una impresión de ineficacia y de antigüedad; algunos profesionales las   conservan por si acaso falla la nueva tecnología, como una solución de compromiso; por otra parte, algunas personas siguen aferradas a ese uso tradicional como una cuestión de rebeldía ante los nuevos tiempos, ante la imposición de los nuevos procedimientos, o como una cuestión   testimonial; o incluso, en ocasiones, por la pereza de cambiar de hábito, a pesar de las grandes ventajas de los procesadores de textos, o sencillamente por motivos económicos, puesto que el coste es menor. Algunas de las empresas dedicadas a la fabricación de la máquina de escribir han pasado al campo del ordenador, han aprovechado el conocimiento del medio (no se trata del mismo instrumento aunque tenga una finalidad similar), y han sabido reaccionar a tiempo produciendo esta tecnología, máquinas inteligentes, como el ordenador personal.

"Las mecanógrafas". La mayoría de las personas que se dedicaban a "pasar a máquina" escritos, al hilo del nacimiento de la máquina de escribir, eran mujeres. Desde un principio se identificó ese tipo de trabajo con el sexo femenino, en cualquier parte del mundo. Sea por la propia naturaleza de esa actividad en sí misma, sea porque a menudo se añadía a los trabajos que prestaban las secretarias, lo cierto es que en una buena parte de su historia esta profesión incorporaba esa circunstancia claramente sexista. Cuando los ordenadores, y con ellos los procesadores de textos, permitieron mejorar considerablemente la escritura y reproducción de textos escritos, fue desapareciendo la figura del mecanógrafo como profesión independiente. No quiere decirse que actualmente no se dé ese tipo de trabajos, sino que debido a la mayor productividad que se ha logrado por medio de la nueva tecnología, ha desaparecido esa exclusividad; ahora los administrativos o personal técnico se encargan de esa labor que antes era privativa de una determinada profesión, la del mecanógrafo, es decir la de aquel empleado que tenía como cometido pasar a máquina un texto previamente manuscrito o preparado por otra persona de mayor cualificación. Actualmente es frecuente que incluso los titulados superiores asuman directamente esa función de escribir directamente el texto, debido en buena medida a las características –alejadas de la mera reproducción mecánica que suponía la máquina de escribir– que ahora permiten los modernos procesadores de textos; a veces resulta más ventajoso que el técnico realice directamente la transcripción sin tener que instruir al subordinado para que lo haga al modo deseado. Pues bien, lo cierto es que como consecuencia de esa mayor eficacia, que permite desempeñar al mismo tiempo otras muchas funciones, o porque sea asumido directamente por otras categorías profesionales, la tarea de escribir un texto ya no es causa de la existencia de una profesión que tenga únicamente ese cometido como razón de ser, y por tanto ha desaparecido casi en su totalidad esa referida categoría laboral, la de mecanógrafo.

3.13. Dependencia de la máquina y de los técnicos

Sea cual sea el proceso que tiene lugar en la realidad, y cualesquiera las explicaciones que se den a la implantación de la técnica en la sociedad y a preguntas tales como si estamos ante una colonización generalizada de la vida diaria por parte de la técnica o si nos

89

hallamos ante una invasión premeditada de la existencia por parte de intereses económicos que usan de esta vía para lograr sus propósitos, lo cierto es que nos encontramos rodeados de máquinas por todas partes, basta hacer un mínimo recuento de los artilugios no manuales con que contamos en nuestros hogares, en nuestro trabajo o en nuestro entorno, para percibir la enorme cantidad de estos modernos aparatos con que convivimos a diario. De dos tipos de dependencia cabe hablar en referencia con la cuestión que nos ocupa; de una parte respecto al ordenador, y por extensión al procesador de textos, por cuanto el usuario se acostumbra a trabajar de ese modo, a realizar todas sus funciones de esa manera, y cuando surge un problema o es imposible usar esa tecnología, el usuario no dispone ya de medios o alternativas al mismo; además hay que hablar de dependencia en otro sentido, puesto que la complejidad de la técnica empleada es tal que requiere auténticos especialistas para abordar los problemas que se plantean, en realidad se trata de la consecuencia lógica de la dependencia de la propia tecnología, es decir, si esta no funciona se busca inmediatamente la solución, que en este caso solo la pueden aportar los especialistas.

La dependencia del ordenador y del tratamiento de textos se adquiere rápidamente, los usuarios comienzan a emplear la nueva tecnología e inmediatamente abandonan el modo anterior de escritura, o ya aprenden – caso de los más jóvenes – directamente este nuevo sistema ignorando otro modo alternativo. Ante la eventualidad de no poder usar esa tecnología, la impotencia se apodera del usuario, no surge ni siquiera el planteamiento de hacerlo de otra forma. La eficacia y la comodidad son dos de los factores que influyen decisivamente para que el usuario se decante por esta tecnología, tan pronto como toma contacto con ella. Eficacia entendida como un resultado mejor, mayor rendimiento y mayor calidad en lo ejecutado. Es evidente la gran ventaja que presenta este modo de escritura, de ahí que resulte muy sencillo captar a los nuevos adeptos. La comodidad es la otra nota que paralelamente tiene lugar; con lo que el resultado de la opción ya no ofrece ninguna duda. Surgen, sin embargo, algunas cuestiones en relación con el hecho de que el hombre va confiando buena parte de sus facultades a instrumentos que mejoran y superan su propio esfuerzo: ¿Hasta qué punto esa delegación afectará o atrofiará el potencial humano de hacer las cosas por sí mismo? ¿Ha de ponerse algún límite a la creciente solución técnica de los problemas que tradicionalmente el hombre resolvía personalmente? ¿ Se está produciendo un cierto tipo de esclavitud del hombre ante la técnica? ¿O éstas son cuestiones baladíes que no vale la pena plantear porque van contra la evolución histórica?

Al mismo tiempo es necesario acudir a los técnicos para que solucionen los problemas que plantea esta nueva tecnología, es preciso recurrir a especialistas porque la complejidad de la misma no permite que el usuario los resuelva por sí mismo. Ha surgido, pues, una nueva categoría profesional, el personal informático formado en estas materias, aunque sus funciones van mucho más allá de la mera reparación, en efecto, a ellos corresponde también la misión de crear esas nuevas tecnologías, los correspondientes programas de software, y de trabajar en las mejoras constantes que estos productos experimentan desde su aparición. Nos hallamos ante una categoría profesional técnica, en este caso de personal informático, a los que algunos autores (Bell o Masuda) asocian con la aparición de la llamada "sociedad post-industrial", aunque otros (Giddens, 1998: 664) consideran que esos técnicos no difieren sustancialmente de los existentes en periodos anteriores.

3.14. Homogeneización y globalización

Una de las consecuencias del uso generalizado de los procesadores de textos es la homogeneización en cuanto al modo de escribir. Aunque la tecnología permite que se mantengan las diferencias idiomáticas, así es posible hacer uso de estos tratamientos de textos en inglés, en alemán, en español, en chino, en japonés, en ruso o en árabe, por poner algunos ejemplos, sin embargo, dentro del uso de un mismo conjunto gráfico, como ocurre por ejemplo con el que es común al inglés, francés o español, se tiende a la unificación de caracteres, y se ha intentado prescindir de aquellos que no tienen un uso mayoritario, lo que ocurrió en su momento con el uso de la letra "ñ", y la enorme polémica a que dio lugar en España y Latinoamérica, identificando el suceso con un intento de arrebatar una específica seña de identidad, la cuestión por el momento parece haber entrado en una vía pacífica, aunque no es descartable su reiteración pasado un tiempo, puesto que la tendencia hacia la unidad y la simplicidad se mantiene, y ello implica eliminar aspectos disonantes, y la "ñ" lo es con respecto a la hegemonía actual de la lengua inglesa.

Al hilo de este planteamiento viene a colación el fenómeno de la globalización, qué duda cabe que las nuevas tecnologías constituyen un factor fundamental en la implantación de esa aldea global, que se encuentra a la base de la consideración mundial de una misma realidad cada vez más parecida y más próxima, de la que tanto se habla y con frecuencia impropiamente. Parece ser que donde los caracteres de esta nueva realidad han hecho mayor énfasis es en los mercados financieros en cuanto es posible operar en cualquier parte del mundo sin restricciones, y en ese proceso juegan un papel principal esas nuevas técnicas que permiten que ello tenga lugar. Aunque no van destinados a este mismo propósito, los procesadores aportan un elemento valioso a ese hecho generalizador, en cuanto una buena parte de la información que se transmite por Internet y por correo electrónico en el mundo se hace por medio de la escritura, y precisamente éste es el ámbito propio de los procesadores de textos. Desde el punto de vista de una consideración funcionalista del fenómeno de las nuevas tecnologías, y en particular de los tratamientos de textos, cabría entender que nos hallamos ante un hecho de gran importancia por cuanto aportaría un aspecto cohesivo a la sociedad moderna. En efecto, tiende a homogeneizar el proceso de la escritura y favorece la globalización, incrementa la estabilidad social en cuanto acerca culturas y modos de expresión. Aunque este factor ha de operar necesariamente junto con otros, ya que por sí solo no es suficiente para lograr esa paz social, sin embargo introduce un gran aporte de unidad y armonía.

3.15. Utilidad real

Se emplea mucho tiempo en la informática. Se puede plantear la cuestión de si realmente esta tecnología es útil, la evidencia parece desautorizar cualquier duda, sin embargo, al menos teóricamente, cabe preguntarse por todo lo que se pierde y lo que se gana con los procesadores de textos. Lógicamente el aspecto artístico, así como la nota de subjetividad que acompañaban a la escritura manual en otros periodos históricos desaparecen. La misma pasa a ser de tipo mecánico y por tanto ahora es mucho más impersonal la tarea de escribir, la personalidad del autor únicamente cabe encontrarla en el uso de unos y no de otros de los infinitos medios de que dispone para presentar el texto. El hombre deja de escribir a mano para hacerlo de forma mecánica, ahora coloca entre él y el resultado de su acción escritora, una nueva máquina, que si bien le ayuda y mejora su labor, también le exige unas determinadas contraprestaciones, en dinero, en tiempo y en dedicación. La valoración de todo eso se nos antoja fundamental para pronunciarse sobre la bondad del producto que se ofrece, los tratamientos de textos. El hombre deja de ser autosuficiente en esa función expresiva, para depender de un instrumento altamente sofisticado y complejo, que le permite una mejor realización de una función, pero de modo más dependiente. Al margen de esta tecnología el mundo actual no sería el mismo, especialmente la actividad administrativa y burocrática, no habría tanta profusión de escritos y textos, en fin la realidad sería otra, pero desde un punto de vista individual quizás la ventajas no sean tantas como "la evidencia" parece demostrar, sobre todo en términos de tiempo libre, de autonomía personal y de disponibilidad económica. Efectivamente es alto el coste económico de estos programas de software en que consisten los tratamientos de textos; es también muy alta la dependencia del usuario moderno respecto a la técnica y a los técnicos; y también es mucha la dedicación que el usuario de hoy en día destina a la formación, y mucho también el tiempo libre que emplea en comentar y discutir sobre ellas, y la preocupación con que vive estas cuestiones y la centralidad que tienen en su vida, en sus diálogos y en sus inquietudes, absorbiendo muchas de sus energías intelectuales. Parece, en cierto modo, exagerado que lo que no pasa de ser un instrumento de trabajo destinado a escribir ocupe un lugar tan principal en la consideración del usuario moderno.

Así pues, frente a las "tremendas ventajas" que proporciona el uso de los tratamientos de textos hay que puntualizar, al menos testimonialmente, que eso no le sale gratis al usuario y que paga un precio alto no sólo en términos económicos, sino también en pérdida de autonomía personal o libertad, si se prefiere, y en espacio vital, que ahora en buena parte ha de compartir con estos instrumentos. Únicamente señalar como una cierta peculiaridad, que ahora al perderse la referencia que la escritura manual aportaba respecto a la autoría y subjetividad de un texto, se ha incrementado la importancia de la firma manuscrita para que éste haya de reputarse por auténtico y con validez jurídica, en tanto que un texto actual que no incorpore esa firma será ordinariamente tenido por ineficaz.

En conclusión, la utilidad real de los procesadores ha de ser evaluada considerando en su justa medida todos los aspectos que entran en juego. Junto a las enormes ventajas y comodidad que evidentemente de ellos se derivan, hay que tener en cuenta igualmente la pérdida de la subjetividad del escritor, la limitación de su autonomía en cuanto precisa de un instrumento complejo (con todas las connotaciones que ello comporta y al que en cierta medida se supedita), el coste económico y la dedicación de buena parte de su tiempo y de sus inquietudes. Al lado de lo maravilloso hay también un conjunto de circunstancias que deben ser apreciadas y estudiadas para elaborar el balance final.

3.16. Comparación con otras "nuevas" tecnologías

Sobre el hecho de que todas las tecnologías han sido nuevas en sus orígenes es algo sobre lo que no vale la pena detenerse por su obviedad. Sin embargo, en el presente caso de estudio, las tic, parece que esa circunstancia, su novedad, es algo diferente, porque continuamente tiene lugar la aparición de una nueva tecnología, o de una mejora que reaviva la atención sobre ese hecho de la novedad. Resulta imposible abordar una comparación en profundidad entre cualquier supuesto de tic, como puede ser el que nos ocupa en este epígrafe, el de los tratamientos de textos, y las demás tecnologías precedentes de cualquier tipo, por lo que nos vamos a limitar a relacionar algunos rasgos que pueden ayudar en esa comparación a modo simplemente ilustrativo.

No todas las tic son iguales, se engloba bajo ese denominador todo un conjunto de diferente naturaleza, aunque suelen presentar características comunes. Así se incluyen en ese calificativo tanto los ordenadores, con su diferente tipología, como la pluralidad de aparatos ofimáticos: impresoras, escáners, altavoces, fotocopiadoras, etc., propios del trabajo de oficina, aparte de otros instrumentos que han venido a dar una nueva dimensión a las comunicaciones, tales como el fax, el teléfono móvil, el correo electrónico, o Internet, además de todos los programas o software que sirven para dotar de "inteligencia" a todos esos y otros muchos instrumentos relacionados. Pese a esa interrelación, estas tecnologías ni cumplen el mismo objetivo, ni son iguales, aunque aparezcan como asimiladas las unas a las otras a efectos de serles aplicables los mismos calificativos de admiración, y de ser consideradas como neutras, imprescindibles, liberadoras y enormemente útiles. Conviene reflexionar sobre las diferencias entre ellas, reparar en cuanto a la misión que se les encomienda y el papel que están llamadas a jugar en la sociedad moderna. El ordenador es un artilugio aglutinador de todo el conjunto de funciones que presta mediante el suministro de una serie de programas informáticos (software), o sistemas lógicos, que se complementan con el componente físico (hardware), ambos se necesitan mutuamente para desarrollar sus virtualidades.

El procesador de textos es uno de tantos programas que son introducidos en el ordenador, su función es fundamentalmente laboral, práctica, la escritura básicamente, diferente por tanto de aquellos programas que van destinados al juego, al almacenaje de datos o información, o al cálculo o a la gestión empresarial. Su misión, en principio, es netamente laboral, y pretende mejorar las condiciones en las que el hombre venía desempeñando esta función. Afecta, por tanto, a la función de escribir, a diferencia de otras nuevas tecnologías que afectan a las comunicaciones, por ejemplo el fax o el teléfono móvil; y en ese sentido, confiere a esa función humana, bastante mecánica hasta ahora, una nueva dimensión mucho más compleja, más elevada, en cuanto el hombre dispone de muchas más opciones y posibilidades de configurar y tratar un texto. El procesador es, por tanto, la tecnología que se encarga de tecnificar la hasta ahora mucho más sencilla labor de escribir, en cuanto se precisan por lo menos dos instrumentos o medios nuevos: el ordenador y el propio procesador de textos.

Otras tecnologías tienen otras misiones que afectan a otros aspectos de la actividad del hombre: las bases de datos afectan a la actividad de almacenar y tratar la información disponible; los programas de gestión empresarial afectan a la gestión que se desarrolla en el marco de la empresa; los programas de cálculo y contabilidad, a esas mismas actividades humanas; los programas que contienen juegos afectan directamente a la actividad lúdica del hombre; el e-mail a la acción comunicativa, etc.

Por su especial complejidad, los tratamientos de textos tienen un alto poder absorbente. Una vez incluido en la vida laboral, este artilugio acapara mucha energía humana en cuanto forma parte íntima del usuario. Digamos que se "introduce" muy personalmente en su mundo, por cuanto es un medio que le permite desarrollar su trabajo de un modo determinado, aceptado por todos, lo que ya no sucedería con un texto hecho de acuerdo con la tecnología superada de la máquina de escribir, lo que lleva a ese usuario a la necesidad de dominar, de conocer y de controlar ese medio técnico. Se le imponen por tanto una serie de exigencias que le obligarán y vincularán necesariamente en el futuro. Ya no podrá prescindir de esta tecnología o de la que le sustituya. En la medida en que el usuario tiene un comportamiento muy activo con este aparato, en esa medida su vida se ve muy condicionada por él. Ha de acomodar su modo de trabajar a este mecanismo, que le dispone un sinfín de reglas técnicas de manejo, reglas en fin de cuentas que habrá de conocer primero, y obedecer después el usuario si desea que el resultado sea el aceptado.

Por ello, esta tecnología viene a situar al usuario, al trabajador de la escritura, en una situación de obediencia y de sumisión disciplinada a unas normas de conducta técnica, pero normas en definitiva, que además no podrá evitar, porque entonces el resultado ya no será el exigido. Hay pequeñas infracciones veniales que son permitidas, pero en lo fundamental no cabe la transgresión técnica, lo que implicaría la sanción de que el resultado no sería admisible. Para no pecar – si se permite el símil- cuenta el usuario con la ayuda inestimable del técnico, aunque en ese caso las consecuencias del pecado implican la penitencia del tiempo y del dinero que acompañan inexorablemente a la actuación de ese técnico. Es por tanto una tecnología muy íntima, mucho más incluso, por extraño que pueda parecer, que la televisión. Aquí el espectador se limita a encender, cambiar o apagar el interruptor. En el caso del procesador de textos, el usuario está constantemente pendiente del aparato, éste únicamente funciona a impulsos del autor del texto, y ha de conocer y manipular con sus propios dedos – en su mayoría – y pensar con su mente todo aquello que ha de hacer continuamente. Por ello, lejos de ser un mero instrumento que sirve para mejorar las funciones humanas de la escritura, constituye un medio que quizás cumpla esa función, pero al precio de que el usuario interactúe, dependa y quede completamente mediatizado por el mismo, durante todo el proceso que dura el acto de escribir y durante todo el tiempo en que ha de destinar horas y horas al adiestramiento y aprendizaje de la infinidad de conductas correctas para su manejo. Así, a diferencia de otras tecnologías, en que el hombre se sirve de ellas y las utiliza sin necesidad de tanta implicación, en este caso el usuario ha de hacerse uno con la máquina para que ella le suministre todo el potencial que lleva dentro.

El aspecto de internalización de los tratamientos de textos por parte del usuario para siempre debe ser analizado con mayor detalle. En cuanto tecnología que afecta a la función humana de la escritura, y en cuanto artilugio complejo – que además traslada esa complejidad al usuario que no tiene más remedio que usarla por las "tremendas ventajas", al menos objetivas, que supone, ese usuario ha de plegarse totalmente a ella, aprender sus incontables reglas de funcionamiento, y obedecer todo ese ordenamiento técnico si desea obtener los resultados apetecidos. En cuanto su relación con ese instrumento pasa por una interacción constante de su cuerpo y de su alma, la sumisión a la misma es plena y total, no sólo durante el acto material de la escritura en sí, sino también durante todo el tiempo suplementario que ha de destinarse a lograr ese adiestramiento y aprendizaje completo. Por tanto, nos encontramos ante una tecnología que subyuga y somete al usuario, mucho más que otras, por ejemplo las de naturaleza lúdica, porque en este último caso el hombre utiliza esa tecnología por diversión, sólo le exige conectar un interruptor o accionar un botón de "on" y puede en cualquier momento desconectar ese interruptor o ponerse en "off", lo que no ocurre con el procesador de textos, por cuanto suele ser el instrumento de trabajo, generalmente de carácter obligatorio. El usuario de estos procesadores de textos interiorizan de por vida esta nueva tecnología en su mente. Este fenómeno novedoso ha de ser estudiado con una perspectiva de la que todavía no se dispone. Esos usuarios vienen a ocupar su "disco duro" con tal cúmulo de información que está por ver si ello afectará a su capacidad de memoria total o si afectará a otros procesos mentales normales.

3.17. Influencia en la conducta humana

Estas tecnologías crean unos hábitos de trabajo, determinan un modo de hacer las cosas y, en caso de existir problemas, ni siquiera se cuenta con regresar al sistema anterior. Ello es debido a que se ha prescindido de la tecnología ya superada – es decir ya no contamos con máquinas de escribir -, puesto que se ha generado la suficiente confianza en las nuevas tecnologías, el procesador de textos en este caso, y además habitualmente no suele ser muy duradera la "avería", de modo que no vale la pena la momentánea vuelta al pasado. Además se han adquirido ya tales hábitos de comportamiento que se hace muy cuesta arriba su abandono, máxime si se cuenta con una pronta solución del problema. Después de un cierto tiempo de uso de esta tecnología el usuario se ha "acostumbrado" a ella, de modo que hay una gran pereza mental para funcionar de otro modo; por tanto es posible esperar el tiempo que sea preciso hasta que se "solucione la cuestión" sin intentar siquiera elaborar el escrito a máquina o a mano. El usuario se habitúa a hacer su trabajo con gran comodidad, con gran versatilidad, y ese modo de actuar hace que se extienda a otros aspectos de la vida social la exigencia de que todo pueda hacerse de la misma forma. El trabajo se hace un poco como un juego, de ahí que luego este fenómeno pretenda ser extrapolado al resto de conductas sociales. Vemos incluso que las guerras se están intentando ver como un juego de ordenador, en que hay un gran despliegue tecnológico suficiente para determinar irremisiblemente unos resultados, aunque después suceda que en la realidad las cosas no son exactamente así; nos encontramos con que la realidad "real" no siempre coincide con la realidad "virtual".

Resulta interesante cuestionar si con el uso y puesta en práctica de los tratamientos de textos, sufre el comportamiento humano alguna atrofia importante o pérdida de alguna habilidad significativa. Han sido señalados en algún otro lugar los inconvenientes que acarrea esta nueva tecnología; no parece, a primera vista, que nos encontremos ante una pérdida importante de una habilidad del hombre. Se trataría de realizar la escritura de un modo nuevo, más complejo, aunque más perfecto y eficaz que mediante el uso de la máquina de escribir.

De todas formas, el hombre puede continuar escribiendo con aquellas máquinas – en tanto aún existan esos artefactos - , con la singularidad que ello tenía, aunque al hacerlo ahora sólo excepcionalmente y no de forma habitual, como ocurría antes, los resultados al menos cuantitativamente no son los mismos. Únicamente se perdería la posibilidad de utilizar máquinas de escribir, pero al tratarse de una técnica también "reciente" y en buena parte superada, la importancia de ese hecho sería escasa.

En cuanto a la liberación de tiempo libre, no somos muy optimistas, puesto que si bien es cierto que el trabajo en sí mismo considerado es mucho más llevadero, se hace más rápidamente y se consiguen mucho mejores resultados en cuanto a calidad y eficacia, sin embargo el ahorro real de tiempo ha de ser fijado en su justa medida, habida cuenta la necesidad de formación – que además ha de ser una labor continuada porque la técnica experimenta constantes cambios – y la dedicación colateral que se suele destinar a estos menesteres.

Desde otro punto de vista, se considera irreversible el uso de esta tecnología en concreto, sólo una superación de la misma por la vía de una mayor comodidad y eficacia o placer de manejo podrá suponer su abandono. En cualquier caso resulta difícil predecir esos sucesos futuros, pero a tenor de lo ocurrido con motivo de anteriores novedades tecnológicas puede decirse que sólo por eso se producirá el cambio tecnológico. Nunca se ha dejado de usar un instrumento cuya práctica resulta más favorable para el hombre; sólo circunstancias ajenas de trascendental importancia han llevado al no uso de una técnica, y ello con muchas restricciones, como sería el caso de la postergación de la energía atómica para la producción de energía eléctrica que ha tenido lugar sólo en algunos países y por las razones de amenaza apocalíptica que las mismas representan para la propia existencia humana, lo que evidentemente no parece ser el caso de las nuevas tecnologías y tampoco de los procesadores de textos que estamos analizando. En todos los ámbitos sociales se observa un acomodo complacido hacia el modo de trabajo que los procesadores de textos permiten, no se constatan diferencias entre unos sectores y otros, por lo que cabe entender generalizado el fenómeno. Otro aspecto que queremos resaltar es, no ya el del comportamiento de los usuarios, sino que incluso los procesos mentales de esos usuarios aparecen como muy determinados por los procesos lógicos de los instrumentos que manejan; en cuanto sus razonamientos en la interacción con la máquina han de acomodarse a los planteamientos lógicos de la misma, la forma lógica de los razonamientos de los usuarios se ve influenciada por esa actividad mental. La medida de esa influencia aún no ha sido objeto de estudio y, en principio, no se antoja una tarea fácil, aunque se observan signos evidentes de su existencia.

3.18. Consideraciones teóricas

Como una muestra de la riqueza de la aplicación conjunta de teorías tenidas por diferentes, a continuación nos prestamos al ejercicio supuesto de una plural consideración de la cuestión tratada en este epígrafe, los procesadores de textos, refiriendo qué podrían decirnos teorías sociológicas más o menos distantes como las que a continuación se refieren. Sin duda, sus puntos de vista resultan válidos y útiles para la caracterización del fenómeno, que se ve enriquecida con sus plurales y complementarias aportaciones.

a) Teoría marxista

Desde la hipótesis de una supuesta consideración marxista el fenómeno de las nuevas tecnologías, y en particular los procesadores de textos, podría ser entendido como un instrumento adecuado a los tiempos, en que el capitalismo se sirve del deseo de comodidad de los ciudadanos para obtener los beneficios económicos que constituyen su razón de ser. Al igual que se trabaja para poder adquirir una determinada marca de ropa o de vehículo, del mismo modo ahora sucede para poder disponer de las nuevas tecnologías, cuanto más nuevas mejor, ya que el valor de la novedad se ha convertido en un plus de satisfacción. No sólo la utilidad y la comodidad serían factores determinantes e influyentes en la adquisición de este elemento de consumo, sino que el hecho de constituir lo último vendría a ser también fundamental a la hora de decantarse por dichas tecnologías. En este sentido, las nuevas tecnologías vendrían a suponer un reciente fenómeno de alienación del hombre, en cuanto se utiliza la estrategia de convencer a los ciudadanos de que son imprescindibles, ineludibles y de gran utilidad. Aunque parezca exagerado este planteamiento, lo cierto es que, desde el punto de vista de los empresarios que gestionan la oferta de estas tecnologías, se trata evidentemente de un negocio, en realidad de un suculento negocio que, tal como se ha indicado en otros lugares de este estudio, es en estos momentos de los de mayor volumen de beneficios, hasta el punto de hacer de dichos empresarios los más ricos ciudadanos del mundo, e incluso en los mercados bursátiles se han creado mercados paralelos donde tiene lugar la cotización de estos valores de especiales características. Las plusvalías no las obtendría ahora el sistema capitalista de la retribución de la fuerza de trabajo a un nivel inferior a su valor real, se produciría un desplazamiento de esos objetivos y el beneficio empresarial se obtendría al obligar, -a través del marketing y la implantación de una "necesidad social" artificialmente potenciada– a los ciudadanos-trabajadores a un consumo tecnológico que proporciona a los empresarios esos pingües beneficios.

Ahora los ciudadanos-trabajadores no tienen suficiente, para reponer la fuerza de trabajo y para encontrarse en condiciones de seguir trabajando, con satisfacer sus necesidades básicas de alimento, vestido y alojamiento. Actualmente, en las sociedades capitalistas del mundo occidental, es necesario disponer cada vez más de otras "satisfacciones"; en este contexto se han hecho "necesarias" muchas de estas tecnologías, y en el caso que nos ocupa en este apartado, los procesadores de textos. Llama la atención el hecho de que cada vez más se desplazan esas "necesidades" hacia objetos instrumentales, es decir hacia bienes de consumo que hacen referencia a procesos humanos, como por ejemplo la comunicación, el ocio, o en este caso, la escritura. Ahora el capitalismo ha sofisticado sus métodos, ya no necesita explotar directamente al trabajador, le resulta más ventajoso y constituye una mejor estrategia dirigirse hacia esos nuevos campos en los que hay un consenso con el ciudadano. Se obtiene un beneficio proporcionando la satisfacción que el ciudadano-consumidor demanda, al haberle hecho creer que es imprescindible. En este caso concreto se libera al trabajador de una rutina laboral -la escritura mecánica de la máquina de escribir tradicional– y además se le proporciona un mayor entretenimiento y elemento lúdico, capaz de darle otras satisfacciones colaterales. Con ello se logra una mayor cohesión y paz social, alejando el enfrentamiento directo entre clases sociales, y el sistema capitalista resulta más fortalecido e invulnerable en la medida en que ha conseguido "integrar" y armonizar los intereses de los tradicionales enemigos sociales, los capitalistas y los trabajadores. Algo así podría ser una simplificada escenificación de la cuestión desde una interpretación de corte marxista que pudiera hacerse en estos momentos; quizás pudiese aportar consideraciones más sofisticadas y elaboradas, pero en el fondo es posible que coincidiese con esta visión.

b) Desde la concepción de "la razón instrumental"

El conjunto de autores que se aglutinan bajo el colectivo de "La Escuela de Frankfurt" (y que se incardinan también dentro del análisis marxista, si bien pretendiendo acomodarlo a su época), en sus varias generaciones y con las discrepancias lógicas entre ellos, por "razón instrumental" entienden aquélla que le ha permitido al hombre actual culminar un dominio más o menos generoso sobre la naturaleza que le rodea, pero al mismo tiempo esa misma razón paradójicamente le ha hecho un esclavo de ese mismo planteamiento "racional", del que es extraordinariamente difícil salir, imposible para la mayoría de ellos. En la medida que ese dominio lo va logrando el hombre por medio del empleo de la ciencia, y por tanto de la técnica en cuanto materialización de la misma, se puede decir que las nuevas tecnologías juegan un papel muy importante en estos momentos en ese proceso de sometimiento histórico a los designios humanos, y particularmente los procesadores de textos se encuentran inmersos plenamente en ese contexto de evolución de la razón instrumental. La razón aplicada ha llegado a producir todos esos instrumentos que tanto asombro y beneplácito despiertan universalmente entre los usuarios, a los que no son ajenos en absoluto los tratamientos de textos. Como se señalará en otros lugares de este trabajo, la crítica y la puesta en cuestión de estos logros científicos no consigue emerger del anonimato, y la ciencia continúa su marcha triunfal. Una vez legitimado ese "desarrollo" que la ciencia moderna ha implantado en las sociedades modernas, esa misma razón se aplica y generaliza en todos los órdenes de la vida, y es en ese contexto en el que estos autores hacen especial hincapié en la situación en la que se encuentra el hombre moderno, sin posibilidad de variar el rumbo de la historia ("El hombre unidimensional", titulaba Herbert Marcuse una de sus obras más célebres allá por los años sesenta). Este planteamiento está incrementando su actualidad, y así ahora una nueva versión del mismo, con una orientación quizás más política, recibe la denominación de "pensamiento único", en alusión a una coyuntural visión de la realidad que se ha instalado en el mundo, sobre todo a raíz de 1989 y del colapso de los sistemas comunistas. El razonamiento que habitualmente se hacen los ciudadanos es el siguiente: con la ayuda de la ciencia actual el hombre ha alcanzado cotas de comodidad y prosperidad jamás hasta ahora disfrutadas –en este sentido, puede hablarse de las ventajas que el uso de los procesadores de textos aportan al proceso histórico de la escritura-, por tanto esa ciencia merece una total confianza por parte del hombre. No hay alternativa a ese progreso científico, y sin embargo y paradójicamente son tremendas también al mismo tiempo las consecuencias que de ese "progreso" pueden derivarse para la vida del hombre y para la propia subsistencia del mundo, en términos de peligro apocalíptico de destrucción total del medio ambiente y de la propia existencia humana, sin contar las grandes desigualdades sociales existentes y propiciadas por esa ciencia y por el uso de la misma, y los grandes conflictos que asolan nuestra existencia. Por tanto la encrucijada en que se encuentra el hombre actualmente resulta bien patente,   pero no lo está tanto la solución, en este punto es en el que difieren algunos de los autores más significativos de los continuadores de la labor y teoría crítica desarrollada por el famoso Instituto Social desde su fundación en Frankfurt.

c) Desde una teoría de "tipo intersubjetivo"

No sólo los factores económicos tenidos en cuenta por una consideración de tipo marxista explicarían lo que sucede con las nuevas tecnologías. No se puede olvidar que realmente hay aspectos muy importantes en cuanto a una mayor comodidad y eficacia derivadas del uso de las nuevas tecnologías, y que desde el punto de vista del usuario son apreciadas como liberación de una rutina y causantes de una mayor satisfacción laboral en el ejercicio del trabajo, particularmente los procesadores de textos son vistos de esta manera por los usuarios. Es decir que aspectos subjetivos e individuales vendrían a saludar con agrado la aparición de estos modernos sistemas de escritura. Sea como sea, lo cierto es que en este caso tiene lugar una feliz conjunción de intereses: el de los particulares que gustosos aceptan la implantación de estas modernas técnicas, y el de los capitalistas que encuentran, provocan e incitan este tipo de consumo, es decir, un estupendo pretexto para satisfacer sus pretensiones económicas de siempre.

No es posible, pues, obviar un análisis subjetivo de este fenómeno. Las nuevas tecnologías en general, y los tratamientos de textos para el caso en concreto que estamos estudiando, despiertan, ya se ha dicho, un enorme grado de adhesión y simpatías; son muchas las ventajas que su uso proporciona a los usuarios, que las comparan con el sistema anterior, el de la máquina de escribir. Por tanto, desde una consideración individual es evidente que mayoritariamente la opinión de los usuarios se decanta hacia el uso incondicional de las mismas, y aunque en algún caso aislado pueda plantearse algún reproche, sin embargo es abrumadora la opinión favorable a las mismas. Las consideraciones críticas y genéricas sobre ellas no influyen en absoluto sobre esa aceptación, y de hecho no representan el menor peligro para la existencia y consolidación de estas tecnologías, y en particular de los procesadores de textos. Un análisis "interaccionista" entre los usuarios de estos tratamientos de textos no deja la menor duda sobre el carácter irreversible y sobre su acogimiento total y sin condiciones. Es tal el grado de satisfacción y de beneplácito hacia ellos, que han sido totalmente integrados en los modos de conducta laboral de los trabajadores y ciudadanos que habitualmente usan este nuevo sistema de escritura. Las dudas y cuestionamiento sobre los procesadores no se producen, y el empleo masivo de los mismos constituye un tema totalmente pacífico y carente por completo de polémica entre esos usuarios; si acaso se podría hablar de asuntos colaterales a los mismos, como su precio o algunos de los problemas técnicos –mínimos por lo demás- que alguna vez suelen ocurrir; pero en ningún caso pretenden plantear alternativas al sistema o preguntarse por su utilidad real, tal como hemos hecho en el presente estudio.

Desde el punto de vista del usuario individual, la aceptación puede decirse que es completa, total y definitiva; no se concibe otro sistema distinto que venga a ofrecer otra solución, como no sea una mejora de la tecnología ya existente, pero en absoluto una vuelta atrás. Es más, se considera como una gran conquista de la ciencia y de la técnica moderna, que ha venido a liberar al ciudadano-usuario de la pesada labor de copiar o redactar textos con el procedimiento anterior. El nivel de satisfacción ya apenas se manifiesta, a diferencia de los momentos en que el usuario ha abandonado el anterior sistema; ahora, una vez ya asumida y acogida con normalidad la técnica de los modernos procesadores, se ve como habitual y normal todo ese cúmulo de ventajas y condiciones en las que tiene lugar la realización de ese trabajo o labor escritora. En fin, desde un punto de vista puramente subjetivo, puede decirse que todos esos elementos, especialmente los que suponen un planteamiento crítico, no son tenidos en cuenta por los usuarios, que de una forma mayoritaria inciden en los aspectos beneficiosos de esta tecnología novedosa. En este sentido, las conversaciones y comentarios de los usuarios ratifican y confirman plenamente las opiniones que han sido expuestas; en sus afirmaciones diarias dan muestras sobradas de esa aceptación y acogida sin contemplaciones. Si esas manifestaciones de opinión de tipo verbal no son más numerosas en estos momentos es debido a que ha perdido interés entre dichos usuarios, debido a que se ve como una cuestión totalmente admitida y que no corre ningún peligro de desaparecer ni de caer en desuso.

4. LAS BASES DE DATOS

El mundo de los datos y de la información ha experimentado un vuelco total. Con las nuevas tecnologías de la información ha surgido todo un conjunto de instrumentos que han supuesto un método alternativo al anterior, que han revolucionado por completo todo este campo, ofreciendo una multitud de sistemas para la obtención de datos, de forma mucho más accesible, barata, actual y ágil, y que han venido a poner al alcance de la práctica totalidad de usuarios un volumen y un tipo de información que resulta desbordante.

La potencialidad de estos nuevos medios informativos apenas conoce límites, el usuario ha de ser capaz de seleccionar y escoger la inmensa gama de fuentes que se le ofrecen hoy. Enumeramos a continuación algunos de los medios en los que es posible encontrar datos e información en la actualidad. Frente al soporte material de que se disponía hasta hace muy poco tiempo -generalmente papel, para los contenidos del tipo escritura e imagen, o discos, para los de contenido sonoro- ahora han surgido los que seguidamente se mencionan, aunque la lista no es cerrada y la evolución tecnológica seguro que nos llevará hacia más procedimientos informativos en breve: disquetes, CDs, DVDs, memorias USB, Internet, etc. (En este punto es preciso señalar que una prueba de la normalidad del uso de las tic lo encontramos precisamente en la aceptación por parte de la Real Academia Española de la Lengua del nombre de disquete tal como se pronuncia su grafía original, en inglés "diskette". Otro tanto ocurre con los CD, admitiendo la denominación cederrón.)

Estos instrumentos suponen una mejora progresiva en cuanto a la capacidad de información que pueden almacenar y a la calidad de conservación de la misma. Presentan un deterioro mucho menor por el paso del tiempo y pueden contener textos, gráficos y archivos sonoros. El cederrón ha comenzado a ser empleado en los años ochenta y actualmente ha desplazado el uso del disquete tradicional, en todos los campos. Actualmente se utiliza junto con el DVD, éste de mayor capacidad, y con las memorias USB y los discos duros externos. Particularmente vertiginoso es el desarrollo tecnológico en este ámbito, de modo que cualquier exposición sobre el mismo se obsoletiza de manera casi inmediata, como seguro ocurrirá con cuanto se acaba de mencionar.

Finalmente hay que referirse a la información alojada en la propia red, son muchos los datos o bases de datos que se encuentran a través de Internet. Es un proceso en el que se va espiritualizando o volatilizando la información, perdiendo esa vinculación más material; además, una característica fundamental es la mejora de una mayor actualización, en cuanto es susceptible de que el emisor vaya introduciendo en tiempo real todas las novedades que se produzcan, con lo que el usuario dispondrá de modo inmediato de los datos últimos.

Además hay que hacer referencia a otro hecho frecuente, es el caso de la información que se ofrece de un modo indirecto, es decir se consulta en línea, por ejemplo un periódico digital, y es muy habitual encontrar en él todo un cúmulo de datos relativos a cualquier tema que haya saltado a la actualidad, así como todo un conjunto de noticias relacionadas sobre ese mismo tema, aparte de disponer asimismo de la posibilidad de consultar la propia hemeroteca del medio de comunicación en cuestión, transportándose con suma facilidad a la fecha deseada. Además se ofrecen vínculos y enlaces con otra multitud de páginas web y servicios de interés, asimismo de forma gratuita, y que alcanzan los temas más variopintos. De todos modos, sobre la información en línea, y sobre sus posibilidades infinitas, únicamente se hace referencia en este epígrafe a título de reseña, puesto que un tratamiento más en profundidad será acometido en el capítulo de Internet.

4.1. Ventajas e inconvenientes

Negroponte menciona el efecto devastador de la publicación de un libro de tirada media para el medio ambiente. El uso de estas nuevas tecnologías, desde la perspectiva medioambiental no resiste la comparación con el empleo tradicional del papel.   La posibilidad que ofrecen las nuevas tecnologías de recibir y emitir información vía Internet viene a paliar el grave daño que para el medio ambiente generan los sistemas tradicionales. De un modo singular las modernas bases de datos, en cualquiera de los soportes materiales en que se incorporen, hacen prácticamente inocuo su uso desde esa perspectiva medioambiental. Ilustrativo resulta, sin embargo, que el propio Negroponte formule esas declaraciones a través de un libro tradicional y no por los nuevos sistemas que él mismo defiende, por más que argumente minuciosamente ese contradictorio hecho. Sin embargo, estas tecnologías no son totalmente admitidas y aún resultan muy poderosas las razones de comodidad o de apego a los viejos hábitos de lectura de los usuarios, aunque se ocasione un grave daño al entorno natural; es de suponer que eso irá cambiando en el futuro, pero hoy por hoy la situación aún continúa siendo esa, es decir de convivencia de ambos métodos, el tradicional en soporte papel y el moderno *e-book* o libro electrónico, aunque éste haya ganado mucho terreno actualmente.

Es tal el nivel de satisfacción que las bases de datos generan en los usuarios, que éstos generalmente abandonan los anteriores sistemas, prescinden de los métodos tradicionales y se involucran por completo en las nuevas, de modo que cuando por cualquier motivo las mismas no se encuentran operativas, se produce una parálisis en la gestión que se realiza, sin que sea factible volver al pasado, puesto que ese recurso ya ha sido totalmente descartado, tal como ocurre igualmente con las demás tecnologías que analizamos. La complejidad de estas bases de datos hace que los conocimientos habituales de los usuarios ordinarios de las mismas no sean suficientes para una relación absoluta con ellas, y con relativa frecuencia surgen situaciones en que es preciso acudir a auténticos especialistas para que solucionen todas esas dificultades que se producen. Además estos expertos suelen tener un elevado y creciente nivel de especialización, de forma que los conocimientos de una tecnología no garantizan buenos resultados en otra diferente, de modo que hace falta recurrir habitualmente al experto en cada una de las tecnologías de que se trate.

¿Pero, quién no ha facilitado datos a empresas e instituciones que luego son susceptibles de ser utilizados con otros fines? Resulta casi imposible escaparse a este nuevo sistema. Para combatir los abusos las modernas disposiciones establecen toda una serie de medidas que tratan de mantener a salvo la intimidad. Los poderes públicos, cada vez toman más conciencia de la gran importancia que las nuevas tecnologías tienen en nuestra sociedad, y se hace ya ineludible regular y disciplinar los diferentes ámbitos a los que llegan estos nuevos procedimientos que cambian por completo comportamientos y fenómenos sociales.

Lo que hace muy poco tiempo era inimaginable, ahora es una completa realidad consolidada, sus consecuencias han de ser tenidas en cuenta y los abusos a los que de ordinario se llega han de ser evitados en la medida de lo posible, garantizando los principios fundamentales que han de ser respetados en la convivencia social. Los distintos ordenamientos jurídicos, superados ya los primeros momentos en los que se habían instalado ciertas dudas en torno a la conveniencia o no de introducir normas sobre este particular, han optado ya decididamente por elaborar todas aquellas disposiciones que sean precisas para garantizar ese buen orden, e impedir que la complejidad y modernidad técnica pueda ser utilizada por los que disponen de más medios en beneficio propio y en detrimento de los demás. Hay una serie de valores que han de ser necesariamente preservados, más allá de toda modernidad y de todo deslumbramiento tecnológico. El derecho a la intimidad y al honor, por ejemplo, son de tal relevancia para los individuos que, pese a que con estos nuevos sistemas resultan fácilmente vulnerables, se han de disponer los mecanismos precisos para evitar que cualquier desaprensivo pueda conculcarlos impunemente. Pese a ello, nuestras circunstancias personales forman parte de infinidad de ficheros que circulan de empresa en empresa de publicidad, para las que supone un importante activo, en cuanto destinatarios a los que poder hacer llegar información o publicidad de cualquier tipo con la intención de captar su voluntad para algún asunto comercial o de interés para las empresas que promocionan determinado producto o servicio.

Es una práctica completamente instalada, son innumerables las comunicaciones que recibimos en nuestros buzones, no sólo en los tradicionales, sino también en los electrónicos. Cuando salimos al mercado tecnológico y facilitamos nuestros datos personales para cualquier inocente operación mercantil o lúdica, esa información es puesta a disposición de esos intermediarios comerciales y posteriormente es utilizada por otras empresas con fines mercantiles o de su propio interés. Las consecuencias ya comienzan a ser apreciadas por los ciudadanos, son muchas las empresas, generalmente de servicios, que incluyen en sus comunicaciones o informaciones referencias a la normativa sobre protección de datos y advierten a los clientes de las posibilidades de difundir esa información de carácter personal de la que disponen por razón del trato comercial entablado, si no media la prohibición de esos particulares. De todos modos, es criticable que se potencie el uso de esa información personal, al hacer necesario el esfuerzo del particular de hacer constar su negativa si quiere que ello no ocurra, es decir que el silencio es entendido como conformidad, cuando desde un punto de vista más respetuoso con la intimidad personal sería más correcto exigir expresamente dicha conformidad para poder utilizar esa información. Las cortapisas que el ordenamiento jurídico ha intentado poner se están revelando insuficientes puesto que el fenómeno continúa dándose cada vez más.

4.2. Necesidad y caracteres de su regulación

Son multitud las normas que se suceden en este ámbito, siendo la nota más destacada la continua derogación de normas anteriores de muy poca vigencia temporal. Ello es una consecuencia inmediata de la extraordinaria rapidez de los cambios que se produce en el seno de esta materia, lo que contrasta claramente con lo que sucedía con la regulación que en materia civil arranca de los códigos civiles, y que habían sufrido escasas transformaciones desde su promulgación. Dichos códigos recogían la tradición firme y sólidamente establecida desde los tiempos del Derecho romano.

Las nuevas tecnologías precisan de una serie de limitaciones, tal y como ha ocurrido con la tecnología nuclear, o con la ingeniería genética. Con este planteamiento se deja claro que aparte del evidente y deseable efecto beneficioso de las nuevas tecnologías, el uso excesivo o inadecuado de ellas es susceptible de ser nocivo. Todos los avances y descubrimientos científicos que se han hecho históricamente han presentado esa doble vertiente: el aspecto que podemos llamar deseado y querido, en que la utilización de esos conocimientos han mejorado la humanidad, y el lado perverso que ha ocasionado un peligro, a veces mundial.

A título meramente indicativo vamos a referir a continuación unos pocos ejemplos de esa doble eficacia. Así los casos en que un uso indebido puede derivar en un daño para la existencia misma de la humanidad, cual sería por ejemplo las prácticas de la clonación de individuos o el uso indebido de células madre, el uso de las minas antipersona, las armas químicas o las bombas de neutrones, que van dirigidas directamente a la eliminación de las vidas humanas, dejando a salvo el entorno. Por otra parte los conocimientos humanos han permitido unos modos de vida que han llevado a generar una cantidad de residuos que ponen en peligro la existencia del planeta, así el caso ya citado de las bombas atómicas, el uso de productos como los CFC que han dañado ya la capa de ozono que protege la Tierra de un modo constatable, o el efecto invernadero que está produciendo el calentamiento de nuestro planeta, con las graves consecuencias que ya a corto plazo se comienzan a observar, así como la degradación que se ha ocasionado ya en nuestros mares y océanos.

Todos estos fenómenos han llevado inevitablemente al hombre a tomar conciencia de estos problemas y a intentar encontrar soluciones que vienen siempre por la vía de la limitación del uso de estas tecnologías, en este sentido las frecuentes cumbres internacionales que tratan estos fenómenos están llenas de buenos propósitos que en la mayoría de los casos se cumplen de una forma muy limitada por los países participantes, ya que ello supone una limitación de su producción y de su potencial económico, cosa que no todos están dispuestos a afrontar.

Por otra parte, los propios medios de transporte hace ya mucho tiempo que han requerido de unos mecanismos correctores de sus consecuencias más indeseadas, así el caso del código de la circulación, que ha venido a poner un freno al uso incontrolado de los vehículos de motor. Lo mismo ha ocurrido con las normas de navegación respecto a los aviones, o a los buques.

Las nuevas tecnologías de la información no son ajenas en absoluto a este fenómeno. Las tic no se han librado de ese doble uso, vemos cómo las organizaciones terroristas recurren a las mismas para perpetrar sus sanguinarios objetivos. Las nuevas tecnologías, considerándolas más estrictamente, están siendo sometidas asimismo a una eficacia indeseada, que dada su gravedad y frecuencia, hace que se ponga en cuestión el efecto de su beneficio neto, entendido como el que resulta de restar ese otro daño colateral a su efecto positivo y más propio. De un modo concreto podemos citar los peligros que se ciernen en torno al uso de Internet, con los contenidos delictivos y la llamada piratería informática, que puede ocasionar desde apropiación indebida de cantidades de dinero o la destrucción y consulta no autorizada de bases de datos privadas, la lesión del derecho de autor, la falsificación y suplantación de identidades con fines delictivos, el abuso de publicidad no deseada en el uso del correo electrónico, lo que se conoce como *spam*, y un largo etcétera de acciones que aumenta cada día.

Desde otro punto de vista, las nuevas tecnologías ocasionan igualmente numerosos problemas en la salud de sus usuarios. Hoy por hoy aún son bastante minimizados desde una perspectiva individual, aunque en conjunto la sociedad cada vez es más consciente de su importancia, y resultan muy relevantes analizados globalmente, hasta el punto que se están convirtiendo en uno de los principales factores de morbilidad, con una gran repercusión macroeconómica y un elevado coste social. Así, los dolores de espalda, las repercusiones en la visión, los discutidos efectos aún no evaluados de la telefonía móvil en el cerebro, la adicción o la vida sedentaria, son una consecuencia directa del uso prolongado de las mismas, y ya son tenidos en cuenta desde el punto de vista de la legislación laboral, como determinantes de enfermedades profesionales, alcanzando su regulación también al ámbito preventivo y dictándose normas que tratan de impedir o minimizar el efecto nocivo en la salud de los trabajadores.

Por tanto, todo esto ya comienza a ser sopesado y considerado como un efecto no querido de las nuevas tecnologías, precisándose una regulación que ponga límites a su uso indiscriminado. Todas las tecnologías que el hombre ha ido creando han ido generando ese doble uso, se trata de ver si el elemento negativo puede llegar a pesar tanto que haga que dicha tecnología llegue a ser repudiada. Esto puede decirse que ha ocurrido con la energía nuclear, de la que muchos países han llegado ya a prescindir por los devastadores peligros que encierra, como quedó en evidencia tras el lanzamiento de las bombas atómicas en el Japón, la continua amenaza en que vivió y aún lo está el mundo como consecuencia de los grandes arsenales atómicos de los Estados Unidos y Rusia, o el accidente de Chernóbil o Fukushima. La contestación social mundial que se ha producido en estas cuestiones ha llevado a inclinar las decisiones de muchos estados en el sentido de su supresión.

Como caracteres más destacados de la actual regulación de las nuevas tecnologías hemos de señalar sin duda que aunque se valora el hecho informativo, se reconoce su importancia fundamental (no sólo de esa información, sino también del tratamiento y explotación de que la misma es susceptible), sin embargo, junto a eso se señalan unos límites a su ejercicio, fundamentalmente los que resulten de la protección de las libertades públicas y de los derechos fundamentales de las personas físicas, y básicamente el honor y la intimidad personal y familiar. Cuando se produzca el conflicto entre esos intereses contrapuestos, han de prevalecer los segundos.

Como dato revelador del carácter novedoso y complejo de esta materia radicalmente afectada por la irrupción de las nuevas tecnologías, resulta significativo el uso creciente de las *definiciones*, una práctica normativa que se está imponiendo recientemente en contra de lo que hasta ahora se consideraba necesario, viene a describir el significado de los conceptos que en la misma se manejan, lo que es de agradecer desde la seguridad jurídica, por cuanto introduce una necesaria clarificación que disipa dudas y nos circunscribe con mayor rigor al objeto propio de la regulación. Es decir, el legislador implícitamente reconoce el carácter cambiante e innovador de todas estas materias tecnológicas y por eso incluye este apartado pedagógico, que a la postre resulta de una gran utilidad.

Así pues, los elementos que principalmente tratan de salvaguardarse con esta regulación son la privacidad de las personas, así como su intimidad y honor, ya que las modernas tecnologías facilitan considerablemente su vulneración, al haber permitido superar sin ninguna dificultad las circunstancias espacio-temporales que antes operaban como el principal sistema de defensa de esos derechos.

Con respecto a la transferencia de información, los modernos sistemas legales tratan de garantizar que la misma sea veraz, y que el uso de las bases de datos sea congruente y racional, estableciéndose como uno de sus principios fundamentales el del consentimiento.

La propia legislación reconoce un hecho que se da cada vez más en nuestros tiempos, el desfase continuo de la legislación respecto a los cambios sociales.

4.3. Captación y adicción

Hemos señalado ya en otros lugares que el acceso de los ciudadanos a las nuevas tecnologías presenta multitud de caminos, aunque las consecuencias son las de consolidar un hábito de contacto tecnológico y permanente que se integra de modo definitivo en la vida de esos individuos. Para unos, ese inicio técnico se produce por la vía del juego o de la enseñanza, como es frecuente en las primeras etapas de la infancia y de la adolescencia, para otros ese comienzo tiene lugar por medio del uso laboral, ya sea de los procesadores de textos, de las bases de datos, por la búsqueda de información o por un conjunto de todos ellos.

Al igual que ocurre con otras nuevas tecnologías, las bases de datos constituyen un elemento que arrastra hacia el mundo tecnológico a muchos individuos, por esta vía traban contacto y conocimiento de las nuevas técnicas. Esos usuarios son introducidos en la tecnología de la información, pasando luego a profundizar en los hábitos de uso informático de una manera colateral, que hará del sujeto un asiduo que verá cómo su conducta es objeto de una profunda transformación, en cuanto los parámetros de comportamiento ante los problemas de la vida ordinaria experimentarán una acomodación a la lógica tecnológica. El hombre colocará la máquina entre él y la naturaleza, ante cualquier necesidad de efectuar un trabajo o función, su mente recurrirá preferentemente a la solución técnica, en detrimento de la solución alternativa de hacerlo directamente por sí mismo. Entre el hombre y la naturaleza se ha instalado irreversiblemente la máquina, y determinadas facultades físicas y mentales del hombre han sido objeto de un paralelo abandono. Las consecuencias de este fenómeno habrán de ser objeto de análisis más distantes en el tiempo, puesto que estamos en fases muy iniciales de estos procesos de intermediación técnica. Con todo, el hecho tiene sus raíces en los albores de la historia y no es nuevo en cuanto tal, pero las características actuales con las que se da, es decir la generalidad, la asimilación, su carácter indiscutible, hacen de él una novedad histórica, sobre la que resulta prematuro un análisis de sus consecuencias, aunque se intuyan ya algunos de esos efectos.

4.4. Presión informativa

Constituye una nota destacada de nuestro tiempo la presión informativa que todos los ciudadanos sufren constantemente. Cada jornada está repleta de datos, de conocimientos interesantes o no, que continuamente llegan por infinidad de medios. Es imposible procesar tal aluvión, pero casi nadie rechaza ese ofrecimiento, que después le induce a la compra, que afectará a su estado de ánimo, que le permitirá comparar su vida con la de otros que aparecen en los distintos medios, que le hace evadirse de su realidad diaria, que le lleva a programar su ocio, que le orienta en la decisión política, y que en general tanto condiciona todos sus actos. El hombre hoy dispone, además de todo eso, de unos acúmulos de información suplementarios, las bases de datos, que pueden dotarle a él y a sus congéneres de un mayor volumen de información sobre los temas más variopintos. Sobre el manido dicho de que "la información es

121

poder" se asienta la práctica social de que cuanto más información mejor. Todo el mundo comparte este principio axiomático, y en consecuencia es una práctica general el uso continuo de todos los medios disponibles para captar toda la información posible y no perder el paso de nuestros convecinos, que a la sazón también son nuestros rivales en el ámbito de esa sociedad tan competitiva.

Sobre el citado axioma del poder por la información, hemos de hacer alguna consideración, en realidad es poder el conocimiento que nos sitúa en un nivel superior al de los demás, que nos coloca en ventaja en cuanto a una lucha con ellos. Pero en su mayoría, la información que se nos ofrece únicamente nos incita, nos moldea a nosotros y a nuestros actos según la voluntad de los emisores de esos mensajes. El poder se encuentra más en el que lanza el mensaje informativo que en el que lo recibe, y que pasa a constituirse en una víctima del primero. No se transmite una información privilegiada, que otros no tienen, sino que se utiliza la información como cebo para llevar al ciudadano hacia el anzuelo que se encuentra tras dicha información.

Pues bien, en este contexto, las bases de datos son unos excelentes medios para incrementar, si es que aún quedan resquicios informativos, ese amasijo de datos en el que se están convirtiendo nuestras vidas. Aunque luego toda esa información, o una gran parte de ella no sirva para hacernos una vida mejor, sino que obedezca a otros intereses cuyo examen excede el objeto de este estudio. No es que necesitemos toda la información, pero si nuestros competidores la manejan, entonces nosotros habremos de hacerlo igualmente si no queremos quedar atrás. En bases de datos se apoyan inmensas campañas publicitarias que nos tienen a nosotros y a nuestras circunstancias perfectamente localizados y controlados.

La cantidad de información de la que podemos disponer es enorme, nunca antes se había producido en la historia una tan gran facilidad informativa. Pero eso por sí sólo no es suficiente para que la ayuda tecnológica sea satisfactoria. Hace falta que esa información llegue en las debidas condiciones de pertinencia y rapidez al sujeto que la necesita, lo que hoy por hoy no ocurre siempre. Resultaría muy interesante comprobar el tiempo y los resultados que los usuarios obtienen del uso de Internet y de las bases de datos que se encuentran a su alcance, y de la utilidad real que ello les reporta. La curiosidad humana juega un papel muy importante en este nuevo fenómeno, y en general se considera que estar informado es mejor que no estarlo, ello constituye un principio básico de nuestra vida social.

En contacto con las numerosas fuentes informativas de nuestro tiempo, lo que ocurre de modo voluntario o involuntario continuamente, el ciudadano es bombardeado con una gran cantidad de datos, de informaciones, de publicidad, ante los que ese ciudadano opera como una clara víctima receptiva, que recibe y procesa a su manera todo ese conjunto de datos y señales. La velocidad de esa información y la cantidad de la misma rebasan con mucho la capacidad que el hombre tiene para asimilarla, comentarla y discriminarla, de forma que se produce una intromisión absoluta en su fuero interno, el ciudadano no dispone del tiempo necesario para decidir su vida, más bien es una cierta marioneta en manos de los diseñadores y controladores publicitarios que orientan y condicionan tanto su vida. Desde una consideración extrema, podemos decir que el ciudadano hoy en día, por el efecto de estas nuevas tecnologías es un esclavo cuya mente se encuentra completamente cautiva de ciertos órganos de control que determinan casi totalmente los actos de la mayor parte de la población. La generalidad de la afirmación puede ser rebatida desde muy diferentes puntos de vista, en los que no vamos a entrar, pero el hecho cierto es que esa cantidad de información y control existen, y que esa determinación de las conductas también es un hecho. La comprobación de la total o parcial exactitud de ese planteamiento exigiría una gran labor de investigación, aquí únicamente se apunta como una línea sobre la que es posible volver.

4.5. Aceptación del fenómeno

Como en la totalidad de las nuevas tecnologías, también se produce una aceptación incondicional de las bases de datos. En cuanto se percibe su funcionamiento y las características de sus prestaciones, se genera un gran efecto de seguimiento, de modo que los factores deslumbrantes preponderan de forma absoluta sobre cualquier otra consideración que pudiera ponerlas en cuestión. La aceptación tiene lugar de un modo acrítico, siguiendo una tendencia general que se ha implantado por completo. Todos quedan absolutamente impresionados por la eficacia y por la capacidad de almacenaje de estos procedimientos, frente a los que nada tiene que ver lo que hasta ahora existía, la capacidad humana aparece ahora totalmente desbordada. Cualquier duda, cualquier cuestión, o la menor puesta en tela de juicio de las mismas, no es ni siquiera planteable, sería una muestra de locura, supondría ignorar el curso de la historia y este enorme paso de la humanidad. Sobre la existencia de estos poderosos mecanismos de almacenaje y puesta en servicio de toda esa información se ha ido edificando ya todo un conglomerado social, de prácticas y comportamientos, totalmente incuestionables.

4.6. ¿Mito o realidad?

En el uso general de muchos individuos sí que se produce un abuso que lleva a adquirir una información innecesaria y excesiva, que tiene su justificación en la inercia a la que el uso continuado de las nuevas tecnologías frecuentemente lleva al usuario tecnológico. En este punto, sin perjuicio de su consideración más extensa en otros lugares, es conveniente reflexionar sobre un hecho, se trata de la permeable línea divisoria entre el uso justificado y el abuso de las nuevas tecnologías en general, y de las bases de datos en particular. Se adquiere un instrumento tecnológico porque es "necesario" para una tarea o función determinada, para después, - debido a la versatilidad y pluralidad de tareas y funciones de que son susceptibles estas tecnologías y al tiempo que los usuarios pasan con las mismas- , "caer" normalmente en otros usos con los que en principio no se contaba y que no fueron determinantes a la hora de la adquisición de esa tecnología.

4.7. Piratería

Algunos de los casos más notorios de piratería informática han sido precisamente los que han tenido como objeto "inexpugnables" bases de datos, como las del Pentágono o de la CIA norteamericanas. De este modo se ha puesto de manifiesto alguno de los peligros que estas informaciones pueden conllevar. Desde el momento en que se logran franquear los controles que impiden el acceso, las características del medio en que se encuentran las hacen más vulnerables si cabe que las tradicionales. La dificultad actualmente se encuentra en acceder a ellas, pero una vez superado ese impedimento, su transporte y captación es mucho más sencillo, resultando en muchos casos más impune la conducta delictiva actual, ya que no se requiere la presencia física para esa sustracción, y además son necesarios muy pocos medios físicos para llevar a cabo tal acción, basta un individuo con un ordenador conectado a la red, aunque ha de tener los suficientes conocimientos técnicos para lograr sus objetivos fraudulentos.

Los contenidos susceptibles de ser sustraídos revisten actualmente una variedad muy amplia, van desde los tradicionales textos escritos, hasta cualquier tipo de "documento", ya sea gráfico, visual o sonoro. En este punto conviene detenerse al menos un poco en el hecho notorio del conflicto planteado a nivel global, entre las grandes compañías audiovisuales y los usuarios que "se bajan" o copian infinidad de "archivos" de todo tipo. El componente de reto personal que para el pirata-delincuente informático moderno presenta esta situación no ha de ser infravalorado. Ya no se trata de salteadores de caminos o de corsarios de brumosos mares, que salen al encuentro de sus indefensas presas. Ahora los piratas informáticos suelen ser jóvenes que van adquiriendo una gran cantidad de conocimientos informáticos, capaces de competir y desvelar las claves y procesos de los más sofisticados sistemas de acorazar y "encriptar" la información. Es una nueva versión de David contra Goliat, cuya victoria representa una extraordinaria hazaña, que inmediatamente tiene una gran repercusión en los medios, que incluso aunque culmine con la localización y detención del delincuente, éste suele acabar formando parte del sistema de seguridad de alguna gran empresa o multinacional, o sea que aparte de saltar a la fama se le puede llegar a recompensar muy bien sus conocimientos técnicos incorporándolo a la dirección o custodia de otras más sofisticadas bases de datos, con lo que todo ello supone de estímulo y salida

126

profesional para otros expertos informáticos, que reciben así el mensaje de que ese es uno de los caminos a seguir para promocionar sus carreras.

La percepción que se tiene es que son pocos los delincuentes de este tipo que acaban sin recompensa, y por tanto que el castigo que reciben es inexistente e inadecuado de todo punto.

Por otra parte, únicamente aquellos usuarios que tienen una sencilla preparación técnica y que, siguiendo una práctica hoy por hoy bastante generalizada, realizan el sencillo y aparentemente inofensivo procedimiento de "bajarse" o copiar algún archivo musical o alguna película, pueden acabar siendo objeto de persecución y castigo por parte del sistema judicial, que encuentra en ellos unas víctimas más asequibles para desatar la represión que no puede ejercer contra los delincuentes más sofisticados. En este punto hay que decir que, al menos según las empresas afectadas, esta conducta individual y aparentemente inofensiva les acarrea grandes pérdidas, llevando a algunas de ellas a la ruina.

Actualmente el concepto de propiedad, cada vez más está dejando de referirse a bienes materiales al uso tradicional, ahora se ha producido un gran desplazamiento hacia valores más etéreos, más volátiles, de modo que tipos de propiedad como pueden ser la "intelectual" o la "industrial" tienen una gran importancia, desbancando en muchos casos el tipo de propiedad hasta ahora dominante. Sin embargo, se trata de un bien que resulta mucho más fácil de trasladar, mucho más difícil de custodiar, y que puede ser simultáneamente disfrutable por muchas personas a la vez, sin que el mismo experimente menoscabo alguno, lo que ocurre es que el beneficio que el titular originario del mismo y las expectativas de negocio que supone su explotación -lo que depende del uso mediante pago de dicho bien o propiedad por otros interesados- se pueden ver enormemente recortadas por estas modernas prácticas de piratería.

Así pues, las nuevas tecnologías no sólo sirven para dar a conocer y difundir infinidad de datos, de información, sino que su acceso lleva, con relativa facilidad en muchos casos, y al alcance de la mayor parte de los usuarios, a situaciones en que es posible obtener de modo gratuito y fraudulento toda esa información. Y así, el tipo de piratería es doble: aparte de los casos más sofisticados del gran pirata (hacker) informático que es capaz de penetrar las más "inexpugnables" atalayas técnicas, se encuentra el ciudadano corriente, usuario "inocente" de las nuevas tecnologías, que incluso por ignorancia realiza actos que son delictivos, que socialmente tienen una consideración borrosa, entre el atrevimiento, la destreza, el sentido común y la práctica habitual, consideración contra la que grandes campañas publicitarias están tratando de luchar, con el fin de desterrar dicha práctica asentada y consolidada en la sociedad, particularmente entre los sectores más jóvenes.

En este sentido, el usuario informático, haciendo uso de los modernos procedimientos que la técnica de que dispone le permite, puede llegar a copiar todo aquello que técnicamente le supone un ahorro y que le es posible, entre ello los propios programas y software que necesita para esa copia. Es decir, se produce una metapiratería, una piratería que tiene como destino los propios instrumentos que le sirven para actuar en este ámbito. Extraordinaria importancia económica tiene esta práctica, puesto que como es notorio el gran volumen de negocio que este sector mueve se ve muy afectado por este tipo de comportamientos. El remordimiento de los ciudadanos por este tipo de conductas no suele llegar hasta el extremo de hacerle desistir de las mismas, entre otras razones porque las empresas y empresarios siguen encabezando año tras año las listas de las mayores fortunas del mundo. Una nueva circunstancia ha saltado recientemente a la palestra tecnológica, se trata del referido software libre. Supone una novedad el hecho de que este tipo de propiedad intelectual sea compartida, sea puesta a disposición de la generalidad de usuarios, que por lo demás pueden utilizarla ilimitadamente, y además por las especiales características de la misma, dado su código abierto, puede ser modificada y mejorada constantemente hasta el punto de que se encuentra en un estadio de franca competencia con el software comercial y de pago, para el que -dicho sea de paso- representa el mayor peligro. En estos momentos la lucha está en pleno fragor y se libra en infinidad de frentes, evidentemente es mucho lo que hay en juego, los argumentos a favor y en contra de uno u otro tipo son muy variados y opuestos.

4.8. Nueva concepción de bases de datos

Como ya hemos apuntado, actualmente es posible encontrar la información en soporte material, ya sea en papel, que es el caso más tradicional, o en otros de carácter informático, incluso en la misma red. Sin embargo se está generalizando el uso de lo que se conoce como "buscadores", y que debido a su funcionamiento actual y a la innumerable cantidad de "documentos" que aportan, vienen a funcionar de hecho como bases de datos, de un extraordinario valor informativo. El mecanismo consiste en señalar la palabra o frase sobre la que queremos obtener información, y de inmediato, en décimas de segundo, infinidad de documentos se nos muestran sobre ese requerimiento que hemos hecho. La eficacia es sencillamente apabullante, el procedimiento técnico consiste en seleccionar de toda la información que se encuentra en la red, aquellos contenidos que cuadran con algunos o todos los elementos de nuestra solicitud.

Las Nuevas tecnologías, como siempre. José Antonio Martínez

Aunque ordinariamente hay una gran cantidad de información inservible, lo cierto es que hay también muchos contenidos pertinentes, lo que constituye la clave principal del gran éxito que este tipo de procedimiento está teniendo desde su reciente aparición.

Actualmente el "buscador" que ejerce una función predominante es "Google", aunque los demás competidores no se resignan y luchan denodadamente por arrebatarle esa posición dominante. Resulta indescriptible el ahorro de tiempo y de medios que un uso adecuado de este nuevo sistema informativo puede llegar a producir. Se está consagrando esta práctica entre los usuarios habituales de estas nuevas tecnologías, y el fenómeno ha supuesto un hito trascendental en este mundo ya de por sí tan conmocionado y cambiante. Parecía difícil aportar grandes novedades en esta materia, pero los inventores de esta nueva fórmula informativa han conseguido alterar radicalmente la situación precedente. Sólo lo reciente de este hecho hace que resulte difícil aproximar sus consecuencias, pero de seguro que serán trascendentales para el mundo de la información y para la práctica diaria de los usuarios de estos sistemas. Su utilidad es múltiple y variopinta, va desde el periodista que antes de comenzar un artículo sobre cualquier tema de actualidad decide realizar una consulta para ver algunas de las cosas que sobre eso se le ha podido ocurrir a alguien, pasando por el que desea saber algo sobre algún conocido con el que ha perdido el contacto, o el que pretende localizar una entidad determinada o averiguar quién es cierto personaje del que únicamente conoce su nombre, etc., puede decirse que es posible encontrar por ese medio prácticamente todo lo que hay sobre muchos aspectos y circunstancias de la vida y hechos sociales, con tal que alguna vez hayan tenido presencia en la red, esa es la única condición que ha de cumplir para que sea mostrado en el momento en que es requerido; como cada vez esa presencia virtual es mayor, evidentemente también será mayor la información de que se podrá disponer por este moderno y revolucionario procedimiento que tiene una gran importancia.

5. INTERNET

Según la Real Academia de la Lengua Española Internet es la "Red informática mundial, descentralizada, formada por la conexión directa entre computadoras u ordenadores mediante un protocolo especial de comunicación." Sus comienzos datan de los años setenta, en un principio se pretendió establecer con fines puramente militares un sistema de red que resultase inmune a un posible ataque nuclear. Internet es una red por la que circulan todos aquellos contenidos que pueden ser puestos en circulación por cualquiera, todos pueden colocar en la misma toda la información que deseen. Es la exposición total de toda la información de que se disponga, lista para ser consultada instantáneamente por cualquiera, y que tiene, entre otras muchas, la virtud de la inmediatez. Es, pues, un medio, un vehículo para transportar y albergar información en el ámbito del planeta completo, y técnicamente es el resultado de la conjunción del teléfono, el modem y una pantalla. Una nueva etapa se abre con la irrupción de Internet y de los horizontes que ahora comienzan apenas a vislumbrarse.

5.1. Historia

Recogemos seguidamente algunos hechos relevantes en el proceso de nacimiento de Internet. En primer lugar se han tenido que fijar reglas básicas de interactuación entre ordenadores, es lo que se llama "protocolo de comunicaciones". A continuación para simplificar al máximo las conexiones entre ordenadores se ha habilitado la "multiplexación", en que cada ordenador (cliente) envía información

132

a otro de gran capacidad (servidor), con el que todos están en conexión. Además la información digital puede ser comprimida y descomprimida, usando sistemas de codificación y descodificación, la información se envía codificada y la descodifica el usuario. La red es un sistema de comunicación muy barato, pero las distintas redes y ordenadores han de identificarse con un sistema de direcciones IP.

En los sesenta surge ARPA (Advanced Reseach Projects Agency) a instancia del gobierno norteamericano, que quiere crear un sistema seguro de conexiones entre ordenadores, que pueda funcionar aunque algunas parte del mismo resulte dañado.

En los setenta ARPANET nace como consecuencia del uso del TCP/IP (Transmision Control Protocol/Internet Protocol), y con esta red aparecen muchos de los servicios que hoy ofrece Internet, como el correo electrónico o la posibilidad de transferir archivos. En los ochenta nace la Net, que es el compendio de todas las redes basadas en el TCP/IP conectadas a ARPANET.

Algunos de los servicios que ofrece Internet, aparte de los ya mencionados de correo electrónico y transferencia de archivos, son la información interactiva por medio de la WWW, el uso de ordenadores remotos, las listas automatizadas y distribución de noticias, servicios de interactuación entre grupos o indexación para buscar información, además de las redes sociales y otros muchos.

La WWW (World Wide Web) surgió a finales de los años ochenta, cuando el CERN de Ginebra puso en marcha ese sistema para que les resultase más fácil a sus investigadores el uso de los documentos que utilizaban en la red, de forma que pudiesen incluir unos documentos en otros por medio de diferentes enlaces. Los documentos se presentan en formato ASCII, con un método llamado HTML (Hipertex Markup Language), que permite señalar partes de un documento para su más fácil localización, organizándolos como una serie de objetos multimedia, siendo posible pasar de unos a otros mediante enlaces que aparecen con distinta letra o con un subrayado (hiperlinks).

5.2. Caracteres

Cabe destacar como algunas de sus notas características las siguientes: es un instrumento clave de la globalización; soluciona muchas de las grandes distancias modernas; en el terreno de la comunicación, posibilita la videoconferencia y el e-mail; nos permite encontrar muchas actividades de ocio, directamente o por vía indirecta; ofrece una nueva dimensión para la publicidad y un nuevo campo para los negocios. Además se trata de una tecnología barata que permite el acceso a cualquier parte del mundo a un precio muy reducido. Es de un uso instantáneo, sin apenas tiempo de espera puede obtenerse su funcionamiento. Supone un acercamiento del espacio, ya que no representa el menor problema la distancia del emisor. Hace posible el e-business y configura un nuevo orden mundial.

Una de las características principales de Internet es su radical novedad, es decir surge como un fenómeno nuevo que, en cuanto tal no tiene precedentes, si acaso algunos descubrimientos que guardan un parecido parcial con algunas de las funciones que presta la red, pero en la historia resulta novedoso un instrumento similar. Se trata de una tecnología que aglutina todo un conjunto de funciones como son ver y oír a través de una pantalla de ordenador o de otros instrumentos, como por ejemplo el teléfono móvil y las más recientes tablets, y ha de utilizarse normalmente un teclado, aunque también puede accederse sin él a través de las pantallas táctiles, incluidos los teléfonos móviles y las referidas tablets.

Otro aspecto importante es el de las consultas que se pueden hacer a través de estas "páginas". Supone un acceso descomunal a la información, inexistente hasta ahora.

Uno de los usos más socorridos que desde Internet se están consolidando es del "chat" o charla en su traducción española. Supone la posibilidad de entablar una conversación plasmada en texto escrito, en tiempo real, con cualquier persona del país que sea, que en ese momento esté en la red, y dentro del ámbito en el que nos movamos en ese instante. Generalmente bajo el uso de un seudónimo, con el que normalmente se actúa en este mundo electrónico, nos ponemos en contacto con otra persona que a su vez usa otro seudónimo – con lo que queda garantizada la mutua ignorancia de la identidad de cada cual -, y comenzamos una comunicación tan variada como se desee, manteniéndola o interrumpiéndola según el agrado de los comunicantes. Es posible mantener una "charla" con tantos interlocutores como se quiera simultáneamente, que también se van incorporando o desconectando cuando les viene en gana. Es algo completamente nuevo en las relaciones humanas, que seduce y engancha inmediatamente a los usuarios que lo ponen en práctica a nivel mundial. El único inconveniente es el del coste del servicio de Internet. Entre otras muchas aplicaciones, es reseñable también la posibilidad de formación a través de la red, con las correspondientes sesiones de presencia en un innovador sistema en que los alumnos y el profesor pueden mantener un contacto mutuo por esta vía.

5.3. Algunos inconvenientes

Hay quien ve en Internet un elemento de homogeneización mundial que puede ser objeto de una valoración tanto positiva, como negativa. En el último sentido se señala que supondrá una disminución de singularidad y riqueza cultural, con lo que ello implica en cuanto a la pérdida de raíces y señas de identidad de los pueblos.

Por otra parte, frente a los halagos que el fenómeno recibe, no dejan de alzarse voces que alertan sobre la desigualdad de oportunidades entre ricos y pobres, entre Norte y Sur. En lugar de reducir las diferencias entre los pueblos, parece ser que lo que sucederá será un ahondamiento mayor en la sima que los separa.

Otro de los elementos que de un modo crítico se destacan a veces respecto al uso de esta tecnología es el de su precio, pese a que en general puede considerarse una tecnología asequible para una mayoría de la población. Los gobiernos suelen contribuir con medidas tendentes al abaratamiento de sus costes. La ingente cantidad de usuarios de la red, ha visto las puertas abiertas ante la nueva posibilidad de usar de modo casi ilimitado Internet. Aún es pronto para extraer conclusiones terminantes sobre las consecuencias que desde una perspectiva social supondrá el hecho de este uso diario y continuado durante horas y horas, en una mezcla de contenidos lúdicos y culturales.

Puede decirse que es un nuevo medio de relación y de información, ofrece enormes posibilidades a los usuarios, éstas irán aumentando con el tiempo y su uso puede ser muy diverso, en función de los contenidos y prácticas del propio usuario. En sí mismo es un medio que abre un nuevo mundo a las comunicaciones y a las relaciones humanas. Su valoración, en principio y de modo global, sin duda ha de ser muy positiva, al igual que ocurrió en su momento con la imprenta – con la que muchos han buscado una comparación -, con la radio o con la televisión.

5.4. Seguimiento

La progresión que experimenta el incremento de usuarios da una muestra evidente de la gran aceptación que este fenómeno ha despertado en nuestra sociedad, sin que pueda decirse que haya tocado techo esa tendencia, al contrario se encuentra en pleno crecimiento y en un futuro no lejano podremos hablar de una generalización similar a la que en su día ocurrió con la televisión, aunque quizás -por la complejidad que implica el acceso a esta fuente de información y comunicación, que hace necesarios una serie de conocimientos informáticos- nunca llegue a esas magnitudes. Sin embargo esta opinión ha de ser matizada: en la medida en que el acceso a Internet deje de estar inevitablemente vinculado al uso del ordenador, como ocurre masivamente en la actualidad, y comiencen a ser utilizados otros mecanismos como el teléfono móvil, las tablets, la propia pantalla de televisión, u otros más sencillos, es de suponer que esa barrera técnica, que actualmente supone el manejo del ordenador, sea franqueada y su difusión sea aún mayor de lo que se puede suponer. Por otra parte se observa que el incremento del uso de Internet hace crecer el uso del ordenador.

Uno de los límites al crecimiento de Internet viene por la necesidad de proteger al mismo tiempo los derechos de autor. Ello está haciendo que se intente limitar por parte de organismos nacionales e internacionales el uso indiscriminado de las técnicas disponibles y disciplinando esta materia para que esos derechos legítimos puedan ser salvaguardados debidamente. Habrá que ver cómo convivirán ambos elementos, mutuamente dependientes, condenados a coexistir. Sin duda es uno de los principales retos que la nueva situación tecnológica plantea a los actuales ordenamientos jurídicos. Los derechos legítimos han de ser respetados, pero el avance de la técnica es imparable, y habrá que buscar las fórmulas idóneas para que ambos aspectos puedan desarrollarse plenamente.

Los periódicos y muchos medios de comunicación escritos ofrecen también, junto a sus versiones tradicionales en papel (en franca recesión), la posibilidad de ser consultados a través de Internet; lo que supone un cambio importante en el modo de acceder a la información prescindiendo de la actividad material de acercarse al punto expendedor, de pagar su precio, y de tener en papel una gran cantidad de información y una vez leído desecharlo. Ahora las cosas, en este punto, son radicalmente diferentes, es posible seleccionar la noticia que más nos interesa sin perder tiempo en otras, se evitan el transporte al punto de venta, el almacenamiento y el desecho. Con un simple click nos ponemos en contacto con el periódico o revista de nuestro interés, sea del país o nacionalidad que sea, siempre que nuestros conocimientos lingüísticos nos lo permitan, a un precio variable según cuál sea nuestra tarifa personal – plana, reducida, normal, etc. – y según cual sea también la empresa que nos facilita ese acceso a la red.

Otro fenómeno que al hilo de Internet está surgiendo, como se ha señalado anteriormente, con gran fuerza, es el de los buscadores. Vienen a ser como "las páginas amarillas" a través de las que se llega a acceder a las páginas web, o infinidad de contenidos diversos ofrecidos por las páginas web existentes; constituyen un inacabado medio de acceso a todo tipo de información y mueven unas grandes cifras de negocio. Llama la atención la enorme valoración financiera que alcanzan estos buscadores, que junto con las demás empresas tecnológicas han originado unos nuevos mercados, al margen de los tradicionales, dentro de las Bolsas, con sus propios índices, en concreto el Nasdaq en la Bolsa neoyorkina, e incluso en la española. Estas nuevas empresas que cotizan en bolsa se caracterizan, aparte de por su gran valoración en términos financieros, por su escasa base material, entendida como soporte físico y tangible, y por la enorme fluctuación de su valor en el mercado, por las fusiones, absorciones y cambios a que constantemente están expuestos y, en fin, por su naturaleza "etérea" en contraposición a los demás valores de siempre.

Otro aspecto destacable en relación con el seguimiento de Internet es el del exceso en el mismo. Ésta y otras tecnologías tienen la particularidad de que se produce con frecuencia un seguimiento incontrolado. El que una buena parte de la población o que una inmensa mayoría de jóvenes se "enganche" a estas nuevas tecnologías – de un modo especial Internet y los teléfonos móviles -, tal como ocurrió con otros medios de comunicación como la televisión, es un fenómeno social que ya comienza a ser detectado y estudiado, tanto en Estados Unidos como en Europa; y las impresionantes cifras que se mencionan, de un 70 % o un 90 % en un futuro inmediato, parecen aterradoras; el hecho de que "el medio" sea el mensaje y no tanto su contenido, es decir que el protagonismo de la comunicación humana lo tenga el instrumento utilizado para ello, y que pase a un segundo plano el contenido de la comunicación -aparte de poner de nuevo de actualidad los pintorescos comentarios de su visionario autor, McLuhan, allá por los ya lejanos años sesenta- nos sitúa ante una cuestión de gran importancia y que evidencia una de las más importantes disfunciones de nuestra sociedad moderna.

En este sentido pudiera ser de interés analizar si hay alguna correlación entre una sociedad bien trabada (en la que se da una vinculación de sus miembros con cuestiones genuinas de esa sociedad, con costumbres, instituciones y organizaciones propias) y la vulnerabilidad de esa sociedad ante las disfunciones y excesos de estas nuevas tecnologías y nuevas corrientes comunicativas que de un modo enormemente rápido se adueñan de grandes espacios, sin reparar en fronteras ni en lejanías, afectando a los rincones más insospechados del planeta, con la única limitación de disponer de la tecnología necesaria.

5.5. Piratería

Como hemos apuntado anteriormente, Internet constituye un territorio en el que menudean determinados delincuentes informáticos que ejercen su actividad con unos medios y procedimientos novedosos. Debido a su propia naturaleza, esa actividad delictiva es susceptible de pasar más inadvertida que en otros dominios, y además por la interrelación existente entre los distintos medios puede ser puesta en práctica a distancia y afectar a numerosos destinatarios. Es requisito para ello el disponer de unos instrumentos técnicos muy sofisticados, de forma que solo aquellos sujetos altamente cualificados pueden ser ordinariamente los artífices de estas conductas. Actualmente suele denominarse a estos delincuentes con el término de hacker (pirata informático), aunque originalmente tal vocablo se refería a los entusiastas de la informática que disfrutaban extrayendo todas las posibilidades de un sistema.

En un principio, como hemos señalado anteriormente, estos piratas eran considerados como inteligentes y simpáticos jovencitos que, desafiando el aparato técnico de las más grandes e "inexpugnables" empresas y corporaciones de todo el mundo, tanto privadas como públicas, lograban colarse con la única arma de su destreza personal en sus sistemas informáticos burlando sus controles, y eran capaces de cometer después cualquier tropelía técnica, poniendo en ridículo a sus especialistas y cuestionando los enormes presupuestos destinados a la inviolabilidad de sus sistemas informáticos y bases de datos. Superada esta primera visión de los mismos como una versión moderna del pequeño frente al poderoso, lo cierto es que actualmente los trastornos que ocasionan y los consiguientes daños que producen, hacen que sean tenidos ya por auténticos delincuentes que se sirven de unos sofisticados medios delictivos para lograr sus propósitos ilegítimos. Así pues, la delincuencia ha llegado a la red también en nuestro país, y los órganos encargados de velar por la justicia se encuentran dispuestos a no permitir que estos comportamientos puedan quedar impunes, en la medida que pueda ser probado su carácter ilegítimo, circunstancia que constituye el verdadero escollo de la cuestión y donde radica su auténtica dificultad.

6. NUEVOS SISTEMAS DE COMUNICACIÓN: EL FAX, EL TELÉFONO MÓVIL, LA VIDEOCONFERENCIA, EL CORREO ELECTRÓNICO

Es absolutamente evidente la rapidez con la que los modernos sistemas permiten que los individuos se comuniquen entre sí, sea cual sea el lugar en el que se encuentren, incluido el espacio. Papel sumamente destacado juegan los satélites de comunicaciones; da lo mismo la situación geográfica del emisor y del receptor, de modo instantáneo es posible trabar conexión con cualquier persona y punto del globo, siempre que se disponga de la tecnología necesaria. En este sentido, la novedad está en las circunstancias que rodean el actual fenómeno, hasta ahora ya era posible contactar con cualquiera, pero las condiciones no eran evidentemente las mismas, era precisa una línea telefónica a través de hilos, actualmente la telefonía móvil permite superar ese obstáculo gracias a los satélites de comunicaciones y a los correspondientes repetidores de señal. Esa comunicación es el instrumento técnico sobre el que se articulan otros fenómenos tecnológicos recientes como Internet, el fax, el e-mail, etc. Por tanto está clara la importancia de estas tecnologías en el "acercamiento" físico de los individuos, con todo lo que este fenómeno implica. Este hecho de un modo pleno no se ha producido hasta época reciente, aunque el teléfono tradicional o la televisión o la radio ya permitían en cierta medida ese acontecimiento de un

142

modo limitado. Las distancias, el espacio, ha sido completamente vencido, la naturaleza, en este caso la separación física, no representa el menor obstáculo para que los ciudadanos de cualquier parte del mundo puedan estar instantáneamente conectados entre sí.

Además ahora estos instrumentos se han puesto a disposición de la inmensa mayoría de los habitantes del planeta, el poder adquisitivo no representa casi ninguna cortapisa para su uso indiscriminado. Las nuevas comunicaciones constituyen, hoy por hoy, uno de los aspectos básicos sobre los que se apoya lo que ya conocemos como "aldea global", la expresión acuñada por M. McLuhan. Nos encontramos cada vez más en un mundo en el que la lejanía "casi" no cuenta, en muchos aspectos "funciona" como una gran aldea, y estamos más enterados de lo que le ocurre a un individuo que reside en las antípodas, que al que vive a nuestro lado. Es posible realizar instantáneamente transacciones comerciales con una empresa ubicada en cualquier parte o seguir al segundo a miles de kilómetros una expedición de alta montaña. Todo eso es posible gracias a la intervención de estas nuevas tecnologías de la comunicación, que sobre la base de otras anteriores, a las que han ido completando y superando, han llegado a alcanzar el nivel técnico que posibilita la actual situación. En cierta medida, ya han sido apuntados algunos de los cambios sociales que se han producido como consecuencia de la implantación masiva de estas nuevas tecnologías de la comunicación, en general puede decirse que en muchos aspectos las relaciones y el contacto con otros individuos espacialmente distantes se ha acercado mucho al que mantenemos con otros ciudadanos, sin embargo hay "detalles" que hay que tener en cuenta para que esa situación se produzca, detalles que tienen una gran relevancia y trascendencia social, aunque por su "normalidad" hayan perdido buena parte de su nivel de sorpresa.

El fenómeno aparentemente "sencillo" por el que podemos conectarnos instantáneamente con otras personas en Japón o en Chile sólo ha sido posible sobre la base de la conjunción de toda una serie de circunstancias que pasan por la imaginación inicial de algunos "inventores" que han dado el salto cualitativo de poner a disposición de la humanidad una nueva "solución" técnica a un viejo "problema", el espacial. Sobre este hallazgo, y dentro de un proceso constante y continuado de trabajo, estudio, dedicación e inversión económica, se han ido mejorando y superando estadios hasta alcanzar el nivel actual. Desde el punto de vista económico, la dimensión de las empresas dedicadas a estas materias es enorme, tanto en datos económicos, como en personas que se dedican a ello. Desde el punto de vista de las empresas de telecomunicaciones el campo de acción se encuentra completamente consolidado y constituye, hoy por hoy, uno de los grandes objetos de acción empresarial a nivel planetario. También aquí han sido frecuentes las fusiones empresariales y el tamaño resulta determinante para el éxito en el mercado, no se trata sólo de ir a remolque de las necesidades comunicativas de la sociedad, sino que el procedimiento consiste en, sobre la existencia de una primera necesidad social, satisfacerla, modelarla y controlarla de modo que sea fuente constante del gran negocio de las comunicaciones. Lógicamente hay interés, y mucho, en manejar este gran campo de actuación.

6.1. Cambios sociales

Es conveniente volver a incidir en las consecuencias que en los usuarios tienen estos nuevos sistemas de comunicación, sin perjuicio de una consideración más detallada en los epígrafes referidos a las tecnologías en concreto. En primer lugar y principalmente, la rapidez se ofrece como la nota más importante, los usuarios ya se han acostumbrado a esta situación, pero el dato objetivamente considerado en sí mismo no puede dejar de resultar muy sorprendente. Cuando una persona desea hoy en día establecer comunicación con otra, no tiene nada más que marcar unos pocos dígitos y ese propósito ya es una realidad en pocos segundos. Del mismo modo se puede trasmitir cualquier tipo de mensajes, texto o contenido, ya sea usando un teléfono convencional, uno móvil, un fax, el e-mail, e incluso es posible el contacto visual por medio de la videoconferencia, o Internet. En realidad se trata de varias tecnologías interrelacionadas, interdependientes, que se apoyan unas en otras y que constituyen las distintas caras de un mismo prisma. Así pues los ciudadanos ya se han acostumbrado a disfrutar de estas ventajas y no representa para ellos grave inconveniente el hecho de que el interlocutor o agente comercial se encuentre a miles de kilómetros. Las nuevas telecomunicaciones han permitido la superación instantánea del obstáculo físico de la distancia. Desde el punto de vista individual es preciso, sin embargo, contar con el dinero necesario para la adquisición de ese instrumento de comunicación, y además satisfacer el coste periódico que ese servicio supone, en función, fundamentalmente, del uso que del mismo se haga.

Hasta aquí, uno de los principales efectos de las nuevas tecnologías de la comunicación ha sido la superación de barreras físicas. Si bien el fenómeno en sí mismo ha supuesto una gran ventaja respecto a la situación precedente, no obstante se producen algunos efectos colaterales que dan lugar a un "abuso" y un uso excesivo de las mismas, puede decirse que estamos ante una situación de hipercomunicación, de un uso innecesario de las mismas más allá de una razón justificada. La sociedad ve, pues, incrementarse el nivel de comunicación a distancia entre sus componentes, produciéndose un cambio en el tipo y los modos de esa nueva forma de comunicación que antes apenas existía y que ha venido a sustituir a la anterior. Aumenta pues la comunicación a distancia, o por mejor decir, nace este tipo de comunicación, al tiempo que se produce una relativa disminución de la comunicación con el individuo de al lado.

6.2. Algunas cuestiones técnicas previas

Es preciso adelantar ciertas consideraciones en relación con los nuevos sistemas de comunicación y algunos de los elementos técnicos que los hacen posibles. El papel comunicador del ordenador se debe fundamentalmente al uso del teléfono. Por medio del modem y del teléfono, es posible la comunicación entre ordenadores, traduciendo lenguajes analógicos a digitales y viceversa a gran velocidad, proceso posible gracias al creciente desarrollo del software del ordenador, cada vez más inteligente. El modem (acrónimo de modular y demodular) convierte la señal digital del ordenador en analógica para que pueda circular por la línea telefónica y de nuevo en digital para que pueda penetrar en el ordenador. Un elemento muy importante para los nuevos sistemas de información es el llamado "ancho de banda", que es la capacidad de transporte de un medio de comunicación.

La fibra óptica, unto con la descompresión digital, resulta fundamental para transferir información a gran velocidad. La fibra óptica es de vidrio y usa la luz, no la electricidad, lo que supone un gran avance respecto al cable de cobre, no es vulnerable a las interferencias ni interceptable. Por su parte el ATM (modo de transferencia asíncrono) incrementa la velocidad de transporte de la información, es un modo de conmutación que permite adaptarse a las necesidades de cada usuario de forma que éste puede negociar en cada caso el ancho de banda que desee.

6.3. El fax

El fax ha comenzado a ser empleado en nuestro país en los años sesenta, pero su uso generalizado se produjo a partir de los años setenta. La frase "enviar un fax" suele ser sinónima de instantaneidad, eficacia y gestión inmediata de muchos trámites en que los documentos están de por medio. Su uso se ha extendido completamente y está al alcance de cualquiera, por su relativo bajo coste, fácil manejo y utilidad. La normativa reguladora del procedimiento administrativo suele recoger la posibilidad de la remisión de escritos vía fax, aunque todavía es pronto para poder pronunciarse sobre los efectos reales que elló tendrá en el tráfico burocrático-administrativo.

La gama de estos aparatos en el mercado actual es muy amplia, y los precios varían, desde los más asequibles, que utilizan un papel especial, "térmico", y que presentan la particularidad de tener una duración determinada, deteriorándose por el transcurso del tiempo, hasta los faxes más modernos, más caros, que utilizan papel normal. Los hay multiservicios o multifunción, que incorporan además del fax propiamente dicho, otros dispositivos como teléfono, contestador automático,   fotocopiadora o impresora.

6.4. El teléfono móvil

Su uso masivo es un hecho actualmente, y su número ya casi supera al de teléfonos convencionales. Las compañías que gozan de licencia para comercializar las comunicaciones por esta vía son limitadas. Como siempre, la seguridad es un factor que teóricamente podría jugar en contra de su difusión, aunque el peso real de este inconveniente parece ser mínimo a juzgar por el grado de uso alcanzado. Es notorio el hecho de la existencia de un sistema de espionaje telefónico internacional, y que observa todas nuestras conversaciones vía satélite, es decir las que realizamos a través de nuestro móviles, y selecciona aquéllas que pueden resultar de interés para el poderoso espía, que obtiene así una valiosa información de la que extraer numerosas aplicaciones, parece que una de las más importantes es la referida al campo del espionaje industrial, pero el interés político se encuentra quizás en el primer lugar.

Existen dos tipos de contratos de prestación del servicio de telefonía móvil: el que implica un alta en una de las compañías suministradoras del servicio, con el abono de una cuota fija mensual y una cantidad en función del uso de ese teléfono, y el sistema de tarjeta, el usuario adquiere esa tarjeta sin tener que pagar cuota mensual, ni darse de alta y la va recargando a voluntad periódicamente. Los costes de las llamadas son por general más elevados que el de los teléfonos convencionales y dependen de muchos factores, tales como el horario, el lugar a donde se efectúe la llamada, el tipo de teléfono, fijo o móvil al que se llame, si es un teléfono de la misma compañía el precio suele ser más barato, etc. Oscilan entre los que tienen un precio por aparato casi nulo, en que se venden juntamente con la tarjeta, y únicamente se paga el importe

148

de ésta, y los que tienen un coste elevado, en función de su tamaño menor, sus prestaciones, el prestigio del fabricante, etc. Desde la aparición de estos aparatos su historia ha evolucionado muy rápidamente, tanto desde el punto de vista técnico, es decir de las prestaciones, de la cobertura, cada vez mayor, como desde la pugna por hacerse con el control de este mercado tan en auge en todo el mundo. Las fusiones y competencia entre los grandes en la fabricación y comercialización de estos aparatos se encuentran en nuestros días en un momento culminante.

6.5. La videoconferencia

La posibilidad de realizar reuniones en tiempo real, de mantener contactos con interlocutores a miles de kilómetros de distancia sin necesidad de desplazarse era algo impensable hace muy pocos años, pero hoy ya es una completa realidad. Además el precio que tiene este tipo de contacto es muy bajo, únicamente es necesario disponer de la pertinente tecnología, sofisticada eso sí, pero barata. La comodidad, el ahorro de tiempo y dinero que se genera es mucho. Aún no puede decirse que se haya llegado al nivel de generalización de este medio, aunque la tecnología ya está plenamente disponible en el mercado y sólo es cuestión de tiempo que llegue a ser un fenómeno normal. Sin embargo, hay que tener en cuenta que el trato directo aún está muy arraigado entre nosotros, como para ceder el lugar de privilegio que posee en las relaciones interpersonales. El mayor uso viene dado hoy por el sector de población, en constante crecimiento, que se comunica a través del "chat".

6.6. El correo electrónico (e-mail)

Sorprendiendo incluso a los promotores de ARPANET, esta red que en principio contemplaba simplemente la mejora de la comunicación entre científicos, dio lugar al nacimiento de la necesidad de un sistema general de comunicación, lo que sería el correo electrónico, uno de los servicios más usados.

Respecto al correo tradicional, el e-mail presenta varias ventajas, entre ellas la inmediatez, su bajo coste, y la posibilidad de llegar a una multiplicidad de destinatarios, como sucede con las llamadas *mailing list*. Incluso frente al uso del teléfono, supone la posibilidad de comunicarse con alguien aunque éste no se halle en el destino habitual, ya que es posible consultar el correo en cualquier momento posterior. Además es posible su uso para comunicaciones de voz, con el abaratamiento del coste de llamadas que ello supone. Lo que en ocasiones fue un problema, su inseguridad, se encuentra actualmente en fase de franca mejoría con los fiables sistemas de encriptación.

Es preciso observar una serie de normas fundamentales en la remisión de mensajes, como hacer figurar el tema objeto del mismo en el encabezamiento o identificarse claramente. Un problema grave es el del *spam*, es decir la recepción de correos publicitarios o no deseados, y que en ocasiones transmiten virus informáticos.

6.6.1. Uso

Se utiliza ya muchas más veces el correo electrónico que el correo convencional, y la cifra está en plena expansión. El uso en el mundo de la administración pública, sin embargo, cuenta con la limitación de la falta de documentos originales donde conste la firma auténtica del remitente o interesado en un procedimiento. Son varios los aspectos que han influido en el vertiginoso crecimiento de este moderno sistema de comunicación, la gran rapidez, la limpieza, la ausencia de interferencias, el mínimo coste, la posibilidad de enviar grandes cantidades y casi cualquier tipo de información; éstas son sólo algunas de las ventajas que hacen del e-mail un sistema de comunicación tan revolucionario y tan utilizado, aunque por sus especiales características técnicas aún permanece fuera del alcance de una buena parte de la población, que no dispone ni de los conocimientos ni de los medios técnicos precisos para su uso habitual. Sin embargo, es de suponer que eso irá cambiando con el tiempo, aunque no creemos que llegue a hacer desaparecer el tradicional sistema de correo, sobre todo por cuanto el efecto personal y las garantías de que está revestido éste tardarán en ser superadas.

6.6.2. Ventajas e inconvenientes

La transmisión inmediata de cualquier contenido a cualquier lugar del planeta, a cualquier hora del día, con un coste mínimo, no tiene competencia en el ámbito de la transmisión de datos, información o mensajes. La posibilidad de "anexar" cualquier documento o contenido es además otra de las numerosas ventajas que implica el uso de este correo electrónico. La expresión "te envío un e-mail", es una de las que inundan nuestro moderno lenguaje cibernético, al que con tanta rapidez nos adherimos

. Una limitación a su uso masivo se encuentra en los casos en que la confidencialidad del contenido es importante, por la posibilidad de desvelar esos mensajes, tal como con demasiada frecuencia ocurre. Son muchos los casos de piratería informática en que se pone de relieve esa violación de correspondencia electrónica, aunque la técnica ya se ha puesto en marcha para lograr

. Una limitación a su uso masivo se encuentra en los casos en que la confidencialidad del contenido es importante, por la posibilidad de desvelar esos mensajes, tal como con demasiada frecuencia ocurre. Son muchos los casos de piratería informática en que se pone de relieve esa violación de correspondencia electrónica, aunque la técnica ya se ha puesto en marcha para lograr "encriptar", como reza el correspondiente vocablo, o garantizar la inviolabilidad de dicha correspondencia, sin embargo se teme que la técnica delictiva también avance en la misma medida en su propósito contrario. Es necesario distinguir la normativa vigente a nivel interno y la internacional, aunque como ocurre con muchas de las disposiciones existentes sobre Internet, viene a ser un intento relativo de poner puertas al campo, los efectos de esta regulación no dejan de ser un limitado intento de reglar una materia que se escapa al control efectivo de los distintos poderes públicos.

Otro inconveniente, de menos importancia, aunque no despreciable, lo constituye el hecho de que con relativa frecuencia se envían mensajes a destinatarios no deseados, como consecuencia de la facilidad con que se pueden producir errores en esa remisión, habida cuenta la sencillez de la técnica de "pinchar" un destinatario, que puede llevarnos a señalar otro de nuestro "listín" electrónico, si no afinamos nuestra atención en ese momento.

La facilidad para enviar correos electrónicos representa igualmente un problema por cuanto con suma frecuencia nos vemos inundados por correo no deseado, es el caso del aborrecido spam, que llega a nuestros buzones electrónicos, y que en muchas ocasiones constituye el medio de que se valen los piratas informáticos para causar daños mayores a nuestra propiedad tic.

7. EL COMERCIO ELECTRÓNICO

Es un fenómeno social muy importante desde muchos puntos de vista, constituye un gran factor de globalización, ha cambiado el sistema capitalista en cuanto ha creado un nuevo instrumento que incrementa los beneficios económicos; además se ve potenciado por el procedimiento de la moda, que le confiere a las nuevas tecnologías el carácter de míticas, fundamentalmente por su aspecto irreflexivo y excesivo. Tiene un gran poder de seducción porque genera cambio, es una gran novedad y tiene el carácter de irreversible, siendo su único escollo la inseguridad. Transforma la vida de los comerciantes y de los consumidores-usuarios y genera toda una serie de valores nuevos y abandono de los antiguos.

7.1. El tiempo

La diferencia con respecto al comercio tradicional radica sobre todo en la lejanía entre los elementos componentes del hecho social en sí mismo considerado, falta la inmediatez que hasta ahora caracterizaba este tipo de operaciones. Sigue existiendo un sujeto que oferta de modo vinculante algo, un bien o un servicio; también es necesaria la concurrencia del sujeto que demanda ese bien o servicio, y que manifiesta de modo inequívoco su aceptación de las condiciones de esa oferta, produciéndose a la vez el intercambio del precio y entrega de la cosa o servicio. La única particularidad es la distancia entre los sujetos respecto al objeto del negocio jurídico, esa distancia, sin embargo, ya no representa un obstáculo debido a la existencia de la tecnología que posibilita el e-business. No se producen, pues, cambios en el fenómeno en sí mismo, y jurídicamente parece que todo sigue igual, incluso se considera que no son necesarios nuevos instrumentos legales para regular ese fenómeno, pues en esencia, sigue siendo, se dice, el mismo que antes; sin embargo cualquiera que realice una operación por el nuevo sistema, inmediatamente percibe que la experiencia es radicalmente distinta a cualquier negocio jurídico anterior, es una cosa totalmente diferente, algo muy importante ha cambiado.

Desde el punto de vista jurídico, en un afán de aprovechar y conservar los recursos existentes, la tendencia habitual es la de no innovar y no modificar nada más que lo estrictamente necesario. Se produce una sensación de continuidad y normalidad, que en realidad encubre un cambio brutal de un fenómeno social que ha tenido unas características casi idénticas hasta el momento actual. Se pretende defender la tesis de que el gran legado de Roma a la civilización occidental, recogido en su Derecho, es capaz de seguir regulando con éxito incluso algo tan moderno como el fenómeno del e-business. Dejando a un lado el loable amor a la tradición jurídica y a la historia, hay que decir que han sido y son imprescindibles gran cantidad de disposiciones para organizar adecuadamente este nuevo fenómeno. Las transacciones comerciales son tan antiguas como la misma historia del hombre y han continuado desarrollándose a lo largo de esa historia con escasos cambios; en ese proceso constituyó un hito destacado el sistema del trueque o intercambio de mercancías -sin duda el más primitivo– o el sistema de cambio de cosa por moneda -cuando ésta comenzó a circular-. Un momento importante lo supuso la aparición de la letra de cambio, o los demás títulos-valores como medios de pago. Ya en nuestro tiempo, y como consecuencia de las nuevas tecnologías, representó un cambio muy importante el pago mediante "tarjeta de crédito". Todos estos cambios que hemos señalado afectan, sin embargo, únicamente al pago de la transacción. Sin embargo el e-business constituye, por más que desde un punto de vista jurídico o teórico los elementos continúen siendo los mismos o similares, un cambio total en el proceso material del comercio respecto a sus antecedentes. Según este nuevo sistema electrónico, los sujetos no han de estar en contacto físicamente, el objeto no ha de estar en poder de ninguno de ellos en el momento de la aceptación ni en el de la oferta, el pago tampoco requiere el contacto físico, ni siquiera hace falta la entrega real de la tarjeta de crédito, y además puede realizarse por medio de este sistema casi cualquier tipo de contratos, no sólo la compraventa de un bien físico.

Como precursor del fenómeno del e-business, tal como se está configurando actualmente, hemos de citar el mercado bursátil, que ha convertido ya de hecho este mercado en un único mercado mundial, en el que los operadores compran y venden acciones instantáneamente en cualquier plaza del mundo, si bien se trata de un mercado restringido y con unos determinados códigos. También las entidades bancarias hace tiempo que han puesto a disposición de sus clientes, previamente identificados y autorizados, la posibilidad de operar a distancia y realizar determinadas acciones como el pago de recibos, transferencia de cantidades de dinero de una cuenta a otra, recargas de móviles, amortización de capital en los préstamos, además de consultas sobre todos los datos referidos a sus operaciones bancarias. La finalidad de estas facilidades bancarias no deja de ocultar el gran ahorro en mano de obra que para dichas entidades representa esta gestión directa de los propios usuarios.

El e-business crece, aunque con algunas fases de estancamiento, que solo suponen un reposo para conseguir nuevas cotas de incremento, e irá ganando adeptos siempre que se mantengan las actuales circunstancias, cosa que parece bastante probable. Con ser muy importantes ya las cifras, la mayor relevancia hay que concedérsela a las perspectivas que existen actualmente. Llama la atención que un alto porcentaje de la población adulta utiliza ya las nuevas tecnologías para realizar operaciones de comercio. La tendencia es claramente hacia arriba, lo que hará que en los próximos años cambien los hábitos de consumidores y proveedores y que las tradicionales relaciones comerciales pierdan ese componente de contacto y de relación interpersonal, para pasar a ser más frías y con un intermediario -las nuevas tecnologías- que vienen a privarlas del contacto directo entre personas, y dotan a las mismas de un cierto anonimato, restringiendo ese aspecto más humano, por decirlo de algún modo.

Tan poco es el tiempo de implantación del fenómeno como la generalización de su uso. Una nota común a este dominio técnico es la percepción clara de que se acepta a sabiendas de que en un tiempo también corto será superado por otro nuevo, que desde luego será igualmente aceptado, puesto que supondrá una mejora para su antecesor, y no será dificultosa esa futura sustitución que seguramente ocurrirá.

Brevedad, rapidez, son algunos de los calificativos que mejor se ajustan al tiempo que las nuevas tecnologías tardan en darse a conocer y en imponerse. En poco más de veinte años ha tenido lugar todo el periplo vital del e-business, hasta alcanzar en la actualidad un estatus que le constituye en un fenómeno social totalmente consolidado, admitido plenamente, que goza de apoyos de todo tipo, que se encuentra en fase de clara expansión, aunque experimente algún momento de estancamiento. La actual configuración del mundo y su interconexión total son unas eficaces causas de la extensión instantánea a todas partes de cualquier contenido informativo, de cualquier novedad tecnológica y de cualquier mejora social. En estas circunstancias es inevitable que el comienzo de un nuevo proceso, como es el caso del e-business, haya tenido inmediatamente repercusión en todo el mundo y se haya propagado con la misma inmediatez, cumpliendo así con la vocación de globalidad y totalidad que le son propias a las nuevas tecnologías en general y al e-business en particular.

La corta historia del e-business desde su nacimiento ha sido, pues, la de un constante crecimiento e implantación progresiva. Cabe no obstante formular la pregunta sobre la duración ilimitada del fenómeno, es decir, sobre su techo. ¿Llegará el momento en que no crecerá más? Evidentemente sí, pero cuándo se producirá ese parón definitivo resulta ahora difícil de predecir; falta saber si acabará con el comercio "tradicional", de siempre, o si ha de darse una convivencia conjunta de ambos y en qué proporción, y si nos encontramos muy lejos de ese momento. Nos atrevemos a decir, con todos los riesgos de equivocarnos, que el comercio de siempre continuará existiendo y el e-business desempeñará un papel alternativo y complementario que jugará en función de las particulares circunstancias de los sujetos que intervienen en esos procesos, en que las distancias, prisas y urgencias inclinarán la balanza hacia el uso del e-business, y el comercio sin e- será el utilizado en los demás casos. Lo que parece claro, desde la perspectiva que nos ofrecen las actuales circunstancias, es que el e-business, pese a su juventud, constituye ya un sistema que ha sido incorporado definitivamente al sistema de vida de la humanidad, aunque seguramente experimentará cambios en su existencia, tal como las nuevas tecnologías nos tienen ya acostumbrados, por superación y obsolescencia constante de los mecanismos técnicos en que se apoya.

Las Nuevas tecnologías, como siempre. José Antonio Martínez

Así pues, el e-business se encuentra actualmente en sus albores, aunque los tiempos en estos momentos pasan muy deprisa. Desde un punto de vista general el recurso de los consumidores a este nuevo sistema es aún bastante minoritario, se compatibiliza con el tradicional, pero nadie duda de que vaya ganando terreno y, quizás en un futuro no muy lejano, pueda llegar a desbancarlo y se imponga de forma mayoritaria. En la línea apuntada, el futuro del e-business, como el de las demás "nuevas" tecnologías, se presenta lleno de esplendor y crecimiento continuado e imparable. La respuesta a la pregunta por si habrá vuelta atrás o retorno, sin duda ha de ser de signo negativo. Una vez asentados los modos de conducta de la sociedad en unos pilares como los actuales, es decir, en la comodidad, la eficacia y la rapidez, resulta totalmente impensable, manejando los parámetros de razón hoy en uso, un retroceso y un abandono de esos métodos. El futuro de este fenómeno se intuye completamente despejado, aunque se señalan en algunos aspectos ciertos estancamientos. Entiendo que se trata únicamente de ciertos momentos muy concretos de "impasse" producidos por algunas lagunas de seguridad que a veces se producen, y que vienen a frenar tímidamente el que seguramente será un avance imparable de este fenómeno, que participa por lo demás de la marcha triunfante de todas las nuevas tecnologías.

Una característica destacada de los tiempos presentes es la de la trituración de los procedimientos tradicionales por la acción del cambio acelerado y constante - en que la I+D se ha instalado como fenómeno consolidado y en que la crítica prácticamente ha sido erradicada-, que ha adquirido una clara connotación mítica y en la que se produce una exageración de la imprescindibilidad tecnológica y de ese cambio constante, llegando a constituir una auténtica moda, con lo que ello supone en cuanto a la caducidad periódica de la tecnología, imponiéndose una mutación constante de esos instrumentos tecnológicos, apoyada por la justificación de las mejoras técnicas que continuamente se producen.

La necesidad que tienen los medios de comunicación de ofrecer contenidos informativos y lúdicos, junto con la enorme cantidad de esos medios y la fuerte competencia entre ellos, constituyen un factor que fomenta la difusión de determinadas noticias siempre que éstas reúnan algunos requisitos mínimos como son la novedad y la aceptación. En el caso que nos ocupa, el e-business, ambas circunstancias se dan sobradamente, se trata de un fenómeno en pleno proceso de consolidación que va ganando seguidores cada día y que goza de una buena acogida en la sociedad. Sin embargo la repercusión "mediática" de los fenómenos no siempre muestra una relación exacta con su dimensión real, y esto sucede con una frecuencia cada vez mayor, en función de las circunstancias que concurran en los diferentes supuestos, ya sean de tipo económico, social, periodístico, etc., tal como de modo manifiesto acontece en el supuesto genérico de las nuevas tecnologías, y en particular en el e-business.

Es claro el interés que en su mayor difusión tiene el mundo empresarial, como un poderoso medio de venta o transacción de sus bienes o servicios en todo el mundo. En la situación actual de la economía mundial totalmente intercomunicada, en que la competencia también se ha generalizado por completo, cualquier elemento de que disponga un competidor es considerado inmediatamente como un arma que es necesario contrarrestar lo más pronto posible con otra del mismo o superior alcance. Por ello resulta cada vez más imprescindible su uso, que de paso viene a incrementar la importancia del instrumento mismo utilizado, el e-business, así como a aumentar los beneficios de las empresas que participan y posibilitan ese nuevo proceso comercial, y que potencian la difusión real de todo lo que tiene que ver con el uso de esta nueva tecnología.

Por tanto, la acción empresarial en la difusión de noticias relacionadas con la cuestión del e-business, junto con el carácter ciertamente fascinante que las mismas producen en el observador, lo que resulta verdaderamente innegable hoy por hoy, añadido a la complicidad no disimulada y al estímulo evidente de los poderes públicos al uso de estas nuevas tecnologías y del e-business -con lo que a veces se pretende encubrir algún otro aspecto de la gestión política menos rentable electoralmente- vienen a sobredimensionar fenómenos sociales, como el presente, dotándolos de un carácter mítico, irracional en cuanto excede del puro beneficio que su uso reporta, y por tanto poniendo a dichos fenómenos de moda, en un proceso de bola de nieve que se desliza cuesta abajo por la sociedad con una inercia imparable, arrollando con facilidad cuanto se pone en su camino y sin encontrar resistencia.

7.2. Caracteres

Su origen ha sido provocado lógicamente por la existencia de unas condiciones de desarrollo idóneas para su implantación. Se trata de una novedad que se produce en estrecha dependencia con otros fenómenos, el conglomerado de las nuevas tecnologías. Es un fenómeno reciente, todo lo que tiene que ver con las nuevas tecnologías lo es, ya que estamos hablando de unos pocos años, desde las últimas décadas del siglo XX.

Se han dado las circunstancias técnicas precisas para que fuese posible su aparición. Es una consecuencia de la existencia de Internet, al que se usa con esa finalidad comercial. A su vez Internet es una consecuencia de la existencia del ordenador, del teléfono, etc. Como hay agentes sociales interesados en esa práctica, se ha puesto en marcha algo que técnicamente era posible. Las circunstancias ambientales en que se ha producido la afloración de este fenómeno son completamente favorables, con una total predisposición hacia todo el conjunto de hechos de esta naturaleza.

Se trata de un hecho voluntario, su aparición va acompañada de una invitación a su uso, en ningún modo se impone, aunque la vocación de todo fenómeno de estas características es hacerse imprescindible y de uso masivo, en el futuro probablemente se desarrollarán, de continuar su proceso de expansión, las condiciones para que sea casi de uso obligado, pero por la vía de la conveniencia y la comodidad, no por la fuerza.

Es un tipo de fenómeno de naturaleza compleja, que influye en los procesos vitales ordinarios de muchas personas; además es fundamentalmente alternativo a otro existente desde los orígenes de la humanidad misma, el comercio, aunque esa alternancia actualmente no se puede predicar de modo rotundo, sino más bien como una vocación de futuro que ha comenzado recientemente su andadura. Sin embargo, puede decirse que representa un modo que irá restando cotas al tradicional, tan pronto como sus posibilidades se vayan materializando y generalizando, aunque de todas formas el comercio tradicional continuará existiendo, falta saber la proporción de uno y otro. Si se admitiera que la cantidad objeto de comercio es constante, evidentemente todo aquello que se adquiere por medio del comercio electrónico, no lo será por el comercio tradicional, y por tanto se produciría esa clara competencia; sin embargo, no está asegurada esta tesis, puesto que en ocasiones se adquiere por vía electrónica algo que no se haría si no fuese así, por tanto se detraen cantidades hacia este tipo de consumo que de no existir el e-business quizás fuesen hacia el ahorro.

Por otra parte, es un fenómeno que afecta un comportamiento básico en la conducta del hombre, el hecho de comprar, de adquirir, de intercambiar, que se incardina dentro de lo que hoy denominamos "consumo", es decir, el sistema por el que nos procuramos bienes o servicios por medio de la entrega de otro bien, generalmente una nota que aparece ya en las primeras etapas de la existencia humana. Los antropólogos han estudiado profusamente en las sociedades primitivas sus variadas manifestaciones, inicialmente el trueque y cambio de objetos, posteriormente ese proceso se fue espiritualizando de un modo creciente, sobre todo el pago del bien o servicio objeto del mismo.

El e-business constituye un paso más en la historia del comercio, en la que el contacto físico tradicional entre comprador, vendedor y objetos o servicios experimenta una radical y novedosa transformación, en cuanto no es necesaria ni la simultaneidad, ni la relación visual y física de los mismos, sino que todo tiene lugar de un modo mucho más impersonal y anónimo, aunque la traslación comercial tiene lugar igualmente. Como se ha apuntado, los procesos tradicionales que se ven afectados por el e-business tienen un profundo contenido relacional, de exteriorización de la personalidad de los sujetos que intervienen en el fenómeno. El comercio ha constituido siempre un excelente modo de trabar contacto entre personas, culturas y civilizaciones distintas, representando una de las vías fundamentales de influencia entre los pueblos, y siendo uno de los principales motores de la historia. Desde un punto de vista individual, aparte de medio para procurarse bienes y servicios necesarios o deseados para la existencia, supone también un buen instrumento para exteriorizar y afrontar infinidad de situaciones internas ajenas o colaterales al acto adquisitivo estricto.

Desde el punto de vista de la legitimidad, nos encontramos ante un fenómeno completamente apoyado por los órganos de poder. En este sentido es profusa la normativa que lo contempla y que permite su ejecución habitual, tratando de hacerlo más operativo e intentando evitar sus excesos. Se pretende su difusión de un modo explícito, ya que se le considera dotado de un conjunto de ventajas sociales dignas de apoyo y protección. En aquellos casos en que la normativa tradicional resultaba insuficiente para acoger la compleja casuística que se ha presentado en este terreno, se han apresurado los órganos legislativos a poner remedio con las nuevas normas precisas. El apoyo legal es por tanto pleno y decidido en cuanto a la implantación del fenómeno, del que se destacan numerosas ventajas, y se pretende que llegue al mayor número posible de usuarios. Estas disposiciones intentan ocuparse tan sólo de aquellos aspectos que, ya sea por su novedad o por las peculiaridades que implica su ejercicio por vía electrónica, no están cubiertos por las normas generales o especiales que regulan las actividades realizadas por medios tradicionales, es decir, pretende regular parcialmente la materia, coexistiendo con todo el resto del ordenamiento jurídico que aún conserva su vigencia, limitándose únicamente a aquellos aspectos novedosos o no contemplados expresamente.

7.3. Cambio social

Las enormes cantidades que se destinan a investigación, y que tanto el sector público como el privado dedican a I+D, son una clara muestra de la apuesta por mejorar constantemente, de un modo institucionalizado y definitivo, de no parar en la búsqueda de una superación continua de los productos y objetos, entre los que encuentran un lugar destacado las nuevas tecnologías en general, y por supuesto todo lo relativo al e-business. En definitiva, lo que se persigue es perpetuar el cambio permanente, el cambio por sí mismo. Puesto que se dispone de la tecnología suficiente para que tengan lugar los procesos materiales de que consta la contratación mercantil, lo lógico y razonable es que se produzca el vuelco hacia el proceso tecnológico.

Los avances científicos han permitido la relación inmediata entre distintos sujetos contratantes, el acuerdo sobre el objeto, las manifestaciones de voluntad expresadas de forma inequívoca por esos sujetos, y la posibilidad de efectuar tanto el pago del precio como la entrega del bien o servicio de la transacción, además todo ello puede hacerse con una alta dosis de seguridad. Se produce una inexorable fuerza que conduce inmediatamente a ocupar los espacios hábiles, es decir aquellos en que, como sucede en el presente caso, un proceso tradicional puede ser realizado por un nuevo sistema tecnológico; es una ley por la que se rige el actual cambio social, en que la tecnología actúa de motor permanente. Todo aquello que puede ser realizado por un método técnico, con al menos las mismas garantías del anterior, acaba por realizarse de ese nuevo modo; a una primera fase de coexistencia entre ambos procesos, suele suceder una preponderancia del nuevo y un más o menos paulatino abandono del método suplantado.

La tendencia descrita se observa en todos los ámbitos de la realidad. La justificación, las ventajas del cambio, las fuerzas que lo promueven e impulsan son muy variadas, muy heterogéneas, no siempre son racionales, hay sectores que tienen un gran interés en que esa tendencia hacia un cambio constante se mantenga o crezca, y en la que los ciudadanos-usuarios-consumidores a menudo aparecen como meros comparsas que siguen ciegamente los dictados del

165

marketing comercial. El e-business no sólo es una consecuencia del cambio social, del desarrollo tecnológico, sino que también, tal y como ocurre con otros muchos fenómenos tecnológicos que se interrelacionan e interactúan, es a la vez causa y motor de una buena parte de ese cambio social.

Debido al avance tecnológico es posible que un fenómeno como el e-business se haga realidad: en el momento en que surgen los instrumentos técnicos y dispositivos materiales necesarios - ordenador, Internet, el e-mail, etc. - se dan las circunstancias necesarias para que ese hecho social ocurra, pero, del mismo modo, una vez que ese fenómeno social comienza a hacerse realidad, a desplegar toda su virtualidad, estamos ya ante un poderoso mecanismo causante, a su vez, del cambio social, que junto con otros fenómenos similares que suceden en estos momentos históricos, conducen a una espiral de cambio social, constantemente acelerado por unos agentes que actúan e interactúan con una fuerza imparable.

Se produce el hábito en el uso de una determinada tecnología, que supone un paulatino abandono de una actividad anterior; se acostumbra al ciudadano a unos procederes más cómodos, más sofisticados y se va generando un descrédito de los sistemas precedentes, a la vez que los nuevos van siendo considerados como los "únicos" posibles. Hay, sin duda, ventajas en el uso de las nuevas tecnologías, con ellas se pueden hacer más cosas que por el sistema anterior, aunque a veces se exagere ese beneficio, pero sobre todo lo que tenemos es el mismo fenómeno social realizado por otro método más moderno, radicalmente nuevo desde un punto de vista histórico.

A dónde nos ha de llevar este nuevo modo de hacer casi todas las cosas, en esencia casi las mismas cosas de siempre, es algo sobre lo que todavía resulta prematuro emitir opiniones sopesadas, aunque es urgente hacerlo cuanto antes, porque está tomando unas notas de irreversibilidad que habría que prever con tiempo suficiente para, en su caso, ponerle remedio antes de que fuese demasiado tarde; sin embargo, no parece que ello vaya a ser así, ni que se pueda hacer nada al respecto.

Mayoritariamente se observa un doble interés, de una parte de aquellas entidades y corporaciones que obtienen un gran beneficio con este nuevo sistema de mercado, y por otra, los particulares que acuden por comodidad, novedad, eficacia o utilidad real a este novedoso recurso tecnológico. Debido al empuje de estos sectores, hay otros que contemplan la implantación implacable del fenómeno, y deciden como su única alternativa tratar de sacar el mayor beneficio posible a lo que está ocurriendo y no tiene visos de cambiar. Destaca el papel principal que al e-business le conceden los mismos poderes públicos dentro del entorno también preeminente que se otorga desde esas mismas fuentes a las nuevas tecnologías de la información. Desde luego en estos momentos las expectativas en él depositadas son enormes y los poderes públicos se apuntan decididamente a esta nueva corriente.

El capitalismo moderno. El cambio constante se está mostrando como un excelente medio para generar y mantener enormes beneficios empresariales, a la vez que aleja la crítica y la resistencia. Hoy el cambio atrae, hay confianza en él, y no sucede como en otras épocas en que retraía y generaba desconfianza. El capitalismo incluye, desde el punto de vista subjetivo, de los sujetos, un claro sentimiento de propiedad, y ese sentimiento puede ser experimentado por cada individuo de modo diferente, y no siempre es proporcional al montante físico de los bienes poseídos, de modo que un pequeño propietario puede sentir apego a sus pertenencias, y por ende al sistema capitalista, en igual o mayor medida que otro que posea muchos más bienes. Este es un factor muy importante para que el sistema goce hoy día del aprecio y la defensa a ultranza de que es objeto por parte de la inmensa masa de la población que en mayor o menor medida posee algo, ya sea instrumentos materiales o situación de comodidad y disfrute de otros bienes que le ha facilitado la comunidad a la que pertenece y que ese individuo, por tanto, enarbola como propia. Este aspecto resulta determinante para la gran aceptación actual del sistema capitalista entre el conjunto de la población, todos tienen algo que perder, y por tanto al defender esa concreta parcela de poder y propiedad se defiende el sistema en su conjunto. Históricamente ésta ha sido una gran baza de la que el capitalismo ha dispuesto en la consolidación de su situación, que hoy se atisba como irreversible.

No obstante, hay otros factores psicológicos que también despliegan su influencia en la configuración actual del capitalismo, tal es el caso de las diferencias, de la magnitud de ellas y de la percepción subjetiva de las mismas. Esas diferencias pueden actuar en varios sentidos, ya sea como un elemento de incentivación, que crea más sistema, que profundiza y consolida más sus raíces en la medida en que favorece la conclusión de que para reducir esas diferencias con los que poseen más es preciso trabajar más, ahorrar más, y en definitiva implicarse más en las notas más propias del capitalismo; o en otro sentido, si esas diferencias son percibidas como insalvables o insuperables, ello puede originar, a su vez, una doble reacción: a) esa situación es vivida por el sujeto como señal de fracaso, de conformidad con los propios indicadores del éxito vital que ofrece el sistema capitalista, en donde posesión y disfrute ocupan lugares muy destacados, siempre que la achaque a su escasa capacidad y habilidad y que suele sumir al que así piensa en un estado depresivo y de escasa autoestima: o b) se puede originar un efecto antisistema, creando una disfunción social y un rechazo al capitalismo en su conjunto. Con todo, esas diferencias se revelan como uno de los aspectos claves del capitalismo, sin ellas seguramente no existiría, el hombre contempla con satisfacción el grupo de los que tienen menos cosas y propiedades o disfrutan de menos indicadores de éxito que él, y esa contemplación regocijada constituye ordinariamente un poderoso instrumento de asentamiento y consolidación del sistema; del mismo modo, la visión del grupo de los que se encuentran por arriba de esa escala social de propietarios y poseedores de bienes, servicios o indicadores, constituye un poderoso acicate para la actividad capitalista; en el caso frecuente en que no sea posible saltar de escalón, ese sentimiento frustrante que puede aparecer se compensa con la visión del escalón o escalones inferiores y en ello se encuentra el consuelo necesario para mantener el estatus existente.

Para el capitalismo moderno las consecuencias del e-business son múltiples. En primer lugar representan un efecto claro de un avance tecnológico en la economía. Tradicionalmente siempre ha sido así, cualquier descubrimiento o hallazgo se ha traducido en un cambio en las condiciones de vida y en las circunstancias en las que se desarrolla la vida económica. Esto mismo ocurre en la actualidad, una tecnología, o conjunto combinado de ellas, hacen que los agentes económicos vean alteradas sus posiciones de un modo sustancial. Además, estos cambios técnicos son destinados frecuentemente a modificar esas posiciones, es decir, no causan ese cambio de modo indirecto, sino que por su propio objeto inciden directamente sobre los aspectos económicos de la vida social. La tecnología ha abierto, pues, un nuevo camino por el que el capitalismo se ha aprestado a adentrarse para extraer el beneficio posible. Siempre que se produce una circunstancia favorable, los mecanismos capitalistas llenan ese espacio para la captación del beneficio que constituye su razón de ser natural.

Lo que se ha producido con el e-business es una redimensión del mercado, de modo que ahora su tamaño natural no se ciñe a un espacio más o menos reducido, sino que, al menos en teoría, su campo de actuación posible se ha extendido a prácticamente todo el mundo, además en unas condiciones que permiten un uso real del fenómeno del e-business. Se produce un incremento de las posibilidades de negocio de aquellas empresas capaces de ofrecer y poner en las debidas condiciones sus "productos" a disposición de sus clientes. Evidentemente el negocio habitual no tendrá lugar entre los polos más distantes, sino que se usará más el e-business para realizar transacciones de media y corta distancia, es decir, que también obtendrán beneficios las empresas próximas al cliente. Actualmente se da una compatibilidad entre los dos modos de comercio, el tradicional y el e-business, es decir los empresarios suelen ofrecer ambos sistemas, siendo raro el uso exclusivo del e-business, aunque sí que existen casos y quizás en el futuro esta situación pudiese generalizarse.

Los comerciantes. Los comerciantes, tanto los que operan como los que no lo hacen por la red, experimentan una trasformación importante de su actividad, que se irá incrementando en la medida en que se produzca el previsible proceso de generalización del e-business. En un principio las más beneficiadas serán las entidades que sean capaces de concurrir a este nuevo sistema mercantil radicalmente nuevo y que rompe con miles de años de historia de la oferta comercial y empresarial. Son necesarios varios elementos para que ese acceso al mercado pueda producirse: la existencia de un mecanismo, generalmente una página web que permita dar a conocer los productos o servicios de la entidad oferente, además de una capacidad operativa que haga posible la "entrega" del objeto del negocio jurídico de que se trate, y gestionar el correspondiente pago del precio. La clientela ahora es potencialmente todo el mundo, para lo que suele ser muy útil que la oferta esté formulada de modo comprensible para los posibles clientes, de ahí la necesidad de que la misma se formule en diversidad de idiomas. En la medida en que esa oferta sea objeto de la debida publicidad, su alcance se incrementará en la misma forma, con lo que puede decirse que se han trasladado plenamente a este dominio las "tradicionales" técnicas de marketing que operan en el tráfico mercantil convencional. De este modo, se ve ampliado el campo de acción de aquellos agentes comerciales que esperan situarse en ese mercado y que dispongan de los medios materiales suficientes para competir en este nuevo procedimiento mercantil. Una de las particularidades más llamativas es la supresión de barreras geográficas, ya que de modo inmediato es posible dar a conocer unos determinados productos en cualquier punto del globo, con un coste relativamente bajo. A nadie se le escapa que la nueva situación de la tecnología comercial favorece especialmente a las grandes entidades que pueden tener una mejor y mayor difusión de sus productos y que les permite un considerable ahorro de costes, pese a que algunas pequeñas entidades puedan verse beneficiadas por esta nueva situación.

El ciudadano-usuario. Desde el punto de vista de los usuarios, el cambio experimentado es también radical. Junto al mercado tradicional, se ofrece ahora esta otra solución al gran afán de consumo que se da en la actualidad. La comodidad, accesibilidad, facilidad para adquirir bienes y servicios se ve incrementada notablemente con la aparición del e-business. Al usuario-consumidor se le presenta ahora con total disponibilidad horaria, las 24 horas del día y los 7 días de la semana, la posibilidad de adquirir y realizar negocios jurídicos dentro de una enormemente ampliada gama de productos y servicios, pudiendo elegir en un ámbito mundial. Los consumidores se ven compelidos por la presión social a transitar por estos nuevos caminos que se abren para satisfacer sus ansias de consumo. Por ello, además son obligados a adquirir y mantener los equipos técnicos precisos para llevar adelante este proceso, y sufren en sus propias carnes y en su bolsillo ese mayor consumo.

Indirectamente las empresas tecnológicas se benefician del uso de los equipos técnicos necesarios para llevar a cabo este e-business. Además, también en este dominio puede decirse que el medio es el mensaje, que el medio, el instrumento técnico en este caso se convierte ya en un extraordinario bien de consumo, necesario para consumir más a través del e-business. En este cambio social en el que estamos inmersos, el ciudadano juega aparentemente un papel totalmente pasivo, por más que aparezca como el motor que pone en marcha todo el proceso industrial que conduce a esta inundación de tecnología. Es cierto que sin ciudadanos-consumidores ese desarrollo tecnológico no se daría, puesto que la finalidad de éste es precisamente la de satisfacer la "necesidad" social de estos instrumentos. Sin embargo las modernas y sofisticadas técnicas de marketing actúan como poderosos impulsores y creadores de estas "necesidades" sociales. Los ciudadanos, por medio de agresivas campañas, son inducidos a abandonar sus hábitos tradicionales, son educados en la comodidad y en la renuncia a hacer las cosas por sí mismos, y se ven ante un planteamiento en el que lo que prima fundamentalmente es suplantar el esfuerzo humano tradicional, por pequeño que sea, por la acción mecánica de los ingenios tecnológicos que sustituyen la actividad humana. Dentro de este contexto general, en el ámbito del e-business sucede lo mismo, el ciudadano, en la medida en que consumidor, se ve abocado a implicarse cada vez más en ese nuevo mundo tecnológico, en el que se intuye y se constata ya de modo indubitado que está el futuro. Resulta evidente que no habrá retorno, que en el porvenir las relaciones económicas y las transacciones comerciales se desarrollarán de un modo muy principal por medio del mecanismo del e-business o el proceso tecnológico que lo mejore o sustituya. Por tanto, si no es posible resistirse a esta inevitable tendencia, si además es mucho más cómodo y eficaz, la conducta más "razonable" parece se la de sumergirse cuanto antes en el nuevo sistema y no otra cosa es la que tiene lugar en la actualidad. Los ciudadanos, consumidores compulsivos de todos los avances tecnológicos, actúan en la práctica como factor causante del fenómeno tecnológico en general y del e-business en particular. No se contempla en el horizonte una circunstancia que pueda provocar una limitación y menos un retroceso en el uso del e-business.

La cuestión geográfica: las fronteras. En las circunstancias actuales, un fenómeno de estas características puede decirse que no tiene patria, su vocación es la de ser habitual en todo el mundo, sin que las condiciones físicas en que se desarrolle tengan un especial significado. Tal como hemos señalado al hablar de la inmediatez temporal de estos fenómenos, las barreras geográficas no representan actualmente el menor obstáculo para la difusión y consolidación del e-bisiness, debido en buena medida a las características técnicas que constituyen su principal mérito. El ámbito teórico posible no se corresponde, sin embargo, con el alcance real del despliegue del fenómeno en todo el mundo, así hay notables diferencias en cuanto a su uso, incluso entre países de lo que se conoce como el "primer mundo", particularmente entre Estados Unidos y la Unión Europea, o incluso entre los países integrantes de la propia Unión Europea. Estas diferencias ya muy importantes, no tienen comparación con las cifras del "tercer mundo", donde la capacidad adquisitiva se ve muy mermada por la escasez de recursos materiales. La disponibilidad de los instrumentos técnicos precisos para el uso del e-business, es quizás el principal factor determinante de su difusión, aunque la cultura y ciertos hábitos -como la costumbre extendida en ciertas sociedades de la compra por catálogo o a distancia- actúan como favorecedoras de la acogida del e-business.

Protección de la soberanía. Estamos ante un fenómeno que cruza fronteras con suma facilidad, por ello los gobiernos pretenden intervenir en la defensa de sus ciudadanos, es un modo más de justificar en estos tiempos modernos el papel del estado ante sus súbditos. Lo que ocurre es que estamos ante un reto, puesto que la acción combinada de las nuevas tecnologías y de la globalización de la economía, hacen que el carácter sagrado de la defensa de la soberanía haya perdido buena parte de su tradicional protagonismo. Aunque formalmente resulte igual de importante, en la práctica es cada vez más difícil preservar las señas de identidad de un país, habida cuenta la interrelación constante e interactiva entre todo el mundo; en muchos casos esas peculiaridades se reservan para aspectos meramente folklóricos, que se intentan acentuar con la pretensión de compensar esa otra pérdida de identidad.

7.4. Ventajas

Algunas justificaciones para la existencia del e-business podemos encontrarlas en la comodidad, el anonimato, la rapidez, la superación del espacio y del tiempo. Analizamos a continuación algunos elementos que influyen decisivamente en su éxito entre los usuarios. Uno de los principales es el de la comodidad, es evidente el sensiblemente menor esfuerzo que supone realizar una adquisición de un bien o servicio por medio del e-business que por el sistema tradicional, siempre que se haya superado la fase previa del aprendizaje técnico necesario. Al hilo de esta característica, y muy unida a ella, nos aparece la del anonimato; cuando a través de la red ofrecemos o adquirimos algo, normalmente lo hacemos sin una intervención personal, el encuentro entre la oferta y la demanda se produce en ese ámbito tecnológico que no requiere la presencia física de los agentes, es un encuentro "virtual" que no precisa que los actores den la cara. Esta circunstancia socialmente es muy relevante, supone excluir de la esfera pública una actividad que históricamente ha tenido siempre una gran dosis de comunicación e interrelación. Ponerse de acuerdo sobre el precio y el objeto propios de ese intercambio comercial ha sido una gran excusa para favorecer la interrelación personal entre los individuos y de hecho contribuir a su socialización. Ahora este nuevo sistema, de generalizarse, supondría una disminución en esa comunicación directa, haciendo que los individuos pierdan ese contacto inmediato y personal con los que ofrecen ese servicio u objeto. Las consecuencias de este mayor aislamiento tardarán tiempo en poder ser analizadas en profundidad; en estos momentos únicamente se encuentran en un estadio inicial, parece que pudiera fomentarse el individualismo y el aislamiento, en detrimento del mayor grado de intercomunicación anterior. No sabemos si la mayor disponibilidad de tiempo libre que permite, por contra, el e-business, será utilizado para compartirlo socialmente con otros sujetos más afines; cuando se produzca una mayor difusión de este fenómeno y dispongamos de una mayor perspectiva histórica, será el momento para analizar la situación real de lo que ahora no es más que una hipótesis de evolución social de las consecuencias del previsible incremento del e-business.

Otro elemento que debe ser tenido en cuenta en el proceso de implantación y consolidación del fenómeno es el de la rapidez, el de la velocidad con la que se producen los intercambios y que para ser más exactos debe ser calificada como instantánea. Es ésta una de sus características fundamentales, que le hace especialmente atractivo por la consideración del tiempo en la actualidad, es precisamente esa superación del tiempo y del espacio el factor más destacado del e-business. Ahora ya no supone una dificultad que el bien o servicio se encuentre muy distantes del consumidor; el e-business permite una primera aproximación "virtual" de ese objeto, que le hace al cliente tomar conocimiento de él y decidir si lo incorpora o no a su "compra"; si se trata de un "objeto" material, los modernos y sofisticados medios de transporte actuales se encargarán de poner a disposición del consumidor el producto. Las consecuencias que esto tendrá para la configuración de la oferta convencional son evidentes, en la medida que este sistema vaya ganando terreno, cosa bastante probable, lo que se producirá será una adecuada "ubicación" de los productos en la red, haciéndolos accesibles y "observables" para el consumidor. La red se ha convertido, y lo será más en el futuro, en un gran escaparate a través del que el consumidor "verá" todo aquello que pueda interesarle, y de modo inmediato podrá decidir y, en su caso, concertar el correspondiente contrato de adquisición.

Las nuevas tecnologías constituyen un conglomerado que actúa en bloque en la captación de fieles seguidores, y suma simpatías de los usuarios individuales que toman contacto con cualquiera de los medios que integran ese complejo conjunto de aparatos y procesos que conducen de lleno al hombre a un nuevo y totalmente revolucionario modo de enfrentarse con el trabajo, con el transporte, con el ocio, con la cultura, con la sanidad, y cada vez más aspectos de la vida en sociedad. Lejos de encontrar resistencia, el fenómeno del e-business goza del beneplácito de la inmensa mayoría de la población que ve en él un extraordinario medio de adquirir y vender bienes y servicios y que es contemplado como un instrumento de futuro, acorde con el ambiente de novedad y exigencia que cabe esperar de los modernos procesos que rigen la vida del hombre actualmente.

7.5. Problemas, abusos y excesos

La seguridad es una cuestión básica en el e-business, ya que han de ser totalmente ciertos los datos que se intercambien durante el proceso del comercio electrónico. Si el bien, mercancía o servicio no llega en las debidas condiciones al destinatario que efectúa el pago, o éste no llega a producirse, no habiendo sido entregado aquél con las correspondientes garantías, se produce un enriquecimiento injusto para la parte incumplidora. Además hay muchos casos en que la información que circula de modo confidencial por la red, con el único propósito de formalizar una determinada relación contractual, es capturada de forma ilícita y usada para defraudar a sus titulares. Para evitar estos efectos no deseados han sido puestos en marcha mecanismos como la encriptación de la información, o la necesidad de incorporar claves identificativas o de utilizar lo que se conoce como "firma electrónica". Como garantía suplementaria del buen fin de estas operaciones ha surgido ya un tipo de seguro que cubre estos modernos y tecnológicos riesgos que acompañan al reciente comercio electrónico, por una razonable cantidad se cubren unos peligros y unos riesgos que suponían un grave problema para la existencia masiva del fenómeno del e-business, de tal modo que si acontece el siniestro no deseado y la transacción electrónica no llega al fin propuesto, los sujetos pueden al menos no sufrir tan crudamente los efectos de este moderno fraude.

Los profesionales del derecho se esfuerzan, en colaboración con los demás técnicos en esta materia, en buscar sistemas que garanticen la seguridad necesaria de este nuevo tráfico mercantil para que sea operativo y no dé lugar a excesos. A estos profesionales les afecta el nuevo fenómeno que ha surgido en diferentes aspectos, así se ha producido un notable aumento de los litigios que tienen su origen en esta nueva modalidad de contratación. Cada vez son más los consumidores que experimentan las consecuencias perniciosas para sus intereses de una contratación engañosa o poco reflexiva, a la que las circunstancias los han llevado sin apenas ser conscientes de sus actos. Los problemas más frecuentes son los derivados de una situación de indefensión ante la ausencia de "la otra parte". La tecnología funciona como una barrera, hemos realizado un contrato, una adquisición con alguien al que no vemos, que nos ha cobrado una determinada cantidad a cambio de un servicio o de un producto que creíamos de unas determinadas características y que luego nos ha sorprendido por no corresponderse con lo que suponíamos. El ciudadano se encuentra, pues, con la incertidumbre de a dónde acudir, de a quién reclamar, y cuando lo averigua, de ordinario se halla con el hecho lamentable que ignora en qué condiciones ha pactado, y que no había leído adecuadamente las cláusulas de dicho contrato, o si excepcionalmente lo ha hecho, de ordinario son en extremo complejas para poder ser comprendidas por cualquiera. En muchos casos se trata de pequeñas cantidades por las que no vale la pena entablar una acción judicial, de lo que se aprovechan las grandes compañías que encuentran en ello uno de los principales factores de impunidad para la mayoría de sus abusos.

Las Nuevas tecnologías, como siempre. José Antonio Martínez

Se están tomando muchas medidas tendentes a impedir que esa inseguridad sea un problema y retraiga esta nueva forma de contratación. Entre ellas hay que mencionar las que a nivel internacional han comenzado a ponerse en marcha. En este sentido hay que decir que es ingente el volumen de contratación que se efectúa ya en estos momentos por Internet, de ahí que sea vital para muchas empresas continuar con esta fórmula, que les permite disponer de unos mercados con los que sólo por esta vía pueden contar. La obtención de una entrada para un espectáculo en el otro extremo del planeta, o un billete de avión o una reserva de hotel por este nuevo sistema, observar el estado de nuestras cuentas bancarias y efectuar transferencias, disponer pagos, son sólo algunos de los muchos ejemplos que es posible citar y que convierten esta nueva contratación en un fenómeno fascinante y de enorme relevancia mundial.

Desde un punto de vista jurídico no deja de ser una modalidad de la conocida en el mundo del derecho como contratación entre ausentes, lo que ocurre es que la previsible cantidad de operaciones que tendrán lugar en el futuro y las que ya se dan cada día, junto con las especiales características del fenómeno, vienen a desbordar esa denominación tradicional, así como las limitadas circunstancias que en relación con la misma contemplaban hasta ahora los distintos ordenamientos jurídicos. Aparte de la mejora en la eficacia en la gestión mercantil, el poder de atracción que sobre nuestra mente ejerce esta contratación por la red es uno de los factores que antes ha contribuido a popularizarla.

No es posible dejar de citar, por su gran importancia, la contratación bursátil, se trata de uno de los primeros factores en originar lo que se viene en llamar "la globalización". La posibilidad de comprar y vender acciones en tiempo real, en cualquier mercado bursátil del mundo, y la total interconexión de estos mercados ha sido una de las causas pioneras en el surgimiento de este fenómeno que tantos tratados y estudios está produciendo. La globalización es y ha sido, desde su inicio sobre todo, una globalización de los mercados financieros.

Es sorprendente la rapidez con que las empresas que operan por esta modalidad de comercio electrónico disponen cláusulas y condiciones en los contratos que formalizan con sus clientes, y con qué facilidad es posible llegar a imponer casi cualquier cosa. La regulación vigente, por más que muchos se empeñen en pretender hacerla válida para regular con éxito estas nuevas e intrincadas relaciones, carece de la agilidad necesaria para permitir fijar las garantías debidas para la parte más débil, de ordinario los consumidores, que suelen acudir deslumbrados por las posibilidades que se les ofrecen y descuidan la observancia detallada del clausulado técnico y complejo que les vincula con sus proveedores y que da lugar a no pocos abusos. El legislador, dictando normas adecuadas con la suficiente agilidad, los consumidores tomando conciencia de los peligros que corren sus intereses si actúan precipitadamente y no se asesoran convenientemente, y los tribunales de justicia aplicando la letra y el espíritu del ordenamiento jurídico, han de hacer un esfuerzo que permita generar una confianza en este nuevo sistema comercial, confianza que producirá un beneficio para todas las partes implicadas, por cuanto normalizará y extenderá su uso de modo masivo; para ello entendemos necesario ir desterrando las prácticas abusivas y que todos los protagonistas cumplan su papel con diligencia.

La regulación que sobre esta materia se está promulgando se caracteriza por intentar poner un freno a los abusos que las empresas que operan en el sector suelen cometer respecto a los consumidores, se concede a los particulares la posibilidad de pensar mejor el contrato celebrado y poder rescindirlo unilateralmente en caso de arrepentimiento, dentro de unos plazos determinados. Tras estas medidas lo que subyace es el reconocimiento del empleo de unas técnicas de publicidad y de venta muy agresivas, que suelen captar una voluntad poco reflexiva de compradores que se dejan deslumbrar por un planteamiento engañoso en un concreto momento. Se les concede pues la posibilidad de meditar mejor lo que han hecho y si no están muy convencidos desistir en un breve plazo. Por otra parte, se disponen unas medidas respecto a las empresas que operan en ese medio, tendentes a mejorar la información que ofrecen a sus clientes, imponiéndoles la sanción de sufrir la resolución unilateral del comprador en el caso de incumplir esas obligaciones. Se parte pues del reconocimiento de la situación de superioridad de esas empresas sobre los consumidores y se pretende restablecer, con ese tipo de medidas, la igualdad entre las partes intervinientes, evitando los excesos que en cuanto a la libertad para la formación de la voluntad suele darse.

7.6. Valores

El poder del hombre, su inteligencia, el asombro y la fascinación, el dominio de la naturaleza, el movimiento, el dinero, la competitividad, la eficacia, la inmediatez, la rapidez, son algunos de los elementos que se entronizan, constituyendo valores propios del hombre actual, en detrimento de otros que pasan a segundo plano, como el esfuerzo en sí mismo, la paciencia, la tranquilidad, el inmovilismo, el conservadurismo, etc., que encarnan épocas pasadas. Dentro del conjunto amplio de valores que crean o potencian las nuevas tecnologías, el e-business por su parte influye decisivamente en algunos de ellos.

El e-business participa, en primer lugar, en la generación de una confianza ciega en la capacidad humana, junto con las demás tecnologías modernas. Se comprueba cómo continuamente surgen avances científicos y técnicos, que además de manera inmediata se incorporan a la vida ordinaria, contribuyendo decisivamente al alto grado de comodidad, rapidez y eficacia que presiden la vida diaria de la inmensa mayoría de la población. Los avances científicos van, pues, actualmente acompañados de una "mejora" constante de las condiciones de vida, generando un cambio continuo para adaptarse a esas nuevas circunstancias. El hecho de que sea tan rápida y directamente constatable la existencia del avance científico da pie a una confianza en la capacidad intelectual del hombre en sí mismo. Se refuerza, pues, el poder de la razón, del hombre para dirigir enteramente su destino, y además a plena satisfacción de la inmensa mayoría. Nos encontramos, por tanto, ante un incremento de materialismo, del componente físico de la idea de progreso.

Por otra parte, el objetivo claro que persiguen esas nuevas tecnologías en general es el del progreso, entendido fundamentalmente como mayor comodidad y mayor eficacia, originando un descenso de la intervención directa y actividad física del hombre, que además lleva aparejado un incremento de productividad. Es posible que en términos globales aumente la actividad intelectual y mental del hombre, pero ello se produce a un nivel corporativo, empresarial, y tiene lugar en organismos o entidades que se dedican de un modo profesional a costosísimas campañas y procesos de investigación (I+D), que se promocionan y potencian tanto desde los poderes públicos, estados, como desde la esfera privada, empresas. Esa labor intelectual, de investigación, va dirigida en su práctica totalidad a ese propósito de mejora constante en las condiciones de vida material de los ciudadanos, que se traduce en una menor actividad de los mismos, en una vida más pasiva, más estática, que está incrementando la vida sedentaria, a la que curiosamente se trata de combatir con el campañas de fomento del deporte; se produce, pues, una disfunción, la reducción del ejercicio físico del hombre debido a la reducción de la actividad laboral y de la vida cotidiana, que se ve ahora alterada por estas nuevas circunstancias.

Elemento clave para poder participar activamente en las nuevas tecnologías en general, y en el e-business de un modo aún más destacado, es el dinero. Sin dinero es evidente que no cabe efectuar ninguna operación de comercio, por más que se hayan ampliado los modos de pago y por más que la tarjeta de crédito gane constantemente terreno como instrumento capaz de sustituir el pago en efectivo; sea cual sea el medio elegido, lo que resulta ineludible es el propio pago, que forzosamente ha de acompañar la decisión de adquirir algún bien o servicio. Por tanto, en la medida que con este nuevo instrumento técnico resulta posible y se potencia esta actividad comercial, en esa misma medida se viene a fomentar el uso del dinero, revitalizando e incrementando de esta manera el papel del mismo, ya de por sí bastante destacado en nuestra sociedad. Resulta, pues, evidente que sin dinero no pueden ser usadas las nuevas tecnologías, circunstancia que aumenta significativamente en el caso del e-business. En la medida que las actividades tradicionales son suplantadas en gran medida por modos más modernos, más eficaces, pero de pago, la sociedad ve cómo se incrementa la importancia del dinero, cómo se hace imprescindible contar con una creciente cantidad del mismo para poder "escribir", comunicarse, calcular, gestionar, desplazarse y adquirir bienes o servicios.

Por otra parte, lo moderno, lo último, el cambio, se han constituido en elementos valiosos en sí mismos. Por el hecho de existir ya gozan de la complacencia social. Se suele considerar que un fenómeno social o una técnica más moderna, más novedosa siempre presentará ventajas sobre sus antecesoras, puesto que de otro modo no llegaría a superar los controles sociales y del propio sistema productivo. Así pues, esa creencia se encuentra claramente instalada en la sociedad y sobre ella descansa la valoración y estima que se asigna a lo "último", dando lugar a un fenómeno concreto ya aludido en otras partes de este estudio, el de los "willing users" o amantes de la tecnología del último minuto, que incluye asimismo un componente de ostentación tecnológica y al propio tiempo, de manifestación de poder económico. Por tanto, el cambio en general y el cambio tecnológico en particular son considerados como modos normales de progreso, de mejora de la sociedad. Precisamente en esta corriente social totalmente aceptada se incardina el amplio y costoso proceso investigador que mundialmente tiene lugar y que es fomentado por los poderes públicos y por la iniciativa privada.

8. CONSIDERACIÓN FINAL

En cuanto a las características del tratamiento de las tic en este capítulo, hemos de hacer algunas precisiones. En primer lugar, hay que tener en cuenta que los fenómenos expuestos se encuentran en permanente gestación, están "inacabados", y por tanto lo que se dice de ellos ha de ser contemplado bajo la nota de una permanente provisionalidad, de una variación continuada y constante.

Hemos seguido con carácter general el modo usual de afrontar un tema de esta naturaleza en sociología, aunque se han omitido datos cuantitativos al considerarlos innecesarios para nuestro propósito, que no pretende ni exige un resultado exacto numéricamente, sino que trata de ofrecer simplemente una muestra habitual de estudios en este tipo de análisis, y que no intenta ni mucho menos agotar el objeto de ese estudio.

Siguiendo ese modo de proceder, se ha hecho una disección principalmente sincrónica, es decir solo se trata el fenómeno desde el presente, sin una comparación con otras épocas, y sin tener en cuenta los puntos de vista de otras disciplinas humanas que no sean la sociología, por entender -se dice desde esta formulación- que esos otros aspectos carecen de relevancia y no aportan elementos importantes para el estudio efectuado. En este punto, únicamente hemos hecho alguna pequeña salvedad respecto a cierta consideración histórica, así de un modo singular se ha reflejado, a propósito de los tratamientos de textos, una breve alusión a sus antecedentes, que se ha quedado, como suele ser habitual, en una pequeña alusión, pero de la que no se extrae ninguna otra consecuencia.

Por tanto, se ha hecho el estudio únicamente desde que las tic representan una novedad histórica, es decir, desvinculándolas en lo posible de todo lazo con el pasado, destacando sobre todo las notas que las individualizan y distinguen de las precedentes, y evitando escrupulosamente las contribuciones que pudieran hacer otras disciplinas humanas, que aparecen deslegitimadas para esa finalidad.

En consecuencia, entendemos que los resultados alcanzados en este capítulo aparecen en cierta medida sesgados por la metodología empleada, limitada exclusivamente al presente, y son de una muy limitada valía para dar cuenta en su conjunto del estado de un fenómeno, el de las tic, que aunque nuevo en muchos de sus aspectos, no puede ser suficientemente comprendido al margen de sus raíces históricas (que lo incardinan completamente en la relación más amplia hombre-técnica) y si no se tienen en cuenta las imprescindibles aportaciones de las demás disciplinas humanas.

Una prueba del cambio vertiginoso que experimentan estas materias es que incluso en el terreno de la lengua, incluso los mismos nombres técnicos que en un principio suenan tan novedosos, rápidamente son asumidos con normalidad y pasan a integrarse de un modo natural. Así ocurre, por ejemplo, con las mismas denominaciones de "software, hardware, tic, net, on line", y el largo etcétera que ayuda a identificar estas complejas materias.

En ciertos aspectos, esta exposición ya cuenta con algunos años de existencia, e inmediatamente se comprueba cómo ya han cambiado algunas de las circunstancias que la rodean. Evidentemente resultaría muy útil una aproximación continuada y permanente a estas tecnologías, sin duda nos haría más patente si cabe ese cambio permanente.

II. MATIZACIÓN DEL "CAMBIO SOCIAL" EN LAS TIC

Como consecuencia de la aplicación de la propuesta metodológica expuesta anteriormente, se recogen en el presente capítulo una serie de consideraciones relativas a las tic, que dan muestra de unos resultados en gran medida diferentes a los imperantes actualmente en la teoría sociológica. Únicamente se pretende ilustrar sobre las consecuencias del acogimiento de este nuevo modo de proceder, teniendo en cuenta una pequeña parte de las numerosas y valiosas aportaciones de que son capaces las diferentes disciplinas humanas de una manera coordinada.

1. Globalización

Con el término "globalización" se hace referencia hoy a la situación general de la sociedad, en la que predominan las relaciones, las comunicaciones y los intercambios con una dimensión de totalidad. El mundo en su conjunto es el escenario en el que tienen lugar todos estos hechos, y ello es posible gracias al grado de desarrollo alcanzado principalmente en materia tecnológica, que permite la instantaneidad, la quiebra de muchas barreras físicas y la materialización de todos esos flujos relacionales. Nos encontramos, pues, ante un hecho general de la sociedad, una referencia a su estado, a su naturaleza en estos momentos. De acuerdo con la disposición de ciencias o disciplinas humanas existentes actualmente, en situación de operatividad, la más adecuada para el estudio de este fenómeno es la sociología, en cualquiera de sus variantes más o menos admisibles, ya sea con técnicas marxistas, funcionalistas, o mediante el despliegue de procedimientos más fenoménicos, y ya nos refiramos a la estructura o a la acción. En cualquier caso, parece no ofrecer dudas que ha de ser la sociología la ciencia o disciplina que ha de encargarse de abordar estas cuestiones, y el procedimiento que esta disciplina sigue consiste en ver qué ocurre en la actualidad, qué novedades se están produciendo comparándolas con nuestro más inmediato pasado, observar cómo cambia el comportamiento de las gentes, constatar cómo los antiguos modos se diluyen instantáneamente, atestiguar con infinidad de datos la velocidad, la magnitud, la carrera imparable de la generalización de estos fenómenos, y también dar cuenta de la perplejidad acerca de un futuro en el que la incertidumbre es la nota más evidente, y respecto al cual solo unos pocos estudios se atreven a aventurar, sin ningún apoyo científico consistente, alguna teoría que más pronto que tarde suele ser relegada por el curso de los acontecimientos.

Elemento fundamental.- Se suele decir que las "tic" constituyen un elemento fundamental en el fenómeno de la globalización, en la configuración de un hábitat a nivel planetario en el que las relaciones, la comunicación y la información fluyen y se desarrollan de una manera mucho más viva que anteriormente. Evidentemente ello es así, y si la economía, las relaciones humanas y la sociedad se encuentran en esta situación es debido en una gran parte al efecto directo e inmediato de su puesta en acción y de cuanto con ellas tiene que ver. Si el mercado mundial funciona en un nivel absoluto, rompiendo las dificultades físicas de comunicación y de operación existentes anteriormente, se debe a la tecnología de Internet. Si es posible efectuar una compraventa de modo instantáneo en cualquier lugar, es porque existe un mecanismo técnico que permite efectuar de ese modo tales operaciones de una manera sencilla, rápida, eficaz y satisfactoria, hasta el punto que la población se está incorporando con prontitud a la práctica de estos procedimientos. Si en escasos segundos podemos enviar un texto o una información a las antípodas es gracias a que disponemos de los medios precisos para ello, las *tic*. Si, por ejemplo, hay armas capaces de impactar a miles de kilómetros en el lugar previamente fijado, con una precisión casi absoluta, ello también es consecuencia de la disposición de las tecnologías adecuadas.

Culminación de procesos previos.- Sin embargo esas nuevas tecnologías no se han desarrollado "ex novo", representan la culminación de una amplia gama de procesos de investigación y aglutinan un enorme bagaje de experiencias y hallazgos científicos anteriores. La invención de la escritura, el uso de los papiros y de los pergaminos o la imprenta son pasos necesarios que ha ido dando la humanidad hasta desarrollar, por ejemplo, los modernos procesadores de textos. Otro tanto cabe decir de la electricidad, el telégrafo, el teléfono, o la televisión, hasta llegar a los ordenadores, a Internet, a la telefonía móvil, etc. Respecto al tema que nos ocupa, el de las *tic* como elemento determinante del actual proceso de globalización, es preciso reconocer su deuda con las tecnologías y experiencia científica y técnica acumulada previamente, y además es preciso tener en cuenta que otras tecnologías anteriores, como algunas de las ya citadas, por ejemplo la escritura, la imprenta, la electricidad, el teléfono, el telégrafo, la televisión, o medios de transporte como el automóvil, el barco, el avión, continúan siendo un

189

vehículo fundamental para el actual proceso de mundialización, en el que las *tic* adquieren hoy quizás el protagonismo más evidente, pero sin olvidar que es asimismo posibilitado por otras tecnologías más veteranas, pero no por eso menos importantes. Pensemos de qué serviría efectuar la compra por Internet de un objeto en la otra parte del globo, si ello no fuese acompañado de la posibilidad de disponer física y materialmente de él en un tiempo razonable, gracias a la intervención de los medios habituales de transporte.

Mirar al pasado.- Ante la insatisfacción por el actual procedimiento seguido por las ciencias humanas en la investigación social, nos aventuramos a dirigir nuestra mirada hacia el pasado, hacia la historia, con la esperanza de encontrar así algún camino, alguna luz que ilumine la oscuridad que envuelve el actual proceso científico en torno a una realidad que cada día se nos torna más inescrutable. Pero ¿cuál es el propósito de esta vuelta atrás?, porque ya en numerosas y desafortunadas ocasiones se ha pretendido semejante proceder, y a lo más que se ha llegado ha sido a las desacreditadas teorías de los ciclos, de los "corsi e ricorsi", y similares, habiendo de ser desechados esos modos por inoperantes y totalmente desacertados. Otras veces se ha pretendido bucear en esos marasmos históricos en busca de unas leyes universales que no se han sostenido por mucho tiempo. Aquí simplemente pretendemos ilustrar con hechos de semejante naturaleza, para tratar de ver en qué medida esa información puede ayudar en estos momentos de falta de claridad. Queremos analizar esos hechos, esas similitudes, para rastrear pistas o claves orientativas. ¿Por qué sacamos tan poco rendimiento al pasado del hombre, por qué nuestras disciplinas humanas cuentan tan poco con los resultados de otras disciplinas que tan valiosas podrían ser?. Nuestro propósito es reconsiderar, retomar esas cuestiones, y reconducir esa escasa aportación interdisciplinar, creemos que vale la pena intentarlo y dedicarle los esfuerzos que sean precisos, a eso vamos y ese es nuestro empeño.

***Épocas globalizantes.*-** No se puede mantener que la globalización sea un fenómeno único y nuevo completamente en la historia. Hay numerosos argumentos que avalan una tesis contraria, entre ellos vamos a referirnos a algunos a continuación. En Roma, una única lengua, el latín, uniformaba los modos de expresión de todos los ciudadanos sometidos al poder romano, así de él derivan numerosas lenguas actualmente, aparte de la influencia indirecta que ha dejado en otras muchas. (Por cierto, que lo que esto tenía de ventajoso, por cuanto permitía una comunicación mucho más fluida entre los individuos de todo ese vasto territorio, desde una exagerada visión nacionalista hoy podría ser visto como una pérdida de las señas de identidad de muchos pueblos y poderes locales, que fueron privados de una de las más arraigadas, su lengua vernácula, aunque a pocos se les ha ocurrido plantearlo históricamente de esa manera). No sólo ese elemento contribuyó decisivamente a homogeneizar los modos de conducta de los individuos, sino que hubo otros como el Derecho, que vino a permitir una organización política y social de un nivel muy superior al imperante hasta entonces, y que aún hoy constituye la columna vertebral del Derecho civil de buena parte de los ordenamientos jurídicos de todo el mundo, dando muestra de su alto nivel de elaboración. Además, hemos de referirnos también al efecto que el espíritu práctico de los romanos ha dejado en los habitantes de su vasto imperio. La extensa red de vías, acueductos, puertos y minas, las viviendas en altura, las termas, los teatros, los circos y los anfiteatros, etc., configuraron un depurado sistema conforme al cual se desarrolló la vida de los ciudadanos de aquella época, dando lugar a modos de conducta, a comportamientos muy uniformados, al estilo romano, y que imprimieron al extenso ámbito de la vida del continente europeo y norte de África una alta dosis de homogeneidad, de identidad, de globalización podríamos decir hoy. También cabe referirse a hitos globalizantes, aunque en diferentes circunstancias, en el caso de Egipto, Grecia, China, India, Mesopotamia, Japón, o en el de imperios más recientes como el español, el portugués, el inglés, el francés, etc. Asimismo ha habido épocas históricas como la Edad Media, en que la vida de los ciudadanos ha presentado una gran similitud, unas pautas muy parejas de comportamientos en lugares muy alejados, marcados por unas normas genéricas, basadas en un mismo patrón.

Religiones.- Del mismo modo las religiones, tales como el judaísmo, el cristianismo, o el islamismo, u otras como el hinduismo, el budismo o el confucianismo, han hecho que sus seguidores actúen de acuerdo con unas líneas muy semejantes, próximas al fenómeno de la globalización del que ahora se habla. Cuando millones de seres humanos celebran un rito religioso en un día determinado, cada viernes, sábado o domingo de cada semana, y además rezan las mismas oraciones varias veces al día, o se someten a semejantes períodos de purificación en una determinada época del año, evidentemente se está produciendo una conducta determinada que les afecta a todos ellos. Con independencia de los sentimientos internos que cada uno experimente, que por otra parte tampoco son muy diferentes entre sí, nos encontramos ante un influjo importante en su modo de comportamiento, y en ese mismo sentido se produce una conducta repetida, en cualquier lugar del mundo donde tengan lugar esos hechos. Cuando una gran cantidad de adeptos a una religión siguen unas normas de conducta, tienen unos determinados valores éticos, resulta también patente que estamos en presencia de hechos que condicionan y uniforman conductas, pensamientos y estados de ánimo. Si todos esos seguidores comparten unos ciertos

192

presupuestos sobre la existencia humana y la naturaleza, si además muestran su confianza en unos hechos que tendrán lugar más allá de la vida terrena, o en determinadas consecuencias de sus actos, en función de un código fijado con exactitud por su religión, está claro que ello también producirá uniformidad, y hará que la vida de todos ellos presente al menos una buena parte de elementos iguales, únicos, semejantes entre sí. En cuanto los seguidores son millones de seres, y las conductas se repiten con suma frecuencia, los pensamientos serán muy similares, y nos encontramos por supuesto con una globalización que viene de muy antiguo, desde las fechas en que esas religiones comenzaron a crecer, a sumar adeptos, a hacerse grandes y duraderas, a persistir, y por tanto podemos decir que la globalización es ya un fenómeno que tiene unas raíces tan profundas como esas milenarias religiones.

Nacionalismos.- Lo que ocurre con estas religiones nos lleva indudablemente a formular otras cuestiones, como por ejemplo si la globalización es un fenómeno que tiene una determinada fecha de arranque, o si podemos rastrear su presencia de forma inequívoca en el comportamiento humano en general, con base en otras manifestaciones diferentes a la propiamente religiosa y que podemos hallar, por ejemplo, en la base de los nacionalismos, de los estados, de otros movimientos asociativos, etc. Los nacionalismos, y otros fenómenos asociados a la raza o a la pertenencia a determinados grupos, han sido también principales instrumentos de homogeneización históricamente, han agrupado individuos, alejándolos por contraste de otros ajenos a esas caracterizaciones comunes. Cuando una nación determinada ha ido adquiriendo carta de naturaleza, cuando se han ido fijando los hechos históricos que definen, mantienen viva y alimentan la referencia nacional de un pueblo en concreto, cuando se crea una unidad de sentimientos de

193

pertenencia, de legitimación política, un determinado sistema organizativo, un cierto ordenamiento jurídico que vincula a todos sus miembros, que impone por la fuerza unas normas de conducta, que establece unos determinados premios y castigos, y que configura un particular marco de referencia en el que toman sentido y validez las comparaciones y las alusiones, en ese momento, duradero, continuado, inacabado, se produce una evidente homogeneización entre los miembros de esa comunidad, que se sienten identificados con todas esas referencias comunitarias, y que las incorporan a sus conductas, a sus vidas, y que actúan bajo esas circunstancias, que condicionan enormemente sus actos, pensamientos y sentimientos. En la medida en que una nación, un estado, una comunidad es extensa e incluye una gran cantidad de ciudadanos, nos encontraremos de nuevo con una importantísima fuente de uniformidad, de homogeneidad, de globalización en suma.

Tecnologías diversas.- Otros fenómenos, como la aparición o descubrimiento de la vida ciudadana, la escritura, la agricultura, la ganadería, o la utilización de instrumentos tales como las lanzas o hachas, el fuego o la rueda, supusieron una fundamental fuerza aglutinante y conformadora de conductas de los individuos, que les permitió superar determinadas etapas de la existencia humana, dominando cada vez más la naturaleza y a los semejantes que no disponían del mismo bagaje técnico. Podemos aludir a otros elementos que más recientemente han hecho que el hombre haya ido completando el proceso de homogeneización y globalización que hoy consideramos tan novedoso. De este modo, el descubrimiento de la imprenta, del ferrocarril, de la máquina de vapor, de la electricidad, del telégrafo, del automóvil, del avión, de la radio, del teléfono, son sólo algunos casos señalados de este continuo y largo proceso que nos ha llevado hasta el momento presente. Con cada nueva tecnología, con cada nuevo descubrimiento, en la medida en que han sido usados, empleados por multitud de individuos, se ha producido una determinada generalización de conductas en gran medida iguales, muy semejantes, dando lugar a indudables fenómenos de globalización.

No exclusiva de nuestro tiempo.- Cuando McLuhan singularizó el fenómeno con ocasión de sus observaciones referidas a la televisión, supuso un hito en la identificación teórica del fenómeno de la globalización, pero como hemos visto, ese fenómeno ha sido y es consustancial con la evolución humana. No podemos decir, pues, hoy en día, que la globalización sea exclusiva de nuestro tiempo, por más que la inercia y la tendencia teórica hayan consagrado ese modo de entender y explicar los hechos, como ahistóricos, y dotados de unas notas vitales que los estiman diferentes por completo de sus precedentes, siendo estos últimos considerados como acreedores solo de un mero valor cultural, como elementos previos de referencia no determinante, sino más bien irrelevante. Por tanto, hemos de hablar de la globalización como un fenómeno muy antiguo, duradero, persistente, con diferentes niveles, fases y que tiene en las tecnologías una causa importante, pero no la única. Así pues, podemos referirnos a la globalización como un fenómeno permanente, con altibajos, con fases diferentes. Hemos de entender por tal la repetición de conductas, de actos, en diferentes lugares y que obedece a unas causas externas, que inducen o fomentan ese proceso.

Globalización "natural".- Por otra parte, de la globalización "cultural" (que es la expuesta hasta ahora, y que tiene sus causas en las mencionadas anteriormente) es preciso diferenciar la globalización "natural", con todos los reparos que el concepto puede suscitar, y que llevaría a un primigenio, general y global modo de conducta del hombre, en cuanto miembro de una determinada especie, la humana, que lo diferenciaría de otras especies animales. Es decir, en tanto que animal humano, el hombre sigue toda una serie de tendencias y actúa de un modo determinado, común con todos los demás miembros de su especie, lo que de por sí supone un altísimo nivel de similitud en cuanto a sus actos más primitivos, naturales, diferentes a los que estimamos consecuencia de la cultura humana.

Su duración y otros aspectos.- La duración del fenómeno es también de pertinente consideración, por cuanto aporta información valiosa sobre el mismo. No es igual que las consecuencias se hayan impuesto en un corto periodo de tiempo que en uno mayor. La duración se nos antoja importante porque puede atenuar, en el caso de que sea amplia, o agrandar, si es breve, la percepción y consideración que los individuos o grupos tengan de dicho fenómeno. Además es importante investigar si el efecto globalizante se mantiene todavía a pesar del tiempo transcurrido, o qué suerte ha corrido, si se ha visto afectado, aumentado, contrarrestado o anulado por otros procesos generalizadores o reductores, que también los ha habido, y muy numerosos.

El ámbito geográfico también resulta relevante porque la consideración será diferente en función de su alcance, es decir, en función de si afecta a una zona determinada, o si por el contrario tiene un efecto general, entendiendo por tal todo el mundo conocido, o todo el ámbito comparable, teniendo en cuenta que ello dependerá de las magnitudes que se consideren en cada época, y las relaciones entre los diferentes ámbitos, de modo que la distancia que ahora se puede salvar fácilmente, en otras épocas ha supuesto una barrera infranqueable, debiendo de ser relativizadas, puesto que no era posible una mayor homogeneidad de hábitos y costumbres debido a esa imposibilidad físico-técnica.

Importante estimamos también el análisis de los sujetos inductores del mismo, y de las causas que lo desencadenan. Ver si se trata de un fenómeno más o menos espontáneo, o si nos encontramos ante un efecto inducido, con una auténtica motivación, con una finalidad precisa. Ver si es causado por unos pocos individuos o grupos con unos intereses concretos, o si estamos ante unas fuerzas más o menos ciegas que originan ese proceso, y ante el cual reaccionan los sujetos según sus medios tratando de acomodarse al mismo de un modo fácil, no traumático y lo más beneficioso posible.

También resulta pertinente hablar del efecto contrario al de la globalización, el de la particularización, al que ya se ha hecho referencia anteriormente como reacción a sus excesos, y que origina casos en que se incide especialmente en elementos locales o regionales para marcar diferencias con el marco que la globalización dispone.

Es preciso distinguir también entre globalización según el tipo de que se trate, porque no es lo mismo cuando es causada por un despliegue tecnológico, como la que tiene lugar en la actualidad, que cuando nos encontramos ante otras de tipo religioso, político o cultural, aunque una vez implantadas, sus efectos pueden ser más o menos parejos. La importancia de la diferencia se encuentra en que alguna, como por ejemplo la técnica, presenta un movimiento continuo sin altibajos, más que los que se producen como consecuencia de la superación mejoradora, que trae consigo el abandono del fenómeno anterior, pero para ser sustituido por otro nuevo y más satisfactorio para los sujetos sociales, y de la misma clase del superado. En

197

cambio, cuando hablamos de generalizaciones de diferente etiología, como las expuestas de tipo religioso, cultural o político, la historia nos muestra numerosos casos en que se ha producido un retroceso, en cuanto a un periodo de predominio le ha seguido otro de vuelta atrás, e incluso de decaimiento y abandono. Por retornar al supuesto del uso del latín, su generalización tuvo un momento de crecimiento, de desarrollo, de máxima expansión, para estancarse luego, chocar con otros fenómenos equivalentes, que cumplían igual o similar función, y verse relegado o desaparecer, dejando su impronta en otros fenómenos diferentes, aunque herederos suyos. Así el latín ha dado lugar a las lenguas romances, y el Derecho romano ha influido decisivamente en otros muchos ordenamientos jurídicos, en Europa, en América y en otros países deudores suyos, pero ha tenido que compartir su existencia con otros derechos o fenómenos similares.

El caso de la tecnología parece ser diferente en cierta medida. Hoy las hachas que se usaron en el Neolítico no tienen un uso continuado, los materiales son más sofisticados y las funciones de cortar, agredir, defenderse, etc., son ampliamente suplidas por otros sistemas más modernos que ofrecen otras ventajas y comodidades, aunque su misión primigenia de cortar, aún persiste. No parece que las diferencias de uso de la misma se deban a razones culturales, y en ese sentido, igualmente utilizado es un cuchillo en China que en Europa o en América. Lo que ocurre es que la función y su modo de ejercerla se mantienen en todo el mundo de un modo similar desde siempre. Con la lengua o con la religión o con el derecho, se cumplen igualmente funciones sociales e individuales, más o menos útiles, pero hay diferentes modos de abordarlas, hay diferencias en los instrumentos utilizados, hay diferentes soluciones para unas funciones más o menos similares. Así nos encontramos con diferentes ordenamientos jurídicos en el mundo para regular hechos

198

semejantes, lo mismo ocurre con las lenguas, que ofrecen diferentes soluciones, unas más ricas que otras, para abordar la cuestión de la comunicación, o diferentes religiones que buscan satisfacer determinadas necesidades espirituales de distintos modos. Estas últimas son plurales, chocan entre sí o se toleran, crean identidades particulares. En cambio la generalización técnica es única, hay en las actuales circunstancias una unidad del consumidor, y una pluralidad limitada de la oferta, que ha de ser respaldada por un requerimiento de calidad y de satisfacción, que se muestra como más uniforme, marcado sobre todo por los parámetros del coste y del beneficio o satisfacción. No parece que la globalización de etiología técnica, como es la tratada, tenga una marcha atrás, en el sentido de una vuelta a la particularización o renuncia, salvo casos concretos en que los peligros o riesgos, aunque hipotéticos, sean de tal alcance que no aconsejen su uso incontrolado.

Precisión terminológica.- Es necesario precisar el término enormemente amplio y ambiguo de "globalización", que parece aludir al conjunto de rasgos característicos de la vida social actual, dominados por las relaciones tecnológicas, en que la instantaneidad, la visualidad, la oralidad, la inespacialidad y la intemporalidad han ido adquiriendo un papel predominante, condicionando la difusión e intercambio cultural y mercantil de contenidos y transacciones, y reduciendo las diferencias en los modos de vida singulares de los individuos a nivel planetario. Es preciso valorar los elementos integrantes de tal concepto para tratar de ver lo que hay de cierto en él y en la fundamentación de su presunta singularidad. Al estar apoyado en determinados procesos técnicos novedosos, es lógico que se produzcan también conductas novedosas; en este sentido "nuevo" es que la homogeneidad tenga lugar con el grado de amplitud y generalización actual. Evidentemente es nueva la técnica que permite que un determinado programa de televisión pueda ser visto al mismo tiempo por la mitad de la humanidad, que los operadores financieros puedan ejercer su actividad en cualquier mercado mundial. Como siempre ha ocurrido, la producción industrial y el consumo van buscando el mayor beneficio y satisfacción, pero ahora esos objetivos son más fáciles de lograr debido a la existencia de los medios técnicos oportunos. Es cierto, pues, que en un sentido se ha producido y estamos inmersos en el proceso de globalización, pero ese proceso es tan antiguo como podamos recordar históricamente y es consustancial con el hombre, pese a que en la actualidad ese antiguo proceso presente tintes propios, que lo singularizan en cierto sentido, al hilo de las tecnologías en las que se apoya. El hecho de que podamos hablar de una "aldea global", entendida como una simplificación y reducción de la pluralidad de modos de vida de los individuos, como uniformidad impuesta a través de ella, no parece tampoco que haya de ser un hecho incontestable, puesto que numerosos factores siguen operando al mismo tiempo y son los que han mantenido la singularidad pese a la uniformidad que proclaman.

Más bien podemos hablar de transformaciones de la globalidad, de variaciones debidas a cambios técnicos, que amplían de una parte sus aspectos de un modo claro, pero que por lo mismo generan rechazo y potencian contrapesos que hacen que las referencias locales o grupales se mantengan más allá de la desaparición de fronteras y límites que parecen producirse.

Así pues, cuando hoy se habla de "globalización" hay que tener en cuenta que: a) No es un fenómeno nuevo en absoluto, por cuanto ha tenido y tiene numerosos y continuos precedentes históricos. b) Tampoco la intensidad que se le atribuye en estos momentos al supuesto fenómeno novedoso es tal, porque presenta realmente un alcance limitado si la comparamos, por ejemplo, con la que tuvo lugar en Roma, cuando todos los ciudadanos del Imperio dejaron de hablar sus lenguas autóctonas para pasar a hacerlo en latín. El cambio, tan brusco y profundo, que supuso en esa ingente cantidad de población no resulta de escasa cuantía y resiste perfectamente la comparación con las circunstancias, notables ciertamente, aunque sobredimensionadas actualmente, de que en cualquier parte del mundo pueda ingerirse una determinada comida en un restaurante de presencia universal, o que pueda operarse de modo instantáneo en cualquier mercado mundial, por citar dos de los ejemplos que más usualmente suelen invocarse al hablar hoy de la globalización. Otro tanto podemos decir de casos como el que tuvo lugar en el momento en que la electricidad comenzó a ser utilizada en los hogares, en las ciudades o en la industria, y el cambio tan radical que supuso en la vida diaria de los ciudadanos y empresas. c) Se echa de menos la existencia de términos comparativos fiables, que permitan establecer relaciones entre diferentes periodos históricos, y hablar con fundamento de una incidencia mayor o menor de determinados fenómenos, como el que nos ocupa. A buen seguro que ayudaría a relativizar magnitudes absolutas, que con la distancia del tiempo tienden a olvidarse, en detrimento de una mayor exactitud del análisis histórico-social. d) Haría falta una actuación conjunta e interdisciplinar que hiciera posible concretar el verdadero alcance de los fenómenos sociales y que, aunando sus contribuciones, permitiese una mayor determinación del verdadero tamaño y dimensión de los fenómenos, trascendiendo la mera epidermis y penetrando más en el tejido social.

Es, pues, necesario desvanecer el actual concepto amorfo e indiscriminado del término "globalización", perfilando más sus contornos, y privándolo de la referencia perturbadora que comporta. Efectivamente, nos encontramos con una concepción que incorpora aspectos derivados de la implantación de hallazgos técnicos, pero se exagera al tratar de inducir la idea de que eso nos haga llegar por primera vez en la historia a una situación de simplificación y reducción de las diferencias, de modo que nos habríamos alejado irremisiblemente del mundo plural que hemos conocido hasta ahora. La generalización que se predica no hará que perdamos las referencia locales, porque aunque podamos compartir otras de contenido más amplio y global, el hecho de que los medios técnicos permitan la difusión a nivel total de determinados modos de comportamiento, no supondrá una anulación de las diferencias particulares, porque éstas enlazan con la propia naturaleza humana, singular y esencialmente diferente, por más que se proclame el mito igualitario.

Uno de los ámbitos donde más ha calado la concepción globalizante es en el económico, por cuanto el juego de los principios que inspiran la acción capitalista y las facilidades que la técnica pone ahora a su disposición, hacen que el terreno de juego haya extendido sus dominios a todo el mundo prácticamente. Pero la vida humana no es eso solamente, aunque esa dimensión económica no pueda ser desdeñada en absoluto. Ciertamente esa situación influye y lo hará en lo sucesivo en los modos de vida de la gente, al haberse convertido la vida humana en objeto de beneficio de los agentes empresariales de cualquier parte del mundo. El marco de referencia competitivo es global, pero todo eso, a su escala correspondiente, ha ido ocurriendo así en cualesquiera de los periodos históricos que consideremos, aunque ahora no seamos capaces de comprenderlo fácilmente, debido a nuestro particular modo de observar el mundo, con el sincronismo que lo caracteriza, con la concepción nueva y diferente que como premisa se utiliza para dar cuenta de la realidad, sobre la base de una situación tecnológica que se dice radicalmente distinta, novedosa, y determinante.

No vemos razones definitivas para sustentar una idea de la globalización que la hagan radicalmente diferente de otros procesos semejantes en el pasado. Siempre ha habido diferencias entre esos procesos entre sí, pero entre todos ellos ha habido una identidad de elementos integrantes. En ellos se ha dado una ampliación de modos de actuar, sentir o pensar, en cuanto han ido incorporando cada vez más individuos a los mismos. Cierto que ahora, en buena medida, parece que hemos llegado al final posible de esa acción globalizadora, ya que es todo el mundo el que supuestamente hace lo mismo, aunque no creemos que el hombre vaya hacia una uniformidad global, definitiva, porque eso chocaría, como ya hemos dicho, con la propia naturaleza humana, y de modo reactivo se produciría una vuelta a lo particular, se da una convivencia más o menos coetánea entre esos aspectos, el local, el regional y el global, y no parece que esa uniformidad llegue a la asfixia, porque ello generaría rechazo y una vuelta al localismo.

Creemos que se ha producido una precipitada adjudicación de notas superficiales, que no van al fondo del fenómeno, que tienen como objetivo más una catalogación apresurada de una situación que se vive como novedosa, y que produce perplejidad, precisamente por el hecho de partir de una concepción de la sociedad variable en cada momento, en función del modo externo de vida existente y de la tecnología utilizada en ese instante.

Si, por el contrario, concebimos la sociedad desde una perspectiva total en el tiempo y en el espacio, no es necesario modificar esa concepción al hilo de cada acontecimiento concreto, de cada modo de vida particular. El hombre, individual y colectivamente, trata de adaptar su vida, sus modos de comportamiento, más estables de lo que pensamos, a las circunstancias concretas de cada época, fundamentalmente diferentes y diferenciadas por el cúmulo de tecnología, cultura y circunstancias medioambientales que se van incorporando. Sobre esta premisa, la tecnología actual amplía las posibilidades de acción del individuo a un marco global, (aunque no todos los hombres y grupos viven esas circunstancias de igual modo, puesto que unos son las nuevas víctimas globales y otros son los agentes universales que obtienen un beneficio global de esta situación tecnológica), y todos los hombres tratan de acomodar su existencia a ese nuevo marco, pero como ha ocurrido y ocurre siempre en la historia de la humanidad, sin que ello dé lugar ni a un nuevo hombre, ni a una nueva sociedad. Podemos aludir a un concepto que nos puede ayudar a concebir esa reacción humana y social ante la instigación tecnológica, o de cambio de circunstancias, podemos referirnos a tal conducta como la *acomodación inevitable*, que tiene diversos aspectos, según las circunstancias personales de cada individuo o grupo. En el caso de corporaciones o empresas que encuentran un marco favorable, tratarán de llegar a su máximo beneficio, y los usuarios tratarán de obtenerlo por la vía de la satisfacción como tales. Se producirán efectos colaterales y grupos o individuos quedarán al margen, con una mayor diferencia respecto a los que disponen de medios para subirse a un tren, que cada vez lleva mayor velocidad.

Desde la perspectiva que se maneja en esta obra, proponemos una línea de estudio en la que es preciso acometer en profundidad el análisis de momentos históricos en los que en una determinada civilización se han producido procesos globalizantes. Entre los ejemplos señalados anteriormente encontramos numerosos casos en que ello ha tenido lugar. Una vez fijados esos supuestos, resulta de interés observar hasta qué punto se ha dado un cambio de vida de los individuos o de los grupos integrantes de esas unidades de análisis. Para ello puede observarse qué elementos integrantes de la vida diaria de los sujetos se ven afectados por ese proceso y en qué medida el efecto es homogéneo, es decir si ocurre por igual en todos los individuos y grupos, o si hay diferencias. También es oportuno ver cómo determinados grupos o individuos lo aprovechan o si, por el contrario, se ven relegados por esa transformación, por ese cambio de circunstancias.

Conclusión.- Sobre el presente proceso de globalización podemos, en fin, decir que tiene unas evidentes causas y raíces tecnológicas y una clara vertiente comercial, de comunicación y de relación global. Las *tic* han contribuido a crear un sistema que: a) Ha roto barreras físicas a la comunicación y a las relaciones humanas, ampliando de una manera habitual, diaria, su práctica, y extendiendo la misma, en diferente medida ciertamente, a la práctica totalidad del mundo. b) Supone la culminación actual de un proceso tan antiguo como el hombre, y siempre vigente en la historia de la humanidad, el de la globalización. c) Ha reorganizado, como siempre ha ocurrido, la población en función de su posición respecto a ella. d) Es posible y previsible la superación de la actual situación, por la vía de la mejora técnica. e) También son posibles fenómenos de particularización, de reducción o de rechazo, si el fenómeno se identifica con cultura, con civilización, mientras que si es neutro, tiene más garantías de sobrevivir. f) No supondrá una alteración de la sociedad, vista desde sus mecanismos más profundos, más genuinos y no afectará a las notas que más propiamente caracterizan al hombre y a los grupos humanos.

2. Interactividad

Un concepto muy actual es el de la interactividad, con él se quiere aludir al hecho de que el hombre no se encuentra en una situación pasiva, de mero receptor de las tecnologías, sino que desempeña un papel activo que provoca, pone en marcha, modifica y controla el proceso tecnológico. Efectivamente, en el caso de tecnologías como Internet, la telefonía, el correo electrónico, el *e-business*, etc., el papel del usuario es en gran parte interactivo, en el sentido señalado, lo que no ocurre en la misma medida con algunas otras tecnologías como la televisión, la radio o la electricidad, en las que el usuario se limita muchas veces a conectar o desconectar o cambiar de emisora o canal a lo sumo. Un estudio sociológico actual probablemente analizará la situación del fenómeno en nuestros días, comparándolo con el pasado más inmediato, y concluirá casi con total seguridad que nos encontramos ante un momento histórico único, en que el ciudadano por primera vez dispone de unos medios que le permiten colocarse en una posición activa, que maneja, organiza y controla la tecnología a su antojo, pasando a tomar un papel más activo. Sin embargo la interactividad también ha estado presente en otras tecnologías o invenciones humanas anteriores, tales como el fuego, la escritura, la vida ciudadana, la agricultura, la ganadería, el automóvil, el avión, etc.

Con una mirada retrospectiva, buscando antecedentes similares en otros periodos históricos, nos encontramos con que otras tecnologías como las citadas, requieren un papel completamente activo del usuario. Cómo se puede concebir un acto de escritura sin que haya una intervención directa del autor, sin que éste tenga un papel principal, que supone el inicio, el desarrollo, el control absoluto de todo el proceso de escribir: desde la elección del idioma, de la grafía, del contenido, de la duración, de la extensión, de la caligrafía, del instrumento de escritura, de los destinatarios, etc. De la agricultura podemos decir otro tanto, el agricultor decide, dentro de unos determinados límites, cómo ha de desarrollar esa actividad, qué va a cultivar, por qué procedimientos, cuándo va a efectuar la siembra, cuándo la recolección, qué cantidades de productos va a sembrar, qué especies, cómo va a cuidar esos productos, cómo va a comercializarlos, etc. y en todo caso su papel se nos antoja principal, predominante. Lo mismo podemos decir de los demás casos que hemos invocado, el automóvil, la ciudad, el fuego, la ganadería. Es cierto que en algunos supuestos esa nota presenta un cierto matiz más reducido, por ejemplo cuando hablamos de la electricidad, parece que el usuario se limita a poner en marcha el procedimiento técnico correspondiente, accionando el interruptor, y una vez en ese supuesto la tecnología se pone en marcha con todas sus consecuencias y características propias; el papel del usuario parece limitarse en estos casos a mero sujeto pasivo, que obtiene unos resultados sin que tenga una posterior intervención directa, aunque también es cierto que el protagonismo más importante, el de actuar, el de reclamar la acción técnica depende exclusivamente de él, pero la modulación del ejercicio de esa acción presenta notables diferencias con respecto a otros supuestos técnicos como los que hemos referido con anterioridad.

Analizada desde una perspectiva amplia, global, la interactividad, entendida como una nota fundamental caracterizante de las modernas tecnologías, y que se predica como un elemento excluyente de otros precedentes históricos, ha de ser rechazada, no podemos compartir esa novedad, por cuanto la hallamos en una inmensa mayoría de casos. Quizás lo que se está señalando cuando se indica que ese aspecto es fundamental y que sirve para completar el papel definidor de las *tic* actuales, es la diferencia que parece atisbarse respecto al precedente más utilizado para contrastar las referidas *tic*, en concreto la televisión o la radio. Efectivamente cuando uno conecta la televisión o la radio parece que su papel queda relegado a la función de conexión y sintonización o elección de emisora o canal, con lo que aparece, efectivamente, como bastante limitada. Es precisamente en este contexto comparativo, en este marco, en el que la interactividad alcanza la mayor potencialidad caracterizadora, puesto que en el caso de las *tic*, el usuario tiene una mayor posibilidad de actuar, de contactar con otras personas, de iniciar y acabar procesos comunicativos, de contratar, de vender y comprar, de hacer publicidad, etc. A la vista de todo ello podemos decir que efectivamente hay un notable incremento de actividad del usuario.

Sin embargo, cuando se compara el caso de las tic con el de las tecnologías en general, esa interactividad ya aparece más limitada, encaja fácilmente en el concepto general, y pierde buena parte de la novedad que se le atribuye actualmente. De nuevo podemos ver la similitud de aspectos coincidentes entre el uso de estas tecnologías y la amplia gama de opciones que otras diferentes tecnologías ponían y siguen poniendo en manos de los usuarios, por ejemplo la ciudad, que puede ser entendida como una tecnología más amplia, en cuanto dispone todo un conjunto de opciones de vida, de acción, que engloba casi todas las posibilidades de actuación del individuo, del ciudadano.

Las Nuevas tecnologías, como siempre. José Antonio Martínez

Procede, pues, una revisión del concepto, para tratar de dotarlo de una significación más amplia, integrando las notas propias de otras épocas, en las que se daba asimismo ese fenómeno, encajándolo en su verdadero contexto, recuperando una significación más auténtica. Por tanto, podemos entender por interactividad, en referencia a la posición de los usuarios respecto a la tecnología, la posibilidad de ser sujetos activos y pasivos al mismo tiempo, disponiendo de mecanismos precisos para actuar sus preferencias y manifestar su voluntad, de modo que sea percibida por otros sujetos que se encuentran en parecida posición. Desde este punto de vista la interactividad no es una novedad en estos momentos, sino que siempre ha tenido vigencia, siempre ha formado parte de la relación del hombre con la técnica, con los instrumentos que ha ido inventando para potenciar, para aumentar el alcance y calidad de sus actos. Desde luego que varía en función de la tecnología o instrumentos que estemos considerando. Hay casos en que se produce una gran interactividad, un marco en el que el usuario, el ciudadano, dispone de una ilimitada gama de opciones para poder desplegar esa actividad, para ponerse en relación con los demás. Como se ha indicado, un caso señalado sería la ciudad, en cuanto marco, como invención del hombre para configurar su acción social, como hábitat creado para desplegar toda su actividad humana y social. Los ciudadanos disponen de un espacio en el que tiene lugar la inmensa mayoría de sus acciones y la interactividad es absoluta, puesto que lo que uno hace supone un estímulo para el actuar de los demás.

Lo más oportuno para abordar un análisis de amplia validez sobre la interactividad, desde una perspectiva tecnológica, es recurrir al auxilio interdisciplinar, y tratar de ver en qué medida la ayuda histórica, entre otras disciplinas humanas, es capaz de aportar datos

209

relevantes para elaborar un estudio de contenido amplio y validez duradera, más allá del caso de una única tecnología. Sería de gran utilidad asimismo contar con instrumentos conceptuales elaborados sobre la base de un estudio comparativo de amplio espectro, que permita disponer de un aparato teórico adecuado para facilitar el análisis social de fenómenos de este tipo. Es preciso evitar la distorsión que se produce cuando casos como éste se estudian desde una perspectiva tan limitada como la que tiene lugar en un periodo de tiempo reducido. Hay que revisar el objeto de estudio desde una óptica superior, para que sea perfectamente encajado en el lugar que le corresponde.

3. Mercado libre

Aparentemente se está originando un nuevo procedimiento, únicamente por lo que al lenguaje informático se refiere, que ofrece unas similares prestaciones y que tiene un coste cero, aunque se precisan instrumentos mecánicos para hacerlo operativo. El resultado aún es inferior al de pago, se ha iniciado una vía que, de prosperar, supondría una merma considerable de beneficios para las empresas productoras, así como un ahorro notable para los consumidores. Sin embargo está por ver la consolidación final de este nuevo procedimiento, conocido como "software libre", y que tiene como pretensiones las de limitar el alcance del oligopolio que algunas pocas entidades ejercen en este campo del lenguaje y de los programas informáticos y al mismo tiempo facilitar el acceso a los mismos a usuarios de menor poder adquisitivo.

Las Nuevas tecnologías, como siempre. José Antonio Martínez

Nos hallamos ante un supuesto particular en que a un mercado floreciente, el de la producción y explotación de programas informáticos, le ha salido una competencia desde el ámbito de los propios usuarios, quienes haciendo uso de la misma tecnología, son capaces de retar el poder de esas grandes corporaciones, ofreciendo una alternativa de similares características, producida y mejorada continuamente por los usuarios, y que en cierta medida sale del sistema normal del mercado tradicional. Con estas notas distintivas no encontramos, en principio, supuestos semejantes en otros periodos históricos, por lo que nos hallamos ante una nueva circunstancia, diferente del marco habitual de las relaciones comerciales en que se da un intercambio de servicios a cambio de dinero y la consiguiente generación de beneficios, aunque también podemos entender el fenómeno como un caso en que los usuarios asumen el reto de producir, generar, mantener y mejorar un producto útil a una colectividad que lo usa gratuitamente gracias al ejercicio de generosidad de algunos de sus miembros. Visto así ya podemos aludir a algunos antecedentes antiguos y recientes, como de modo señalado pueden ser ahora las ONGs o determinadas organizaciones altruistas que siempre han existido.

Hay casos, como ocurre en el presente, en que resulta más difícil hallar paralelismos, en que no se ofrecen con claridad situaciones similares en el pasado. Sin embargo es preciso mantener la búsqueda y si persistimos en el empeño, es posible dirigir nuestro esfuerzo hacia la psicología, como disciplina que es capaz de alumbrar soluciones desde la conducta del hombre como individuo o como grupo. Desde esta óptica ya parece que se nos muestran caminos por los que nuestra hipótesis de trabajo puede circular con cierta soltura. Así puede señalarse sin violencia la actitud constante en la humanidad de buscar al menos la huida ante situaciones de opresión, de dominio. Nos hallamos en un caso en que determinadas corporaciones empresariales han descubierto, han investigado, y han puesto en el mercado productos tecnológicos que ciertamente suponen una mejora, al menos en los términos con los que habitualmente el hombre concibe su vida diaria, pero al mismo tiempo ello ha sido la consecuencia de la búsqueda de un beneficio empresarial, del ejercicio natural de las pautas por las que se ha regido siempre el comercio como actividad humana. Sin embargo, las circunstancias actuales del entramado tecnológico, la complejidad e interdependencia y la dificultad de competencia en estos campos, hacen que se haya producido una situación real de dominio de posición, con lo que ello supone en cuanto al abuso y control del mercado. Por tanto, resulta oportuno señalar la naturaleza de la aparición de este llamado mercado libre, como un caso más de los que han tenido lugar en la historia; ante situaciones de opresión, de ejercicio de un poder asfixiante, el hombre, individual o colectivamente, tiende a buscar alternativas que mitiguen la desazón que generan esos supuestos. Desde este punto de vista, nos encontraríamos ante una manifestación más de las muchas que han tenido lugar históricamente. Son innumerables los ejemplos que podríamos poner de situaciones similares, de origen político, económico o cultural. No entendemos necesaria una ilustración más detallada, aunque en todas ellas se pone claramente en evidencia un deseo, un intento de huir de circunstancias de asfixia, de insatisfacción ante coyunturas determinadas en que una colectividad se siente incómoda y busca soluciones más asumibles.

En el caso que nos ocupa, la situación de monopolio, precisa de algunas matizaciones. En principio el desarrollo tecnológico es alentado y mantenido por un entramado empresarial de una sofisticada estructura, de unas dimensiones fabulosas, y sólo el mejor producto acapara el interés de los usuarios, dadas las actuales condiciones del mercado mundial, en que se exige la inmediata difusión y la máxima calidad. En este contexto se ha producido un dominio absoluto de las escasas corporaciones que han conseguido dominar ese mercado, al tiempo que ha tenido lugar una generalización del uso de esas tecnologías, haciéndose las mismas imprescindibles, por cuanto su ausencia supone de hecho la condena a la marginación. Por tanto, aunque la naturaleza de la situación pueda entenderse diferente de las precedentes, en la práctica es vivida por los usuarios como sustancialmente idéntica, puesto que resulta imposible escapar de las garras del sujeto dominante que impone un dominio tecnológico y obliga a todos los usuarios a pasar por sus designios. El beneficio que tal situación produce para sus promotores es claro, los ha colocado en los lugares principales del ranking mundial de beneficios y de ciudadanos más ricos. Nos encontramos con una auténtica opresión, imposición de voluntades, ineludible, que configura completamente un fenómeno social y permite considerarlo muy similar a situaciones como las que continuamente han tenido lugar en el pasado. Por ello, la aparición de soluciones técnicas y comerciales alternativas, como la que se apunta en este epígrafe, el llamado *software libre*, entronca perfectamente con la figura del liberador, de la guerrilla, que busca salvar a los oprimidos de las garras del poderoso. Por tanto, comparte con estas figuras la simpatía en los usuarios, y es vista con agrado por muchos de ellos. El camino no es fácil, los medios son escasos y las dificultades a salvar son muchas y variadas, pero es una vía abierta, una válvula de escape a la situación actual. Desde un punto de vista de la justicia social, con la nota de la globalidad que la envuelve, este *software libre* también se sitúa en el camino de los mecanismos que tratan de controlar el ejercicio abusivo del poder y de implantar la igualdad.

Así pues, el mercado libre en materia de tecnologías de la comunicación, el *software libre*, encaja   perfectamente en una tipología más amplia, la de aquellos casos en que una opresión, un abuso de poder, una falta de oportunidades, de libertad en suma, empuja a un grupo o colectividad de ciudadanos hacia unas medidas que tratan de romper el cerco y buscar nuevos caminos que permitan evitar dicha situación, haciéndola más llevadera. Carece, pues, de fundamento la atribución de la condición de novedad a ese fenómeno, señalándolo como una consecuencia única de unas determinadas tecnologías, que dentro del halo de originalidad que se predica, incorporarían igualmente este aspecto como uno de sus rasgos más distintivos. No se atisba la fundamentación teórica precisa para ello, y por el contrario, tal como se ha adelantado anteriormente, la situación es una vez más la de un supuesto de hecho perfectamente incardinable en el proceder habitual del hombre, individual o colectivamente considerado, que le lleva a repetir unas determinadas pautas cuando las circunstancias necesarias concurren, cual es el caso presente.

Por tanto, como línea de investigación proponemos, para avanzar en la mejora del conocimiento social, y en particular en este caso en concreto, superar en primer lugar la apresurada concepción actual que lleva a entender el *software libre* como caso único de combate contra una manifestación tecnológica también   única. Cuando ponemos en juego las reglas propias de nuestra propuesta, el resultado pasa por una absoluta matización, y por modular las precipitadas conclusiones a las que se llega por las vías más utilizadas actualmente. Sugerimos que sería conveniente acometer una comparación histórica con otros sucesos en los que poder rastrear similitudes significativas, para establecer un principio de identidad conceptual, en el que podamos insertar el caso más concreto que pretendemos definir. Así, con relativa facilidad encontramos una huella productiva en la investigación psicológica, que nos permite dirigirnos con una mayor seguridad hacia la investigación histórica, que es la que nos ha hecho alcanzar resultados interesantes de un modo inmediato.

4. Realidad virtual

Se dice que el hombre moderno vive inmerso en una "realidad diferente" a la "auténtica". Algunos hablan de "realidad virtual", de hiperrealidad, pero siempre se alude a que la sociedad ha sido desplazada, en cierta medida, de sus circunstancias "auténticas", del terreno firme en que siempre se había asentado, perdiendo esa propia dimensión vital. Como factores desencadenantes de esa situación se suelen invocar hoy inevitablemente las tic y sus efectos distorsionantes del mundo genuino, en que especialmente los medios de comunicación llenan la vida de unos contenidos, preocupaciones, ideales, modos de vida, ejemplos y hechos ajenos en la mayoría de los casos a su cotidianeidad más natural, haciéndoles perder el rumbo propio de su vida. En nuestra opinión no nos encontramos en el primer caso de la historia en que el hombre se preocupa y ve influida su vida por hechos o circunstancias "anómalos", "antinaturales": de hecho, si sometemos a consideración otras épocas y otras civilizaciones, inmediatamente se nos muestra cómo la vida humana, individual o colectivamente considerada, siempre ha estado llena de cuestiones, elementos y factores "antinaturales", tales como las diversas concepciones religiosas, ideológicas, científicas, nacionales, familiares, etc., que poco han tenido que ver con lo que se pudiera entender por "realidades indiscutibles", con toda la carga de ambigüedad que tal expresión encierra y sobre la que sería muy difícil llegar a un acuerdo duradero. Puede decirse que a todas esas "antirrealidades" o "alienaciones" precedentes, se ha venido ahora a sumar esta nueva situación. De todos modos, creemos que el sentido común de los ciudadanos les permite discernir y situarse bastante bien en los espacios vitales que se les presentan, siendo capaces de encontrar su verdadero emplazamiento, dentro de unos límites tan razonables como en otros momentos históricos, entre las "distorsiones" de la realidad que se les ofrecen; aunque siempre ha habido y habrá casos en que las masas sean impelidas o adocenadas a vivencias "anormales" o peligrosas, que supongan graves disfunciones sociales, como las que ocurrieron en época reciente en la Alemania nazi, en que todo un pueblo se dejó seducir por el diseño de su destino trazado por una mente dislocada, pero que evidentemente supo conectar con unos sentimientos colectivos que más o menos dócilmente se dejaron convencer.

Si echamos la vista atrás, nos encontramos con casos en que los ciudadanos vivieron preocupados por situaciones que no eran lo que pudiéramos denominar vivencias sociales necesarias, es decir por auténticos problemas. Si nos fijamos en Roma, por ejemplo, los ciudadanos vivían en una realidad muy diferente a la de otros habitantes del Imperio, o de otros periodos anteriores, porque su principal obsesión era la diversión, la felicidad diaria, el asistir a espectáculos y celebrar opíparas comidas y festejos. Cuando un individuo tiene cubiertas las necesidades básicas, busca satisfacer otras más sofisticadas; en la medida en que esas necesidades sociales se han ido haciendo cada vez más "antinaturales", cada vez más alejadas de lo que son los requerimientos sociales más primitivos, en esa medida la hiperrealidad es mayor, más acusada. Pero no la vemos como una consecuencia de las tic, sino que éstas simplemente

216

permiten su ejercicio por los medios modernos que se han puesto al alcance de los hombres hoy en día. Cuando Baudrillard habla de "hiperrealidad", hace referencia a algo que no es auténtico, una copia de la realidad, que la simula. Sin embargo es muy difícil precisar qué es eso de lo "auténtico". La historia de la humanidad está plagada de cosas inventadas, que pretenden ofrecerse a sí mismas como imprescindibles, como lo auténtico, como lo importante, etc. Nos movemos, pues, en un marco de gran dificultad teórica, en que se produce un desplazamiento significativo entre contenidos, en que lo auténtico es pretendido por diferentes significantes.

Así pues, vemos el fenómeno con unas fuertes raíces históricas, comenzando por las mismas creencias religiosas, siempre presentes en la historia humana, con una acusada pluralidad significativa, en que se pretende que la realidad del otro mundo sea trasladada a éste, de modo que los ciudadanos la vean como una auténtica realidad, inevitable, como la auténtica realidad que trasciende o va incluso más allá de la verdad de este mundo, que es engañosa, que no es del todo fiable.

Asimismo, es inevitable la referencia desde la filosofía. De un modo señalado no podemos dejar de referirnos al caso quizás más paradigmático, el de Platón, que ofrece una primera aproximación al fenómeno, la dicotomía realidad-ficción, y considera que el mundo de las apariencias no es sino un reflejo de lo que constituye la auténtica realidad, el mundo ideal, de las Ideas, a las que dota de una configuración auténtica, de una realidad trascendente. "El mito de la Caverna", constituye uno de los supuestos más célebres de la historia de la filosofía, y de la propia cultura humana. Su importancia es de tal envergadura que ha sido capaz de diseccionar en dos la historia de las ideas, entre idealistas y racionalistas, es decir los que creen que hay una realidad inmanente, más allá de la experiencia sensible, que es posible descubrir a través del ejercicio autónomo de la razón por sí misma, y los materialistas, los que creen que la realidad auténtica es la sensible, la que aparece tal cual, y creen que el conocimiento sólo es posible partiendo de ella, tomándola como una y auténtica referencia. El método de conocimiento también se ve directamente afectado por la concepción primera que se tome, de modo que la deducción, la razón, son elementos imprescindibles para las concepciones racionalistas, mientras que el mundo sensible, los sentidos, la inducción, son los instrumentos fundamentales desde el punto de vista de los materialistas. La historia de la filosofía está llena de ejemplos en que los autores debaten y se pronuncian sobre estas dos cuestiones fundamentales. No es posible que ningún autor eluda esa dicotomía, resultando fundamental su posicionamiento respecto a esta trascendental cuestión. Casos excepcionales han supuesto autores como Kant, que ha aportado una gran construcción teórica que ha pretendido superar esa dualidad, creando un aparato conceptual integrador de ambas visiones. Habla de los "fenómenos" y de los "noúmenos", de las formas a priori del conocimiento humano, el espacio y el tiempo, como elementos clave de la forma de lograr un verdadero conocimiento. En realidad supuso un intento valioso de superar posturas más extremas, como la mencionada de Platón, o de Aristóteles, ambas paradigmas fundamentales en la historia de las ideas, que han servido como estandarte de las dos más célebres, u otras posteriores como la de Descartes o las contrarias del empirismo.

La polémica entre realidad e irrealidad, engaño, autenticidad, no se ha agotado en estas cuestiones entre filósofos, sino que ha jalonado la historia de la humanidad desde siempre. Religión, filosofía, literatura, cultura en general, etc., están llenas de supuestos en que el hombre ha dudado de la realidad, de la apariencia, de que el

218

auténtico mundo sea el que habitualmente se tiene por tal.

Así pues, no podemos dar por buena sin más la pretensión de los "hiperrealistas", que llaman la atención sobre este fenómeno como si fuese algo completamente nuevo, de hoy en día. Siempre hemos tenido casos en que esa polémica ha estado presente, lo que ocurre actualmente es que las tecnologías modernas han contribuido a alimentar esa confusión, esa información sobre ambas realidades. No puede ser de otra forma, puesto que si el modo de proceder, de entender y de concebir el mundo ha tenido siempre esas dos vertientes, el instrumento moderno de las tecnologías no podía quedarse al margen y dejar de cumplir tal función.

No podemos, por tanto, admitir la novedad que se predica de este fenómeno, como si nos encontrásemos ante el primer supuesto en que el hombre se ve confundido y apartado de la "auténtica realidad". Resulta extraordinariamente compleja la definición de qué sea la "realidad", puesto que en la medida en que el hombre es un ser racional, individual y colectivamente es capaz no sólo de vivir desde una perspectiva más apegada a una supuesta naturaleza propia, sino que además es capaz de crear todo un mundo de significación, de inventarse y originar otros mundos variopintos, muy diferentes en función de la fuerza creativa, personal o colectiva, que lo genere. En ese sentido el mundo, la realidad, la vivencia, "lo auténtico", son modos de enfrentarnos con una cuestión que no ha dejado de ser plural, diversa, en absoluto única o singular. Son muchos los mundos, las realidades del hombre, de los grupos humanos, son muy diversas y diferentes, y en absoluto puede hablarse de una uniformidad, de una única realidad. Por tanto, al hablarse ahora de la "hiperrealidad" no podemos por menos de considerarlo como un fenómeno ya visto, ya contemplado con anterioridad de modo reiterado en la historia de la humanidad, lo único que han aportado

219

las nuevas tecnologías ha sido una manifestación diferente, nueva ciertamente, pero de un fenómeno ya ocurrido, y sin duda en el futuro volverá a repetirse, puesto que su existencia nunca deja de estar en activo.

Desde otro punto de vista, un efecto similar al que producen las nuevas tecnologías, la televisión u otros fenómenos parecidos, en cuanto a la llamada hiperrealidad, es decir a esa deformación de la realidad percibida por los sujetos, ha sido igualmente fruto de otros supuestos semejantes con anterioridad en la historia, por ejemplo se produce el mismo efecto con el consumo de sustancias distorsionantes, como el alcohol o las drogas, siempre presentes en una mayor o menor medida en la vida de la humanidad. Son numerosas las situaciones en que el hombre se ve sometido a distorsiones de la realidad, en que se produce una dificultad de percepción de los límites claros entre lo que es y lo que no es realidad.

El ámbito al que es posible llevar esa situación de distorsión puede ser no sólo el del conocimiento, tal como lo hemos apuntado anteriormente, y que ha sido objeto de una consideración particular por la mayoría de filósofos, sino también el terreno de lo sensible, de la percepción. La semiótica nos conduce a un mundo, a una pluralidad en la que una determinada realidad es representada, suplantada, por todo un código de símbolos que se colocan en el lugar de los objetos, que alteran la percepción de esa realidad representada y que nos la presentan con unas connotaciones diferentes a las de la realidad. En este sentido, autores como Wittgenstein han puesto el énfasis en el hecho de la representación, siendo el lenguaje el medio que los individuos tienen para representar, para sustituir la realidad. Los estructuralistas han sido aquéllos que han basado sus señas de identidad en los estudios que

Las Nuevas tecnologías, como siempre. José Antonio Martínez

Saussure pergeñó en torno a la lengua y al habla. Consideran que la lengua tiene su origen en la existencia de unas estructuras mentales de que disponen los individuos, y que les permiten concebir todo el cúmulo de representaciones de la realidad, que es en definitiva lo que el lenguaje es, y que se materializa posteriormente en el habla, en el acto concreto de la puesta en acto de esa habilidad mental de los sujetos. Esta corriente ha desempeñado un amplio papel en la historia reciente de las ideas, en los métodos científicos, y ha jalonado de importantes acontecimientos la historia más próxima de las disciplinas humanas, particularmente la lingüística, la antropología o la sociología, entre otras. Autores más recientes como Derrida, han llamado la atención sobre la singularidad del hecho significante, sobre la circunstancia de que nunca es idéntica la representación, puesto que las circunstancias que concurren en cada caso particular siempre son diferentes, y por tanto no podemos decir que la significación sea igual, que se pueda tener por equivalente en varios casos.

A la vista de todo ello es preciso revisar, pues, el concepto de hiperrealidad, y por tanto no podemos por menos de dejar en suspenso el carácter novedoso que se predica del mismo, ya que una vez más nos encontramos con un fenómeno reiterado en el tiempo, con una presencia constante en la humanidad, y que adopta una apariencia nueva, diferente en la actualidad, pero que no hace otra cosa que reproducir unos hechos ya habituales, un fenómeno constante y permanente. Por tanto "hiperrealidad", tal como se refieren a ella determinados autores recientes, en cuanto concepto que alude al hecho de haber llevado (sobre todo a través de los medios de comunicación y las tecnologías más modernas) al hombre a concebir una realidad que es ficticia, no auténtica, sería un concepto nuevo en la medida en que es generado por el efecto directo de esas nuevas tecnologías. Sin embargo, en cuanto manifestación de

221

distorsión de la realidad social, de una percepción individual o colectiva de irrealidad, de inducir a una información errónea, alejada de la "verdadera realidad", es una situación que constantemente se ha producido y se viene produciendo. El hombre siempre se ha debatido ante cuestiones de ese tipo, siempre se ha preguntado cuál es la auténtica realidad.

Proponemos, pues, analizar aquellos casos históricos en que se ha dado una similitud en las conductas de confusión, en que el hombre no ha tenido, o no tiene claro cuándo se encuentra ante un tipo u otro de realidad, cuándo podemos decir que es auténtica o no esa realidad, cuándo somos conscientes de que nuestros sentidos o la sociedad nos están engañando, están alterando nuestras percepciones auténticas, y están haciendo que veamos como inequívoco, como real lo que no lo es. Para ello, deberíamos invocar la colaboración de disciplinas como la historia, la antropología, la literatura, la semiótica, etc. y ver en qué medida la representación no es sino un procedimiento genérico de suplantación, de sustitución de una realidad por otros aspectos que nos alejan de todo aquello a lo que representan.

5. Edad, sexo y tic

Por su especial naturaleza, por no requerir un gran uso de la fuerza o poderío físico, las tic son especialmente indicadas para ser usadas por ciudadanos de cualquier edad o sexo, de hecho pueden serlo por niños, jóvenes, adultos o ancianos. Otra cosa es que debido al adiestramiento necesario, a la formación precisa para poder manejarlas, las limitaciones vengan más de la mano de esa capacidad y dominio técnico de las claves necesarias para su puesta en práctica.

De ahí que algunos segmentos sociales queden excluidos de su uso, a causa precisamente de esa necesidad técnica formativa. Por el momento en que surgen, por su identificación con unos valores más juveniles, por su estrecha relación con el mundo laboral, con el ocio, etc., las tic se vinculaban más directamente con la juventud que con la edad adulta, aunque eso hoy podemos decir que ha variado. Además, en función de la edad, existen productos tecnológicos más indicados para cada grupo, de modo que los juegos parecen más próximos a los niños y jóvenes, mientras que la información se vincula más con los mayores, aunque las relaciones entre todas las tecnologías y todas las edades abarcan todas las opciones posibles.

El sexo no parece que constituya actualmente una variable especialmente significativa, ni un supuesto que permita establecer diferencias importantes, hasta el punto que podemos decir que el uso de las tic no varía de un modo relevante en función de esa variable. Sin embargo, el mismo hecho de que no quepa hablar de diferencias sustanciales por ese motivo, es en sí mismo un dato trascendente por cuanto nos permite colegir que nos encontramos ante un supuesto ciertamente notable de la materialización o plasmación del ejercicio de la actividad humana asexuada que caracteriza nuestro presente momento histórico. Es evidente que en la medida en que se trata de una actividad que absorbe gran cantidad de la energía vital del hombre, ya sea material o intelectual, y en tanto no son apreciables diferencias sustanciales entre el uso masculino o femenino de las mismas, estamos en presencia de un importantísimo ámbito y sector de la realidad social que induce, potencia, mantiene y da forma a ese ejercicio asexuado de la vida moderna. Personalmente sostenemos que el desarrollo tecnológico constituye uno de los elementos decantadores históricamente, junto con los culturales, de esa tendencia creciente de la igualdad de consideración de la mujer y del hombre, al haberse reducido el papel que la fuerza física, bruta, ha

223

tenido en la vida social. En la medida en que la mujer ha ido aumentando su capacidad "productiva", y el trabajo intelectual ha ido adquiriendo dosis cada vez mayores de protagonismo, en esa misma medida la desigualdad social de la mujer ha disminuido, al ser capaz de hacer frente a la mayor fuerza física del hombre, que de un modo más fundamental le había servido a éste para sostener una supremacía sexual que sólo recientemente ha decaído. Pues bien, las tic, junto con otras muchas tecnologías, han ido sentando las bases en las que ha podido apoyarse de un modo claro y sostenido ese proceso de conquista social de la igualdad que ha tenido que afrontar históricamente la mujer.

Si sometemos a una consideración más amplia estas cuestiones, la valoración presenta unos tintes diferentes. En primer lugar, respecto a la edad, hemos de referirnos al hecho de que los desarrollos tecnológicos siempre han permitido una mayor igualdad en cuanto a los grupos de edad, en la medida en que han potenciado la actividad humana, dotándola de una mayor eficacia, y por tanto han constituido un instrumento que ha hecho descender la desigualdad originada por la mera fuerza bruta de los sujetos. En la medida en que el empleo de un determinado mecanismo, de un determinado procedimiento ajeno al hombre, ha hecho aumentar el rendimiento de su esfuerzo neto, se ha ocasionado un superavit de eficacia que no ha ido pareja con la fuerza bruta del individuo, puesto que la puesta en marcha y actuación de la tecnología no ha estado en correlación directa con esa fuerza. En este sentido, tanto los grupos de edad como el sexo, en principio más débiles, han visto aumentar sus opciones, su posición en el conjunto del grupo social. Por tanto, la mujer, como ciertos grupos de edad, han visto en ese caso mejorar su estatus relativo, respecto a los grupos dominantes.

No obstante no se puede generalizar ese postulado de una manera absoluta, porque basta observar con cierta profundidad los hechos para comprobar cómo esa igualdad dista mucho de ser completa, y cómo hay numerosos casos en que la realidad parece contradecirla de un modo claro. Así hay casos entre grupos sociales poco desarrollados técnicamente en que los de mayor edad ostentan posiciones de dominio más allá de la que les correspondería si admitimos sin más ese principio de correlación directa entre desarrollo técnico e igualdad social. En otros casos, razones de tipo religioso parecen encontrarse tras importantes dosis de desigualdad sexual, incluso en sociedades de gran desarrollo tecnológico. Sin embargo, creemos que son causas culturales las que llevan a distorsionar el efecto que se postula con carácter general en este caso, y de no existir ese componente técnico la diferencia sería aún mayor. Además se trata de sociedades que no valoran de una manera especial la rentabilidad, la producción de bienes materiales, o la obtención de los resultados que actualmente constituyen el principal objetivo de las sociedades occidentales. En Occidente, la habilidad técnica está haciendo que colectivos determinados, como la juventud y la edad madura obtengan posiciones de ventaja respecto a los que no se encuentran en la misma situación. La mujer ha encontrado en la tecnología, tal como se ha sostenido en este estudio, un principal aliado a la hora de socavar las diferencias con el sexo tradicionalmente dominante, el hombre. Siendo la rentabilidad un valor creciente de la sociedad, y resultando que la mujer ha sido capaz de incorporar tan valiosas aportaciones como el hombre con la ayuda de la tecnología, se ha ido haciendo cada vez más necesaria la desaparición de esa barrera cultural tejida en torno al hombre-macho, que lo había consagrado como un ser superior. Aunque no todo sea, como se ha apuntado ya, correlación directa entre desarrollo tecnológico y la lucha de la mujer por su igualdad social, sin embargo entendemos que es una sugestiva propuesta de investigación social de tintes históricos para tratar de profundizar en el contraste de esa hipótesis. La situación que se percibe en la realidad actual es la de que los jóvenes, incluso niños, juegan con ventaja en la utilización de las tic, por cuanto éstas se presentan en principio con una serie de circunstancias que las hacen especialmente indicadas para que sea a esas edades tempranas cuando el individuo se encuentre más capacitado para la adquisición de la destreza necesaria para su uso. Sin embargo, puestos en la tesitura de comparar con otros periodos históricos, observamos cómo en general la educación es una destreza que se ha asociado siempre con la primera edad, con las primeras etapas de la vida, por lo que la identificación actual de juventud y tic puede verse como una consecuencia lógica de ese postulado más amplio.

Por todo ello, a la vista de estas circunstancias, la concepción de la relación entre edad y sexo con las tic ha de cambiar. Nos encontramos ante un supuesto en que los factores de edad y de sexo son significativos cuando entran en contacto con las tic. Observamos dos circunstancias diferentes: por una parte podemos comprobar cómo a edades más tempranas resulta más fácil de adquirir la destreza precisa para el manejo de las tic, pero en este sentido, cabe encuadrar el fenómeno dentro del más amplio, es decir encaja perfectamente en el caso de que la educación es una actividad que desarrolla su mayor plenitud cuando se realiza en las etapas primeras de la vida de los individuos. Desde otro punto de vista, la tecnología puede ser vista como una circunstancia que influye en buena medida en el largo proceso de igualación entre las condiciones de vida de los dos sexos. Pese a los ejemplos contrarios que, desde luego, pueden ser invocados, en general creemos posible aludir a un efecto global que incrementaría esa igualdad, reduciendo la importancia que la simple fuerza bruta ha tenido como fundamento histórico de la diferencia sexual.

El modo de actuar que consideramos más idóneo para una investigación productiva en esta materia sería el de iniciar una búsqueda de casos concretos en que el hombre haya pasado por trances semejantes. Sin embargo, en cuanto abordamos cuestiones que afectan directamente al sexo y a la edad de las personas, la psicología es fundamental, puesto que de ahí vendrán valiosas aportaciones que nos permitirán estimar cómo cursa y evoluciona ese hecho, tanto en el presente como en el pasado. Por tanto, la historia, la antropología y la psicología se revelan como materias fundamentales a la hora de determinar la interrelación entre tecnología, edad y sexo. Una relación que se mantiene a través del tiempo, y que en el presente muestra rasgos específicos, pero perfectamente enmarcables dentro de unos parámetros más amplios que históricamente presentan una continuidad y una vigencia permanente, que únicamente tiene en el presente un caso concreto, pero que viene reiterando su presencia desde que la memoria puede ofrecernos resultados significativos.

6. Energía vital

Es importante señalar el tipo de energía que consumen las tic, se trata principalmente de una actividad intelectual, que requiere de una gran concentración del individuo para interrelacionarse con ella, y que le absorbe de un modo casi absoluto. Si nos percatamos de la gran cantidad de tiempo requerido en esta función, nos daremos cuenta asimismo de su importancia. El usuario contacta con las tic por cualquiera de los muchos y variados accesos que las mismas le ofrecen y una vez establecido ese contacto, el sujeto comienza a ver esa relación como necesaria, placentera, inevitable, conveniente, y se adapta a sus exigencias de un modo incondicional, adaptando su vida, lenguaje, hábitos y modo de actuar a sus dictados.

Pasan a ser un referente fundamental en la vida moderna de los ciudadanos, y éstos comienzan a orientar su existencia y energía de forma que las tic tengan un hueco cada vez mayor en la misma. Por su propia naturaleza, seductora, enredadora, cautivadora, las tic son capaces, y de hecho lo logran con relativa facilidad, de captar el pulso vital de la juventud o de cualquier edad, que encuentra en los retos y mundo tecnológico actual un campo de actividad en el que poder desarrollar perfectamente su vida, sus planteamientos, que halla en ella un marco agradable, posible, de moda, y a la vez rebelde, en el que poder canalizar, reconducir, encauzar, unas energías que en otras épocas fueron el vehículo de otras diferentes manifestaciones de voluntades. Paradójicamente, y al propio tiempo tras esa aparente visión amordazante de la realidad, no podemos dejar de aludir a la misma rebeldía y puesta en cuestión de siempre, o al propio uso de las tic como instrumento de cuestionamiento social de la juventud en cualquier época.

Sin embargo, siempre ha existido una multiplicidad de supuestos en que la humanidad ha visto cómo la tecnología ha captado igualmente la voluntad y las energías del individuo, constituyendo en realidad uno de los principales aspectos por los que las personas han encauzado sus vidas. De hecho si analizamos lo que ha ocurrido con cualquiera de ellas, podemos comprobar con facilidad cómo los individuos se han rendido incondicionalmente ante sus logros. ¿Qué podemos decir de la agricultura, de la ganadería, de la ciudad, de la televisión, de la radio, del automóvil, del ferrocarril, de la máquina de vapor, de la imprenta?. Siempre se ha producido un seguimiento masivo de las mismas, siempre el hombre ha reorganizado su vida social e individual en torno a ellas, que han hecho que cambiase, en muchas ocasiones de una manera sustancial, su modo de vida y su organización social. Siempre se ha producido una reacción similar en los diferentes procesos históricos que hemos analizado y en todos ellos se observa una constante dedicación de los individuos hacia las nuevas tecnologías que han ido surgiendo. Siempre se ha producido una doble actividad de los sujetos, unos como promotores, en cuanto han logrado la mejor posición posible respecto de las mismas, y han sabido sacarle el mayor partido y beneficio, de modo que han asumido la labor de dirigir todo el proceso y tomar parte más activa en el mismo. Otros han sido los que han adoptado la función de usuarios, beneficiarios directos del sistema, que han dispuesto de nuevos mecanismos más beneficiosos y que han hecho consolidar, afianzar y generalizar el fenómeno en cuestión.

¿Es posible que en la actualidad, la dedicación, la absorción energética de los usuarios sea mayor que la que ha tenido lugar con anterioridad, en otras épocas? En primer lugar hay que decir que al tratarse de tecnologías más directamente relacionadas con la actividad mental de los sujetos, se puede admitir una mayor dedicación de éstos hacia las mismas, y así los jóvenes encuentran en ellas un elemento fundamental de entretenimiento, de ocio productivo, un modo, en fin, de pasar su tiempo, a la vez constituye un modo de encauzar unas energías vitales muy importantes en esas edades, que en otras ocasiones han dado lugar a situaciones de conflicto generacional, de rebelión. En estos momentos los padres o mayores realizan el desembolso económico necesario para proveer a los menores del aparato preciso para alcanzar una gran destreza en la manipulación de esos instrumentos, pero no se queda ahí el papel de esos menores, puesto que junto con ello, lo que consiguen es, por una parte, distanciarse en cuanto al nivel de conocimientos y manejo de esos instrumentos respecto a sus mayores, con lo que ven satisfecha su ancestral deseo de marcar

229

diferencias, y de otra parte la sociedad ve cómo unas importantes etapas de la vida de los jóvenes se encuentran perfectamente encauzadas a través de una actividad inocua que es rentable socialmente y que en términos funcionales produce una mayor cohesión y paz social. De todos modos, este efecto no es ahora la primera vez que tiene lugar, aunque con las actuales características no lo encontramos en otros periodos, puesto que, como hemos señalado, las tecnologías de hoy presentan unas connotaciones especialmente diferentes en ese sentido. Sin embargo, siempre la tecnología ha constituido un motivo fundamental para la absorción de la energía de los jóvenes, y un modo, en definitiva para que las nuevas generaciones se integren en los proyectos sociales y vayan asumiendo objetivos y finalidades interesantes para la sociedad.

Hasta qué punto la concepción dominante sobre estas cuestiones ha de ser revisada es algo que se deduce con claridad de la exposición anterior. Lo que se nos muestra como una evidente absorción de energías y una dedicación casi exclusiva de muchos jóvenes a los menesteres que tienen que ver con las tic, presenta unos tintes singulares, y puede ser considerado como algo nuevo y original en estos momentos, sin embargo cuando entra en juego una consideración de mayor alcance histórico, inmediatamente salta a la luz la relación entre este fenómeno y lo que ha ocurrido en el pasado. Es perfectamente comprobable cómo en otras épocas la tecnología ha motivado igualmente adhesiones de ese tipo, cómo la juventud se ha incorporando a esos nuevos mundos que las técnicas han ido requiriendo y conformando. También nos percatamos cómo esa dedicación juvenil ha contribuido a mejorar el nivel de cohesión y la integración de los grupos sociales. En la misma línea se comprueba la mayor habilidad de las personas de menor edad para adquirir con mayor rapidez y eficacia las instrucciones de manejo y de funcionamiento de la tecnología, sin embargo esta habilidad no es

230

más que un caso igualmente predicable de otras muchas funciones, como la educación en general, que es una actividad mayoritariamente infantil y juvenil, más propia de las edades más tempranas. En este sentido la novedad no es tal, puesto que como vemos ya ha habido otros muchos casos semejantes en la historia.

En cuanto a la línea de investigación relacionada con esta materia, resulta más recomendable una búsqueda de casos semejantes para ver si hay alguna posible repetición histórica, si podemos encontrar algunos precedentes en los que reconocer rasgos de identidad con el presente supuesto. Ciertamente hay muchas ocasiones en la historia en que se nos permite rastrear la similitud con el fenómeno que estamos analizando en este caso en concreto, y por tanto nos damos cuenta que la pretendida novedad que se pudiera atribuir no se encuentra más fundada que la que con carácter general se señala a la hora de hablar de las nuevas tecnologías, en las que por definición nos encontramos con una pluralidad de novedades por cuanto todo fenómeno presenta esta característica, pero lejos de representar una circunstancia única, lo que podemos comprobar cuando echamos la mirada comparativa hacia otros supuestos y hacia el pasado, es una gran cantidad de casos de semejanza que nos ilustran satisfactoriamente sobre la naturaleza y evolución de la humanidad y que constituyen un importante elemento de ayuda para esclarecer momentos históricos y circunstancias por las que ha atravesado en cualquier momento. Es muy interesante acometer un plan de estudio de la historia, de la antropología y de la psicología, que nos acerque a aquellos supuestos y momentos en que se ha producido la aparición de una novedad tecnológica, ver cómo el hombre se ha ido enfrentando con ella y cómo ha ido resolviendo los problemas y retos que la sociedad le ha ido presentando, cómo determinados colectivos y grupos sociales han sabido sacar partido de esas circunstancias y cómo en muchas ocasiones eso les ha permitido iniciar una situación de privilegio, o consolidar o alterar una determinada posición social en beneficio propio o de un cierto colectivo.

En estos procesos hay que distinguir varias fases, una primera de aparición más inmediata del fenómeno tecnológico en cuestión. En este punto sí que es preciso reconocer que en la actualidad resulta mucho más fácil de fechar y de señalar cuándo aparece una nueva tecnología, un nuevo aparato, y además dadas las actuales estructuras de análisis, resulta mucho más fácil evaluar y aproximarnos a las circunstancias y consecuencias de esa aparición. Pretender encontrar algo similar en el pasado es harto dificultoso, a ello hemos de acostumbrarnos, puesto que las circunstancias no lo permitían y la lejanía en el tiempo es lógicamente un factor que influye decisivamente en la confusión y difuminación del fenómeno y de las posibilidades de un estudio exacto y objetivo. Evidentemente con esto hemos de contar, pero no ha de desanimar nuestro propósito comparativo y de búsqueda de similitudes históricas, que son la base de nuestro corpus teórico y que constituyen el apoyo fundamental del marco en el que nuestro objetivo se fundamenta. La dificultad referida no debe impedirnos continuar por ese camino, en la seguridad de que por ahí hallaremos el trazado que nos hará mejorar y ampliar nuestro conocimiento de la vida social e individual del hombre. Como decíamos, en la actualidad tenemos conciencia exacta de las vicisitudes temporales y espaciales de la aparición de una nueva tecnología, y de todo cuanto a ella concierne. En este sentido se produce una abundancia informativa, que muchas veces ocasiona el efecto no deseable de una sobrevaloración, y que distorsiona el estudio más exacto de estos fenómenos. Hemos de luchar contra esta circunstancia, que no resulta en absoluto baladí en nuestra comunidad científica actual; de hecho, tal como hemos apuntado en otros lugares, es uno de los mayores problemas con que nos enfrentamos, y que pretendemos valorar adecuadamente, cifrando en él uno de los principales motivos de inexactitud de las disciplinas humanas que se pretenden combatir, mejorar y corregir.

Tras una primera fase de reacción ante la tecnología, la sociedad se acomoda a esa nueva situación, la asume, la incorpora a sus modos de acción, la percibe como natural y se adecua a ella, teniéndola por un elemento natural. Actualmente las tecnologías surgen con una frecuencia temporal mucho mayor, el proceso de aceleración de las mismas es incontestable, basta con una ligera mirada para poder afirmarlo con rotundidad. En ese sentido, las tecnologías anteriores con las que podemos establecer las comparaciones presentan una vida mucho más dilatada. Qué decir si no del fuego, del hierro, de la ciudad, de la escritura, de la rueda, o de otras más recientes, como la máquina de vapor, la imprenta, el ferrocarril, el avión o el automóvil. Sin embargo, cuando hablamos del siglo XX nos viene a la mente inmediatamente un flujo tecnológico que crea una mayor desazón porque el hombre apenas tiene tiempo de asumir cada tecnología, y porque se ve inmerso en una vorágine innovadora que no parece tener fin. Eso produce desconcierto, aunque bien analizado es el mismo que siempre ha acompañado a una tecnología, sin embargo ahora el fenómeno se multiplica porque se produce una continuidad de apariciones de tecnologías principales y secundarias dentro del marco general de las primeras, pero que continuamente las alteran, innovan y mejoran. Evidentemente antes las tecnologías eran más duraderas, con una cadencia mucho menor, ahora ese proceso se ha revolucionado, es mucho más rápido, pero no por ello los efectos son diferentes, son los mismos, pero mucho más frecuentes, y por tanto esa es en principio la única novedad, aunque no es desdeñable y ha de ser valorada en su justa medida.

7. La novedad

No se aprecia una voluntad decidida a considerar las tic como un fenómeno ya constatado con anterioridad, al contrario, la tendencia abrumadoramente dominante es la de aludir a su aspecto absolutamente innovador, haciendo hincapié de un modo totalmente exclusivo en sus connotaciones más ahistóricas, en su vertiente más última, en sus componentes más nuevos. Se suele eludir la exposición de las notas comunes de cualquier invento con sus precedentes, de manera que continuamente parece que nos hallamos en un momento histórico único, sin raíces, sin elementos de unión con el pasado, de tal suerte que es necesario arbitrar mecanismos explicativos que den cuenta de lo que se dice es una nueva, autónoma y original realidad, de modo que ante cada tipo diferente de hechos ha de arbitrarse un diferente sistema de explicaciones. Ni que decir tiene que las mismas acaban su virtualidad al tiempo que los hechos o fenómenos que pretenden ser el objeto de sus conjeturas y explicaciones. En ese momento se vuelve a empezar con la búsqueda de una nueva fórmula aclaratoria de la realidad cambiante. Se mantiene que el pasado pasado está, y su consideración no suele sobrepasar el punto en que se integra en el componente cultural, estático, sin ramificaciones fructíferas en el presente. La realidad es concebida como un proceso configurado fundamentalmente desde la actualidad con "ligeros" aspectos heredados de un pasado que ha dejado un escaso poso, valorado desde una perspectiva cultural, pero no tenido en cuenta sociológicamente, como sedimento fundamental, básico y determinante de la apariencia y estado actual de la realidad. En esta dinámica de realce de la novedad y de ignorancia del pasado, juegan un papel importante elementos tales como el valor económico de lo nuevo, su alta rentabilidad y el interés colectivo en destacar su importancia, en considerar cada época como la única, como irrepetible, como la mejor posible. Probablemente esto siempre habrá sido así, el hombre siempre habrá tendido a verse como único, como inmerso en el momento más exclusivo o el mejor de los mundos posibles, dadas sus concretas circunstancias. Sin embargo, hoy este fenómeno se ve fuertemente apoyado por acontecimientos tan visibles y tan cotidianos como la existencia del flujo tecnológico, que de manera continua pone ante nuestros ojos un sinfín de aparatos e instrumentos, respecto de los cuales resulta temerario cuestionar esos planteamientos básicos sobre la novedad, la eficacia, la mejora, el incremento de la productividad, la comodidad o el continuo incremento de calidad de vida de los ciudadanos.

Por tanto esa tendencia, quizás universal, a la consideración y opción por la exclusividad de la vida del hombre y a la identificación establecida entre lo último y lo mejor, encuentra en el momento presente unos argumentos aún más convincentes, si cabe, de la mano del efecto definitivo del flujo tecnológico. El modo en que la ciencia ofrece sus resultados hace que el pasado tenga escasas opciones para ganar terreno en esa consideración dominante, puesto que la continua mejoría de sus resultados, el carácter absolutamente evidente de los mismos y el ámbito universal de estos sucesos acaban por desarbolar cualquier opinión que pretenda fundamentarse en otros apoyos. Además la marcha de la historia en los últimos tiempos, el carácter continuado del flujo, la ausencia de hechos relevantes que pongan en entredicho la continua epifanía del fenómeno, hace que la tendencia de autocomplacencia y de irrelevante valoración del pasado se vayan incrementando constantemente. Sólo una situación de colapso tecnológico, de deriva del actual proceso hacia situaciones de confrontación extrema, podrían hacer renacer una concepción redimensionada del hombre, de forma que el pasado recobrase un mayor predominio explicativo en la vida humana y en la sociedad.

Echando una mirada retrospectiva, podemos comprobar cómo siempre ha ocurrido algo semejante en cuanto a la valoración de los acontecimientos por los propios estudiosos contemporáneos. Se observa cómo se ha tendido a considerar los episodios de cada época como distintos y únicos en cierta medida, aunque no con las connotaciones actuales. Entendemos que ha sido con la aparición de la sociología como disciplina científica cuando esa nota se ha visto notablemente realzada. Con anterioridad, la propia existencia de determinadas disciplinas, tales como la historia, la filosofía, o cualquiera otra relacionada con el hombre y con su naturaleza particular, partían de un objeto más o menos inmutable temporalmente, no aparecía una idea cambiante del mismo, con el paso del tiempo. No es que faltasen estudios o apreciaciones sobre la naturaleza individual o social del hombre, pero las mismas no tenían una referencia temporal tan limitada como actualmente. Cuando nos referimos a los poetas o dramaturgos griegos, a los autores de los textos sagrados, en todos ellos se nos ofrece una imagen más o menos intemporal del hombre. Otro tanto cabe decir de los estudios filosóficos. Los clásicos, ya sean los presocráticos, el propio Sócrates, Platón o Aristóteles, entre otros, todos tratan del hombre como un objeto de estudio estable, duradero en el tiempo, más allá de su particular individualidad y existencia. Los autores cristianos y los filósofos posteriores, siguen considerando al hombre desde esa misma perspectiva. Cuando revisamos obras literarias de esas épocas, tampoco parece atisbarse una concepción humana variable en función del tiempo en que se estudie, aunque lógicamente se observan manifestaciones diferentes en función de la época en que se daten las mismas, pero siempre parten de una concepción de fondo sobre lo humano que mantiene unas constantes que permiten hablar del hombre y de la sociedad desde una perspectiva global, en el espacio y en el tiempo. Por mucho que se reconozca el efecto de la tecnología y los avances científicos en cada época, no por eso se considera que el hombre ha cambiado por completo su vida, se entendía que la teoría social era completamente válida a pesar de todo ello. Sin embargo ha sido a partir de la revolución industrial y de la revolución francesa cuando los teóricos han comenzado a ver al hombre y a lo social como un objeto diferente, como algo propio de cada época, y como un fruto cambiante de cada momento histórico, variable no sólo en aspectos accidentales, sino como algo que debe ser estudiado con unas técnicas nuevas, con una nueva metodología, y por medio de unas disciplinas nuevas o al menos sustancialmente diferentes. Disciplinas enteras como la filosofía, pasaron a experimentar drásticas segregaciones, perdiendo validez ramas de la misma como la metafísica que afrontaba problemas sin una convalidable metodología. En general, toda la filosofía fue perdiendo vigencia, para que la ganasen disciplinas surgidas con motivo de su desintegración, tales como la psicología o la sociología. La metodología implantada, con la medición de resultados de forma evidente y contrastable de manera objetiva, hizo que resultasen obsoletos procedimientos anteriores de las disciplinas usuales hasta entonces. La aparición de nuevas disciplinas, la especialización y la posterior superespecialización, junto con la fijación de metodologías nuevas, exclusivas y únicas, han contribuido a crear cuerpos doctrinales que con el tiempo se han ido dotando de una naturaleza propia, desvinculados de sus objetos, y en la práctica lo que se está consiguiendo es que la lente sea tan compleja y tan consistente que deforme el objeto de visión, de modo que el mismo se vea alterado en función de circunstancias ajenas a él. Los resultados obtenidos con ese cambio de visión no son completamente definitivos, y las expectativas están viéndose defraudadas. La solución suele ser la búsqueda de nuevas metodologías, el intento de probar con nuevos procedimientos y esperar a que los acontecimientos los validen. Pero la realidad no suele satisfacer esas esperanzas, por lo que las teorías se disparan, la especulación es enorme, la frustración metodológica también, los resultados no son más satisfactorios que lo eran con los métodos tradicionales, cuando había pocas disciplinas, cuando la perspectiva era diferente. Creemos que ha llegado el momento de señalar los puntos más débiles de la actual situación, no es que sea peor que lo era en otras épocas, pero tampoco es mejor, más exacta, ocurre que ahora se están defraudando las expectativas, formadas por ósmosis con las ciencias exactas, eso es lo que ahora duele más, lo que no se comprende fácilmente, lo que resulta más llamativo.

El enfoque tradicional siempre ha considerado la tecnología como algo nuevo, y evidentemente lo es, se tiende a pensar que esa novedad hará cambiar por completo la vida de los ciudadanos, pero ello es así solo en cierta medida. Los inventos o hallazgos tecnológicos no han tenido hasta fechas recientes la connotación de habitualidad, de poder ser vividos continuamente, de ser un fenómeno perceptible, puesto que era tal el tiempo transcurrido, la lejanía de su invención, que su generalización se producía de manera imperceptible, sin embargo ahora el hombre es totalmente consciente, toma perfecta cuenta de cuándo se produce la innovación, en el espacio y en el tiempo, puede asistir a los efectos de su generalización, conoce el antes y el después, y por tanto adquiere casi a diario una mayor percepción del fenómeno tecnológico, cosa que antes no ocurría con esa nitidez, o al menos no con los datos necesarios para incidir de una manera significativa en la mente de los individuos, que tendían a convivir y percibir el fenómeno técnico como algo natural, imperceptible, que formaba parte de su vida más genuina. Ahora el hombre ve, comprueba cómo la tecnología se le impone, le viene de fuera, se genera desde unos lugares en concreto, con unas finalidades peculiares, de un modo determinado, que afecta a su vida, que la mejora en general, pero que trastoca su vida anterior, que crea incertidumbre sobre el futuro. Es inevitable, es lógico, ha de convivir con ella, es placentera, vale la pena aunque tenga algunos menores inconvenientes; aunque haya miles de muertos en la carretera, nadie tiene intención de prescindir del coche, del avión o del tren, de la electricidad, de la televisión, del ordenador o de Internet.

Vida cotidiana y sociedad. En relación con la tecnología en nuestros días, hemos de reflexionar sobre lo que constituye realmente su novedad, y ver con cierto espíritu crítico qué es lo que la singulariza realmente. Vemos cómo hay una consideración de la misma como algo novedoso, y evidentemente lo es en sí misma, lo que ocurre es que no altera completamente la vida de los ciudadanos tal como se cree actualmente, sino que mantiene numerosos aspectos inmutables. Tradicionalmente se ha considerado que las tecnologías no alteraban la vida de los ciudadanos porque su proceso era tan lento que no se producía conciencia de cambio, se daba con una cadencia tan lenta que éste no era percibido puesto que no incidía en la observación de modo significativamente experimentable, sino que únicamente podía ser percibido desde una óptica histórica, comparativa de diferentes épocas, alejadas en el tiempo y en el espacio. Ahora, como hemos dicho anteriormente, sí que los ciudadanos y los intelectuales tienen conocimiento directo de sus procesos, de sus cambios, de su modo de afectar la vida de los ciudadanos.

Por tanto es preciso que, sin prescindir de ese aspecto novedoso que desde luego toda tecnología tiene, se tengan presentes también, no solamente los elementos nuevos que de su generalización se desprenden inevitablemente, sino también los elementos numerosos y sumamente valiosos, sobre todo para la comprensión de la sociedad y de todo lo humano, que se mantienen en vigor, y que no se ven alterados por la implantación de una tecnología. Las disfunciones que una interpretación novedosa de la realidad tecnológica puede llegar a producir afectan de modo sustancial a la interpretación de la realidad, dándole a ésta un tinte de novedad absoluta que no tiene, y sesgando la visión de esa realidad, pensando que todo cambia en la misma medida en que lo hace la realidad tecnológica. Es cierto que ésta sufre una gran transformación, que la vida diaria es muy diferente en función de cómo la tecnología nos permite hacer casi todas las cosas, pero no es menos cierto que ello no da pie sin más a entender que la vida es completamente diferente. Es preciso que nos percatemos de que la vida social tiene diversos aspectos, unos más epidérmicos que otros, otros más profundos, que se mantienen inalterados a pesar de los cambios debidos a la tecnología.

Hay una tendencia a entender que la realidad cambia en la misma medida en que lo hace la vida cotidiana. Sin embargo es preciso desvincular ambos cambios, los cambios de la vida diaria no tienen mucho que ver con los cambios más profundos de la vida social e individual del hombre, mucho más estable, permanente y duradera. Por todo ello es preciso que veamos con claridad y distingamos ambos procesos, puesto que de otro modo se produce una absoluta tergiversación de la comprensión de la sociedad. Vida cotidiana puede ser entendida como aquella que el hombre social e individualmente lleva a cabo de acuerdo con las formas, los modos y los requerimientos de la tecnología disponible en cada época. Vida humana es la que además de esa forma de comportamiento hace referencia a la forma de vida de los individuos en grupo o individualmente y que mantiene una duración intemporal, permanente, con independencia del paso del tiempo y del lugar de observación que tome el estudioso de la misma. Cuando nos referimos a los modos de vida del hombre hemos de prestar más atención a los últimos, de los que los primeros no son más que una muestra, una manifestación que se produce, como no puede ser de otro modo, a través de la tecnología disponible en cada época y lugar. Si no lo hacemos así las conclusiones que obtengamos son evidentemente equivocadas y poco nos aportan sobre el verdadero alcance de la realidad. De otro modo lo que tendremos será una explicación de la realidad al hilo de cada una de la tecnología implantada en cada momento. Dada la vorágine tecnológica actual, la teoría participa igualmente de ella y se ve inmersa en el proceloso marasmo que caracteriza el actual proceso técnico. En este punto puede plantearse la duda razonable de si el futuro irá hacia una todavía mayor vorágine técnica, lo que parecería completamente lógico dado el proceso histórico que la humanidad viene atravesando desde que tenemos recuerdo. Sin embargo parece difícil de admitir un incremento tecnológico de esa naturaleza, puesto que es difícil que éste pueda seguir creciendo de ese modo progresivo y que ello sea tolerable por el hombre, es decir que lo pueda asimilar y convivir con ello de una forma natural y pacífica. De igual modo que surgen problemas para asimilar ya hoy en día tanto cambio técnico, es lógico que surgirán alternativas al modo de entender la sociedad al hilo de los cambios técnicos que la mueven, convulsionan y alteran de manera tan importante. La razón de que a pesar de todo pueda seguir hablándose de sociedad y de humanidad está en esos aspectos más profundos que le dan continuidad y coherencia, y que le hacen permanecer una y la misma a lo largo del tiempo.

La línea de investigación que se propone en relación con estas cuestiones es la de comprobar si históricamente, cada vez que el hombre ha tenido conocimiento de la implantación de una nueva tecnología la ha asumido sin más como algo natural, ver si se ha cuestionado algo en torno a ella, y ver si ha analizado los aspectos positivos y negativos que de la misma podrían derivarse para él mismo en cuanto grupo social y en cuanto individuo. Del mismo modo cabría analizar si los intelectuales han abordado estas cuestiones, si han considerado que la sociedad era distinta cada vez que una tecnología ha irrumpido en la vida humana; o si han pensado que pese a ello la sociedad ha mantenido unos ciertos rasgos identitarios a lo largo del tiempo, que le han permitido al hombre considerarse habitante de un mundo más o menos similar. Se propone, pues, rastrear en los orígenes de la tendencia a considerar el mundo como un proceso de cambio constante, en que la tecnología ha ido alumbrando mundos diferentes, en los que el hombre ha tenido que adaptarse a formas completamente nuevas de subsistencia, en que ha ido perdiendo lazos con el pasado, y en que todo absolutamente, ciencia y vida, son nuevas, al margen de sus raíces históricas, en que cada época ha de dar cuenta de su propia historia, de su propio momento, y en que las explicaciones anteriores no sirven para otros momentos posteriores.

8. Complejidad e interrelación

El conglomerado que conforma lo que ha venido en llamarse tic, se caracteriza, entre otras muchas notas, por la complejidad aparente y real. Nos encontramos ante una amalgama de soluciones técnicas de un elevadísimo nivel de dificultad, en donde sólo los especialistas más cualificados son capaces de abordar, y por partes, la multiplicidad de aspectos científicos que contiene. Lejanos parecen los tiempos en que un inventor aislado era capaz de alumbrar soluciones válidas y prácticas a problemas de la sociedad, o mejorar su existencia. Ahora, cada vez más, es posible afrontar los retos de superación constante de la ciencia, contando con el esfuerzo de grandes corporaciones dedicadas permanentemente a ese propósito, al que destinan ingentes cantidades de recursos humanos y materiales. La complejidad va estrechamente de la mano de la interrelación entre numerosas tecnologías diferentes que actúan asociadas para producir mejores resultados. Así, por ejemplo, un ordenador puede ser el vehículo en el que confluyen las tecnologías de pantallas, de electricidad, del software, de hardware, de un teclado, de Internet, del modem, del teléfono, de la impresora, del ratón, de sonido, etc., y con él podemos obtener resultados tremendamente sofisticados en cualquier ámbito al que se destine, como por ejemplo, transferencia de información, archivo, comunicación, ejecución de órdenes, control de procesos productivos en masa, individuales o artísticos. Ese conjunto de notas características hacen de las tic más que una tecnología, una amalgama de instrumentos y procesos que originan más bien un flujo instrumental que tiene como propósito aniquilar y sustituir los viejos modos de actuar del hombre, incorporando otros procesos completamente diferentes. Así pues, complejidad técnica e interrelación tecnológica son adjetivos fundamentales a la hora de referirse a las tic. Estas dos notas también pueden ser predicadas de otros momentos tecnológicos precedentes, aunque lo que más reseñable resulta actualmente sea su grado, más que la existencia de las mismas en sí. Efectivamente, si consideramos cualquier otro ilustre antecedente técnico de la historia de la ciencia, nos topamos también con casos en que (sobre todo para el nivel de conocimientos existentes en cada momento o para el grado de desarrollo de la ciencia de ese tiempo) la solución técnica puede antojársenos enormemente compleja para esa situación. Pensemos, por ejemplo en la pólvora, la imprenta, el barco, el automóvil, el avión, el telégrafo, la radio o la propia televisión. Resulta, pues, dificultoso establecer una comparación de esas notas en el pasado y en la actualidad. Lo que ocurre es que a nosotros nos toca vivir el presente y por tanto son sus circunstancias las que de un modo más inmediato se nos muestran y las que tendemos a magnificar inevitablemente.

Más que la complejidad, es quizás la interrelación tan absoluta la nota que más caracteriza la diferencia con el pasado, a la hora de aludir a las tic. Parece que hasta ahora esa relación mutua entre tecnologías no era tan intensa. Cada una tenía su campo de acción propio, y en esa área desplegaba su actividad más genuina, sin embargo actualmente se ha ido generando un amplio campo en el que las tic ejercen su acción de un modo prácticamente omnicomprensivo. Difícil parece el dominio al que no lleguen las tic actualmente, cada día resulta más impensable un espacio libre de la intervención de ellas, aunque lo mismo puede decirse, quizás, de tecnologías tales como la imprenta, el teléfono, la radio, la televisión, la electricidad o el automóvil.

Estas dos notas, interrelación tecnológica y complejidad técnica son dos aspectos que hoy en día resultan muy llamativos a la hora de hablar de las nuevas tecnologías, su existencia parece que se nos muestra de un modo absolutamente claro. Sin embargo, si nos dirigimos hacia el pasado y consideramos qué es lo que ocurría, nos damos cuenta de que por lo que hace referencia a la complejidad técnica esa afirmación genérica ha de ser matizada en cierta medida, puesto que también en otras épocas la misma puede ser rastreada igualmente. Cuando Leonardo da Vinci u otros de los inventores posteriores pusieron en órbita alguno de sus fabulosos artilugios, la tecnología empleada podría resultar tan alejada de los conocimientos del público en general como hoy lo están las técnicas con las que un chip de silicio es capaz de funcionar en el interior de un ordenador como célula de almacenaje, de transmisión de información, o del procedimiento por el cual un avión es capaz de surcar los cielos o un barco los mares. Actualmente, pese a la divulgación universal de los conocimientos, podemos decir que la lejanía intelectual de los procesos técnicos respecto al gran público es tan grande como lo fue en su momento la de los precursores inventos técnicos. En este sentido no hay mayor diferencia entre unos y otros procesos en la historia, podemos decir que aunque ahora nos llame la atención esa novedad, ello no quiere decir que nos encontremos ante un fenómeno nuevo en la historia.

Sin embargo, a primera vista sí que parece más llamativa la nota de la interrelación entre tecnologías que actualmente parece notarse entre las mismas. Da la impresión de que nos hallamos ante una conjunción tecnológica total, de modo que se produce una acción conjunta de todas ellas. No parece que exista otro momento en la historia en que se produzca una actuación conjunta de esta naturaleza. Al menos visto en un modo inicial, no se halla un precedente a esta nota de una manera clara y llamativa. Sin embargo, es preciso agudizar la búsqueda para poder rastrear similitudes históricas, y puestos en esta tesitura, nos podemos encontrar con casos en que efectivamente ha tenido lugar una tal interrelación. Así si por ejemplo analizamos qué es lo que ha ocurrido con la televisión, evidentemente ya encontramos antecedentes claros de la misma, por cuanto la electricidad, la pantalla, los medios de transmisión de señal por ondas o la fotografía, confluyen en este caso en concreto. Si nos remontamos a otros más remotos, podemos ver cómo para la puesta en marcha de las pirámides egipcias, por citar un ejemplo lejano, era necesario poner en acción conocimientos matemáticos de primer orden, importantes conocimientos físicos de transporte marítimo y terrestre de los pesados bloques de piedra, sistemas de extracción de los mismos, conocimientos geométricos y astronómicos de gran precisión. Por continuar con la misma cultura, si analizamos las técnicas de embalsamación utilizadas, podemos apreciar asimismo la acumulación de información precisa para llevar a cabo esos procedimientos, no sólo de química, en cuanto a los productos, especias, aromas, aceites, necesarios para conservar cuerpos durante tanto tiempo, sino también de tipo anatómico, para ser capaces de extraer órganos sin dañar la apariencia exterior del cuerpo embalsamado. Otro tanto cabe decir de las fabulosas obras hidráulicas o las explotaciones agrícolas que en torno al fenómeno hídrico del Nilo fueron capaces de organizar. Si observamos las obras de ingeniería del Imperio Romano, igualmente nos sorprendemos del cúmulo de conocimientos técnicos que en las mismas confluyen, para llevar a buen puerto los espectaculares logros que aportaron a la historia de la humanidad. Si por el contrario hablamos de épocas aparentemente más sombrías como la Edad Media, produce verdadero asombro la contemplación actual de obras fabulosas como las catedrales románicas o góticas. Si nos remontamos a períodos más remotos todavía, qué decir de los pigmentos empleados por los hombres de las cavernas en sus pinturas, que aún hoy día nos dejan absolutamente impresionados por su conservación y calidad. Qué dominio de técnicas y procedimientos tan sofisticados desarrollaron que aún hoy no han podido ser superados.

Después de analizar estos datos, lo que corresponde es reformular las impresiones imperantes actualmente de que las tic constituyen el primer caso de interrelación y de tanta complejidad. Por tanto hay que decir que, por lo que a la interrelación de tecnologías se refiere, la presente, con ser una situación que tiene una importante dosis de vigencia, sin embargo desde un punto de vista relativo, es decir de comparación con la que tuvo lugar en otras épocas y con los conocimientos propios de las gentes en que otras tecnologías han experimentado su eclosión y puesta en práctica, desarrollo y generalización, no puede decirse que sea ni el primer caso, ni

246

siquiera el más llamativo. Por ello ese postulado ha de ser reformulado, y relativizado en la medida que le corresponde históricamente. Si lo que analizamos es el aspecto de la complejidad técnica, de nuevo nos encontramos con la falta de novedad de las llamadas ahora, como siempre pudo haber sido, nuevas tecnologías, por cuanto desde un punto de vista comparado con los conocimientos técnicos de otros periodos significativos y analizables, hay una pluralidad de tecnologías interrelacionadas que han posibilitado desarrollos técnicos tan complejos y fructíferos.

Sería interesante analizar aquellos periodos históricos en que han tenido lugar, de un modo observable, claro y consciente para los agentes sociales, momentos significativos y relevantes de eclosión y manifestación técnica, de tal modo que podamos ver y analizar con cierto detalle qué circunstancias encontramos ahora por primera vez y cuáles son rastreables en el pasado. Creemos poder decir que la sorpresa será importante, especialmente en la materia que nos ocupa, y se pondrá de manifiesto hasta qué punto la interrelación técnica y la complejidad de los instrumentos técnicos utilizados por el hombre en el pasado, presenta notables analogías con el actual proceso técnico. Sin embargo, sí que hay casos en que la situación actual tiene peculiaridades, puesto que hay una profusión técnica importante, "el menudeo técnico" actual no es equiparable a la situación anterior, puesto que ahora hay un flujo técnico que hace que aunque los efectos sean los mismos, se produce una mayor frecuencia de efectos, aunque sólo sea de repetición.

9. Aspecto económico

Es muy grande el nivel económico que alcanzan actualmente las tic y resulta imposible desligar su estudio de la dimensión mercantil. Es un fundamental sector de la actividad económica mundial, y su estudio aislado resulta inadecuado si no lo consideramos de una forma global, resaltando debidamente ese aspecto económico. Es muy difícil entender su situación de desarrollo en el momento presente, sin contar con la presión y esfuerzo de las grandes empresas y corporaciones industriales, en el sentido de mejorar el nivel de prestaciones de las tic, pero también en el de obtener enormes beneficios como consecuencia del uso masivo que de las mismas hace la población, al que inducen e incitan continuamente esas grandes corporaciones. Hay que referirse a la dimensión global del mercado, no sólo del consumo, sino también del mercado laboral, hasta el punto que en buena medida las barreras nacionales han desaparecido, y el producto se fabrica en el lugar que más interés representa para la empresa que lo lanza. El mercado mundial también ha tenido que adaptarse a la aparición de las tic y de sus características, al ser productos de una gran oscilación, de una gran volatilidad, frente a otros productos más tangibles. Por tal motivo, como ya se ha dicho anteriormente, dichos mercados, especialmente los bursátiles, han tenido que crear campos propios en los que operan los valores que tienen que ver con las tic, para que no se produzca un contagio de los grandes vaivenes y condiciones que caracterizan este nuevo y gran mercado.

De sobra conocido es el hecho de la dimensión tan enorme que presentan los beneficios de las empresas tecnológicas en la actualidad. Es muy grande el esfuerzo inversor, de mejora constante de la oferta tecnológica, hasta el extremo que los usuarios no pueden contar con un producto más o menos definitivo, sino que cuando se realiza la adquisición del bien, ya es muy difícil que eso sea lo último que existe en esa tecnología, y de todos modos, en un plazo breve, de unos pocos meses, o a lo sumo años, su tecnología será superada de manera generalizada, haciendo inservible, material y socialmente, el instrumento en cuestión. La vida útil de los instrumentos tecnológicos es cada vez menor, y a ello contribuyen de un modo decisivo las técnicas y esfuerzos de las empresas tecnológicas, que tienen en el hecho de la obsolescencia uno de los elementos clave de su beneficio industrial. Para ello, es preciso que haya una continua mejora en el nivel de los instrumentos tecnológicos, para lo que es preciso efectuar las necesarias dotaciones económicas, en recursos materiales y humanos, y al mismo tiempo la labor de propaganda, marketing y captación de voluntades para los fines perseguidos por las empresas del sector. De nuevo nos encontramos aquí con un hecho social, el beneficio empresarial, que es tan cercano a la existencia, descubrimiento y vida de la tecnología en general, y en todos los tiempos. Tan pronto como se produce un desarrollo tecnológico, el hombre trata de sacar el máximo beneficio posible de ese nuevo estado de cosas, y eso es lo que ocurre actualmente también.

La diferencia quizás podamos encontrarla en las dimensiones, en el tamaño del campo, del sector económico que gira hoy en día en torno a ellas. Es cierto que también otros instrumentos técnicos, como el automóvil, el teléfono o la televisión, han servido de excusa para la forja de grandes empresas pioneras en el mundo en su momento. Pero actualmente quizás las dimensiones del componente económico de las tic ha desbordado el marco en el que hasta ahora se encuadraba el fenómeno. El carácter global del mercado, al que curiosamente las tic han hecho llegar su fundamental aportación, y sin la cual podemos decir que esa globalidad no existiría, la voluntad de producir y de consumir tecnología, la conciencia de su imprescindible colaboración al actual modo de vida, al nivel de desarrollo y de calidad de vida, se han conjugado de tal forma que resulta inconcebible una realidad sin las tic, hasta el punto que todo gira alrededor de las mismas, siendo un fin en sí mismo, un valor dominante y principal que vertebra por completo la realidad global del mundo entero.

Así pues, la gran dimensión económica del sector es lo que más caracteriza al presente momento, que desde luego tiene importantes precedentes en la aparición anterior de otras muchas tecnologías, aunque ahora es el tamaño del beneficio, de la conciencia social y de la centralidad vital del fenómeno, lo que da en cierta medida un matiz diferenciador al hecho en sí del beneficio económico derivado de la aparición de una tecnología. De esta realidad, del hecho que las empresas tengan en la tecnología un referente fundamental para sus beneficios, se deriva inevitablemente el hecho de que se pretenda estirar al máximo, cual es su propósito natural, la obtención de beneficios, y para ello resulta primordial el hábito de usar la tecnología, pero eso no es bastante, es necesario que se acostumbre a usar la última tecnología, para lo que es preciso que ésta ofrezca continuamente mejoras y que satisfaga nuevas necesidades sociales, para lo que es preciso también crear y satisfacer un hábito al uso de tecnologías cada vez mas sofisticadas, cada vez más imprescindibles, aunque siempre es posible detenerse a pensar sobre esa necesidad real, sobre esos hábitos, sobre ese carácter inevitable de la existencia y uso tecnológico.

Si echamos la vista atrás, lo que encontramos es un cúmulo de situaciones en las que cada vez que una tecnología ha irrumpido en la vida humana, se ha producido una acción del hombre capaz de obtener de ello algún tipo de beneficio. Esta podría ser la norma fundamental aplicable en estos supuestos, y que siempre ha tenido lugar. Así hallamos la persistencia de este fenómeno con anterioridad cada vez que se ha producido la ocasión. Sea cualquiera la tecnología que consideremos, es una constante la presencia de estas circunstancias, no se entiende que en esta ocasión hubiese de ocurrir algo diferente, aunque sí parece detectarse cierta variedad de circunstancias distintas. Lo que más llama la atención actualmente es que los sujetos económicos que intervienen en el proceso productivo de las nuevas tecnologías no van a remolque de las demandas del mercado, sino que van por delante de ellas, investigando continuamente, poniendo en el mercado productos más avanzados que los de sus competidores para de ese modo obtener más beneficios.

Antes se producía la invención del instrumento técnico en cuestión, y posteriormente los agentes económicos se ponían a la obra de producirlo en serie, mejorando sus prestaciones, compitiendo con otros que ofrecían similares características. Ahora los agentes económicos acogen el proceso mismo de invención, de investigación, de creación de productos nuevos, no solo ofrecen una mejora de las prestaciones de algo que ya había sido inventado, sino que ahora la mejora afecta incluso a la invención. Todo el proceso productivo es incorporado a la lucha por el beneficio, no sólo una segunda parte ajena y posterior a la invención de la tecnología. Sin embargo hay que minimizar esta característica, por cuanto también otros sectores están incorporando estos procedimientos, pensemos si no en el mundo de la automoción, los fabricantes continuamente están lanzando al mercado vehículos cada vez más veloces, con tecnologías nuevas que afectan a la mayoría de sus componentes, de forma que aún tratándose de un mismo objeto inventado, el vehículo, la distancia con sus orígenes son ahora inmensas. Esto puede

251

igualmente generalizarse a cualquier tecnología, ya sea el avión, la telefonía, la radio, la televisión, o si queremos ir más hacia atrás, la propia imprenta, el barco, etc.

Por tanto, a la vista de todo lo que antecede, podemos comprobar cómo notas tan aparentemente propias de esta época como la dimensión económica de las empresas relacionadas con las nuevas tecnologías y su gigantismo, así como su protagonismo absoluto en la dinámica de la extensión, aparición y vida del fenómeno del consumo tecnológico, las encontramos también en otros sectores, en otras actividades de la vida económica. De nuevo vemos que no existen importantes diferencias entre el mundo de las tic y el de otros procesos productivos y de consumo. Incluso si consideramos en general el mundo empresarial, el beneficio y el consumo, podemos concluir que no hay una sustancial diferencia entre esos procesos. Lo que ocurre en diferentes ámbitos, incluido el de las tic, es sustancialmente semejante, aunque nos dejemos llevar por una superficial remarcación de hechos; si profundizamos en su análisis no tardamos en encontrar un conjunto de similitudes con los demás campos de su misma naturaleza.

La línea de investigación a seguir sería buscar supuestos en que se haya producido una invención tecnológica y tratar de ver cómo se han comportado los agentes sociales y económicos. Hay un cúmulo de casos en que la historia nos ilustra sobre una profusión de reacciones y comportamientos similares, es en este ámbito en el que hemos de profundizar, para comprobar cómo se comportan dichos agentes, si hay una confirmación o no de las conductas expuestas, y ver qué ocurre, si se corroboran o no las conductas expuestas con anterioridad.

10. Obsolescencia y moda técnica

Los beneficiarios del sistema económico han comprobado el interés de la sociedad en disponer del último instrumento tecnológico y rápidamente se han prestado a este juego sin límites, en el que bajo esa presión mutua de la oferta y la demanda tiene lugar una continua aparición de productos técnicos que introducen alguna ventaja y que, al mismo tiempo que despiertan el ansia adquisitiva de los ciudadanos, provocan el desuso y la obsolescencia de los anteriores productos a los que sustituyen. Las ventajas de este sistema para las corporaciones que dominan este sector comercial son extraordinarias y parten de una serie de principios, entre ellos la presión sobre la investigación, para conseguir una mejora continua de los resultados. La mayor parte de los presupuestos de estas empresas se centran en esta faceta, de modo que con una frecuencia extraordinaria se lanzan al mercado versiones o instrumentos nuevos que mejoran las prestaciones existentes. Por las elevadas cantidades de dinero necesario para acometer con éxito esos objetivos son pocas las entidades que se encuentran en situación de competir en el nuevo marco global y colocar sus ofertas en el mercado de modo rentable. Entre ellas sí que hay una lucha feroz por la captación de clientes que también provoca ese aluvión de ofertas. Simultáneamente, los usuarios se han habituado a manejar los últimos dispositivos existentes, de forma que el componente psicológico del uso de la tecnología sólo se satisface de modo adecuado si la tecnología empleada es la última o reciente. A ese sentimiento contribuyen las campañas de marketing desplegadas o la autodifusión de las características de estas tecnologías que encuentran en ellas mismas el mejor modo de publicitar sus excelencias y que sirven para constatar continuamente su modernidad.

Las Nuevas tecnologías, como siempre. José Antonio Martínez

Puede decirse que siempre que una nueva tecnología surgió, fue declinando más o menos rápidamente el procedimiento anterior al que sustituía por ser menos ventajoso. Sin embargo, ahora lo que tiene lugar es una aparición controlada de una nueva tecnología, los agentes que la producen calculan cuándo es el mejor momento para su lanzamiento, considerando el mayor índice de beneficio para quien promueve ese cambio técnico. Los sujetos económicos han tomado ya buena nota de esa circunstancia, es decir de un "suministro técnico" que se corresponde con una demanda de ese suministro. Cada emisión tecnológica que desbanca a la anterior ha de introducir mejoras subjetivas, es decir que sean percibidas de esa manera por los usuarios, de modo que obtienen más o mejores prestaciones, de acuerdo con sus apetencias y sus requerimientos técnicos. Resulta difícil determinar si la oferta responde o provoca la correlativa acción de la demanda, nos inclinamos a creer que ambos aspectos tienen lugar simultáneamente, hay toda una maquinaria dispuesta a lanzar, cuando más convenga, los nuevos productos que satisfacen las aspiraciones del mercado, de la demanda, contribuyendo poderosamente a engrasar el tráfico de mercancías y servicios, con su consiguiente componente de beneficios, satisfacciones, frustraciones, hábitos o adicciones propios de estos procesos. Se ha creado en tan corto periodo de tiempo un consolidado hábito de consumo, que puede caracterizarse por el conjunto de fenómenos descritos anteriormente: 1) Oferta-demanda de una nueva tecnología, 2) beneficio-satisfacción-saturación, 3) nueva tecnología-nuevos beneficios-nueva satisfacción-nueva saturación, 4) nueva tecnología... La oferta se asienta sobre esta generación de beneficios, a los que contribuye en contrapartida el desembolso económico de los consumidores que disfrutan limitadamente del placer de atesorar una tecnología a la última, que durará tan poco tiempo como decida el poderoso control que ejerce la oferta. Ha de haber un equilibrio, una mesura, aunque sea mínima, en el tiempo de obsolescencia (hoy por hoy bastante escaso), de modo que los excesos y abusos de la oferta no pudieran originar un rechazo por una demanda incapaz de afrontar el reto, sobre todo económico, aunque también técnico y de aprendizaje, de asumir con mayor rapidez todo el flujo tecnológico.

Hasta aquí, parece que estamos ante un fenómeno aparentemente nuevo en su objeto, es decir, el cambio y sustitución tecnológica, como un elemento sumamente valioso para el beneficio empresarial, en cuanto, y aquí puede radicar su mayor novedad, a la velocidad que ese cambio, sustitución y obsolescencia tiene lugar. En general el fenómeno económico – aprovechar el cambio tecnológico para obtener beneficio– no presenta singularidad respecto al de otras épocas, aunque sí hay una novedad en cuanto que ese cambio técnico está aprovechando los medios constantes de que es capaz para seguir moviendo de forma también constante la rueda del beneficio empresarial. Así pues, no sería el cambio técnico en sí mismo, sino todo lo relativo al tiempo de ese cambio, a la velocidad de ese cambio, lo que constituye una novedad categorial, aunque subsumible perfectamente dentro del fenómeno más amplio de maximización del beneficio, objeto principal de todo empresario, y una constante de la vida, en su vertiente económica, y de la vida individual y social en general. Desde un punto de vista teórico podemos hablar de un ratio, de un factor de obsolescencia técnica, como un elemento a considerar dentro del análisis del cambio técnico, y por consiguiente del correspondiente cambio de hábitat que el mismo desencadena. En estos momentos ese elemento está integrado por aspectos ya apuntados, tales como la tecnología disponible. Es necesario que el conjunto de recursos humanos y técnicos sean capaces de alumbrar nuevas tecnologías. En este sentido hay materias en las que el límite posible para la innovación

255

se ve más próximo, y en el que parecen necesitarse nuevos materiales o nuevos hallazgos científicos, que permitan romper el proceso innovador que se encuentra ya al máximo de sus opciones (por ejemplo el caso de los ordenadores portátiles o la miniaturización de determinados instrumentos). Por otra parte, la competencia del sector es un elemento que condiciona enormemente el esfuerzo renovador. Si una empresa o corporación no se ve inquietada por la acción de otras competidoras reales en el horizonte más o menos inmediato, es lógico que no esté especialmente interesada en acelerar el proceso innovador. Además hay que tener en cuenta el deseo y satisfacción del consumidor, ha de evaluarse adecuadamente la capacidad técnica, formativa y económica de los usuarios, para no producir rechazo; es decir, la oferta ha de seguir siendo atractiva y no producir saturación que desanime el mercado.

Ahora hay un propósito deliberado por parte de los empresarios de obtener el máximo beneficio de una situación que reclama continuamente mejoras técnicas, sin entrar a ver en este punto la causa de esa tendencia, es decir, si se debe a que los usuarios cada vez quieren más y mejores aparatos, o si ello es debido a que en el mercado continuamente aparecen nuevos productos y por consiguiente los ciudadanos se ven impelidos a su adquisición si quieren mantenerse a la última. Hasta aquí no podemos constatar una variación apreciable de una tendencia del mercado, y es que en condiciones de libertad siempre parece que se detecta ese mecanismo, es decir, el empresario si está en su mano trata de obtener el mayor beneficio de la venta de un producto. Sin embargo lo que ahora podemos destacar como más novedoso es el hecho de que se produce ya una mayor perversión en el proceso productivo, puesto que el que fabrica el instrumento elige el momento y lugar de su lanzamiento, el tipo de producto, y trata de manipular el mercado, preparándolo para que se vea obligado a demandar dicho producto, y si no lo hace las sanciones sociales le penalizarán por ello. Sin embargo, tampoco aquí encontramos unas notas absolutamente nuevas, puesto que siempre se ha constatado una finalidad semejante. Lo que sí parece más destacable ahora es que debido a la acción de la investigación, que busca de modo continuo y persistente mejoras en los productos técnicos, los resultados suelen ser acordes con ello, y por tanto el mercado refleja ese esfuerzo titánico y se produce también una constante superación de productos técnicos, con lo que el consumidor ha de actuar en consecuencia, modernizándose continuamente y al propio tiempo incrementando los beneficios de los empresarios. El modo de lograr una mayor aproximación a esta realidad sería analizar las épocas en las que han tenido lugar acontecimientos de aparición técnica similares a la presente, aunque ahora el fenómeno que se da es el de la habitualidad tecnológica, es decir la continua producción técnica, no de un modo tan esporádico como en otras ocasiones históricamente precedentes.

11. Tecnología y orígenes de la sociología

El estudio de la tecnología comenzó a ser abordado en el siglo XVIII, justamente cuando la eclosión técnica fue un hecho evidente, declarado e incontestable. En realidad el origen de la sociología, tal como hoy la entendemos, en toda su multiplicidad y variedad teórica, fue una consecuencia del cambio aparente que la ciencia propició en la sociedad de una manera más bien repentina. Precisamente para dar cuenta de esas transformaciones en las formas de vida surgió la sociología. Las causas principales del cambio y transformación social están, en nuestra opinión, estrechamente ligadas con todo ese cúmulo de conocimientos teóricos, con todo ese acerbo científico, que hizo posible (culminando un proceso reconocible ya en el Renacimiento, pero que indudablemente siempre ha acompañado en una u otra medida la existencia humana) la aparición del flujo científico que en nuestros días muestra su cara más acentuada. Al hallarse los intelectuales de la época con unas nuevas formas de vida, súbitamente surgidas, y no encontrar una explicación plausible con los métodos anteriores, buscaron el auxilio de unos nuevos procedimientos de investigación, de una nueva ciencia que viniese a enfocar bajo otro prisma esas nuevas circunstancias sociales. Así surgió la sociología.

Las tic en particular y la tecnología y la ciencia en general constituyen un campo propio del estudio sociológico que se caracteriza, como hemos dicho, por su influencia directa y decisiva sobre los modos de vida de la sociedad y de los ciudadanos. Suele abordarse esta materia desde ese influjo directo y más palpable en la conducta de los usuarios concretos y de la sociedad en general, y además suele hacerse desde una perspectiva sincrónica, limitada en el tiempo al momento de la aparición tecnológica, y a lo sumo, a su comparación con el tiempo inmediatamente precedente. Normalmente al tratarse de nuevos instrumentos, nuevos aparatos, el hombre abandona los procedimientos anteriores, y abraza con entusiasmo los recientes, que le permiten una mayor comodidad y ocio, y un menor sacrificio para una similar actividad. Con esas premisas, la acogida al nuevo sistema suele ser absoluta e incondicional, salvo que haya contrapartidas muy evidentes y contundentes. El peso específico de la tecnología ha sido el criterio fundamental para dividir el estudio universal de la humanidad en función de ella. Así se habla, en función de la técnica empleada, del paleolítico, mesolítico o neolítico, de la Edad de Hierro, de Bronce o

Las Nuevas tecnologías, como siempre. José Antonio Martínez

de Piedra, de cazadores o recolectores, de sociedades tribales, de agricultores, o más recientemente de sociedad industrial, preindustrial o post-industrial, o de la sociedad de la información, etc.

Parece, pues, haber un acuerdo claro en la importancia que se atribuye a la tecnología, a su capacidad definitoria y configuradora de la vida humana. La que no parece tan clara es la relación directa entre tecnología y sociedad. Hay ciertamente elementos de la vida social que cambian, pero hay que destacar suficiente y continuamente la importancia de los elementos sociales que se mantienen más allá de los cambios más llamativos y aparentes de las formas de vida, y que son precisamente, en nuestra opinión, los que permiten la existencia de las disciplinas humanas que tienen al individuo y a la sociedad como su objeto primordial de estudio. Si caemos en la tentación de olvidar esas premisas estaremos desvirtuando e imposibilitando el estudio social, y haremos esfuerzos baldíos que aportarán bastante poco a la inteligencia y comprensión de la sociedad y de los ciudadanos, a sus comportamientos y modos de actuar, a la valoración auténtica de cada tiempo histórico, más allá de una epidérmica opinión sobre unas circunstancias tan cambiantes como las que tienen lugar actualmente, al hilo de cada aparición de un instrumento tecnológico. A las consecuencias de unas disciplinas que giran principalmente en torno a esas técnicas ya se alude suficientemente en otros lugares del presente trabajo, por lo que no nos extenderemos más aquí, de todas formas hoy constituye el principal reto de la sociología tratar de encontrar una salida a su situación, que se agrava por momentos en la medida en que ya no es posible alumbrar más soluciones teóricas que giren y traten de resolver las innumerables cuestiones que cada tecnología origina. Cada ver resulta más evidente la semejanza entre esa situación y la que se produjo antes de Copérnico con motivo del avance de los

259

conocimientos cósmicos que se aceleraron en esa época y que precipitaron el colapso explicativo de las teorías entonces existentes, y que pretendían armonizar por la fuerza dichos hallazgos con las concepciones científicas precedentes, hasta que el propio Copérnico vino a simplificar y aclarar la realidad cambiando en su "De revolutionibus...", el principal presupuesto científico de la teoría heliocéntrica. Pues bien, en buena medida se nos antoja que la situación actual de las disciplinas humanas se encuentra en el punto final de la deriva histórica a la que sus presupuestos operativos la han ido llevando desde el siglo XVIII, pero que debido a la propia dinámica científica actual necesariamente habrá de colapsar y simplificarse por la fuerza, ante la improductividad de sus metodologías.

Históricamente el estudio de lo que era la vida humana, individual o socialmente considerada, era un cometido que podía ser abordado por cualquiera, por cualquier intelectual o particular que pudiese aportar algo al modo de entenderlo. Desde el momento en que surgió la sociología, y desde que se puso de manifiesto la necesidad de una superespecialización para poder abordar cualquier cuestión humana, eso comenzó a no ser posible y ese tipo de explicaciones se han hecho más propias de especialistas, de intelectuales que poseen un elevado nivel de conocimientos sobre parcelas muy concretas de la vida humana. Eso hace que las explicaciones se desvinculen de lo que podemos entender por comprensión simple, y que se encierren en un conjunto de conceptos y destinatarios alejados del común de los ciudadanos. Al haber tantos especialistas en parcelas cada vez más concretas, resulta que cada uno sólo puede opinar sobre esas microparcelas, con lo que falta una consideración conjunta de toda la sociedad y de los procesos en los que hay una pluralidad de influencias, cosa que ocurre con todo lo que tiene que ver con el hombre. Si además se entiende que hay tantas sociedades como componentes   técnicos la integran, nos encontramos con una situación en la que la continuidad teórica es muy escasa, en que los conceptos y teorías tienen corta vida y se desfasan en la medida en que los modos de vida cambian al hilo de la aparición de cualquier tecnología. Esto, sin embargo, ha sido una constante en los modos de entender la sociedad desde muy antiguo. Así siempre, como se ha apuntado anteriormente, la tecnología dominante ha sido uno o el principal elemento vertebrador en el modelo explicativo de la sociedad. Así se ha hablado de la Edad de Hierro, de la del Bronce, de la Edad de Piedra, para referirnos a la antigüedad más remota. O de la misma historia o prehistoria para referirnos al periodo posterior o anterior a la invención de la escritura. Más recientemente también aludimos a la sociedad preindustrial, industrial o postindustrial, por referencia hacia momentos históricos en los que la industria ha contribuido a cambiar y configurar radicalmente la vida de los individuos. Del mismo modo otras tecnologías, por hablar de ellas en ese sentido quizás más impropio, como por ejemplo la agricultura, la ganadería, la pesca, o la puesta en práctica de modos de vida como el ciudadano, por contraposición al nómada, son también elementos que han contribuido a alumbrar concepciones sobre la realidad social. Por tanto, lejos de entender que se trata de una novedad absoluta de las disciplinas humanas, lo que constatamos es que la tecnología siempre se ha visto como fundamental a la hora de conformar un marco teórico sobre la sociedad.

Sin embargo hasta ahora la cadencia tecnológica no había sido de la naturaleza de la actual, y por tanto las explicaciones basadas en las tecnologías tenían una duración mucho mayor. Ahora al producirse tan rápidamente esos cambios, la teoría que se fundamenta en ellos ha perdido buena parte de su estabilidad, y sufre lógicamente los avatares de esos cambios. El problema es que la teoría se centra en aspectos más evidentes, los que cambian, que por ese motivo son los que más llaman la atención, y son los más inmediatamente captados por los estudiosos. Sin embargo, si el estudio de lo humano fuese siempre en profundidad, se podría comprobar que tras esos cambios hay muchos y sustanciales aspectos que se mantienen inmutables. Nosotros pretendemos hacer hincapié en esos elementos precisamente, puesto que son los que constituyen el apoyo más importante para configurar una teoría social duradera y válida más allá de los perentorios cambios que casi a diario se están produciendo en los modos de vida de los individuos y grupos sociales.

Frente a los conceptos de cambio continuo en la sociedad, a la dialéctica de la que se viene hablando desde Hegel, consideramos más adecuado referirnos a la adaptación humana al cambio técnico. El hombre pretende adaptarse a los cambios técnicos que se producen en la sociedad, como consecuencia de ellos las formas de vida ordinaria cambian, a veces de modo drástico, y el hombre ha de buscar la solución. Pretende continuar con su vida más genuina, con su modo de actuar más propio, pero ha de adaptarse a los modos de vida que la tecnología le permite. Para poder salvar la viabilidad de las disciplinas humanas, creemos más adecuado hacer una diferenciación entre las que se encargan de la vida humana inmutable y las que tienen por objeto los cambios de la vida social más evidentes, pero que no producen cambios fundamentales en lo que es la vida del hombre, de siempre y por siempre. Es preciso acometer con urgencia esta dicotomía, porque de lo contrario nos encontraremos con unas ciencias humanas que pierden validez con la rapidez que lo hacen los instrumentos técnicos en los que se apoyan. Se trata de ir sumando datos, conceptos y teorías válidas, que aporten cada vez más información sobre la vida humana, pero que no nos hagan ir abdicando continuamente de logros conseguidos, de datos válidos, de aspectos importantes de las disciplinas humanas, conseguidos tras largos y trabajosos esfuerzos teóricos.

Así pues, hay que distinguir el estudio de la sociedad y el de la tecnología, hay que cuestionar ese correlato que históricamente se ha venido haciendo entre instrumento técnico y modo de vida del hombre, que es útil para enfocar los modos de vida cotidianos del hombre, pero que no aporta un elemento sustancial para aclarar los principales problemas de la vida humana. Lo fundamental para el estudio de la sociedad, de la vida humana, es justamente todo aquello que no cambia a pesar del cambio tecnológico. En este aspecto es en el que nosotros centramos nuestro acento, consideramos pertinente que se establezca una doble manera de tratar la sociología: de una parte la que estudiaría los cambios más epidérmicos de la sociedad, y de otra la que se centraría en los aspectos más inmutables, ambas partes pueden convivir perfectamente, ambas pueden ser importantes, aunque a nosotros nos interese más la última.

12. Religión y tic

Hay aspectos coincidentes entre ambos fenómenos y no puede decirse que sean campos completamente alejados y aislados, es posible hallar entre ellos parcelas comunes. La religión tiene que ver con un modo de entender el presente, de actuar, de comportarse, que toma sentido desde una concepción peculiar de la realidad, del futuro y del pasado. Parte, en suma, de un conjunto de creencias que no tienen una base demostrada, irrefutable. En el caso de las tic, sus seguidores, los usuarios, también confían en el mundo que ellas crean, en el conjunto de creencias que generan, y que vienen a configurar un entorno idílico, en que el hombre encuentra cada vez mayores satisfacciones, mayor felicidad, aunque ese estado no se

263

propone para un periodo posterior a la muerte, sino en este mundo. Es verdad que la religión también supone una gran mejoría en las condiciones de vida de sus seguidores, en la medida que tranquiliza sus mentes, da sosiego a sus anhelos, disuelve zozobras intelectuales. Pero los elementos de que se sirve la religión se apoyan principalmente en elementos del más allá, en las recompensas que promete a los que cumplan y crean en los postulados que predica. La tecnología gratifica y recompensa más inmediatamente a sus usuarios.

La religión pretende mejorar las condiciones de vida de los ciudadanos, de las personas que acogen esas creencias, que viven y piensan de acuerdo con ellas. En este sentido las tic también pretenden mejorar esas condiciones de vida, hacerlas más fáciles, permitir que los usuarios tengan una vida mejor, más cómoda. Ambos elementos son perfectamente compatibles y de hecho así ocurre en la práctica, puesto que las personas religiosas perfectamente pueden ser, y de hecho son, usuarios tecnológicos, sin que, en general, se presenten insalvables impedimentos morales que prohíban o limiten su uso, aunque hay algunos casos excepcionales que contravienen la regla general. Sin embargo la ciencia, la tecnología, las tic, presentan aspectos que una vez se han completado, pueden sustituir, y de hecho así ocurre con frecuencia, muchos o todos los sentimientos, anhelos, inquietudes o aspiraciones que subyacen al fenómeno religioso.

Hay muchos ciudadanos que, debido al universo permanentemente inacabado y progresivo, de mejora continuada que la técnica les ofrece, en la que el hombre tiene el papel protagonista y único, no necesitan otras explicaciones ni aclaraciones, que encuentran plenamente satisfechas sus inquietudes intelectuales, que ven absorbidas sus energías interrogativas sobre el sentido del presente y del futuro del hombre, como especie y como individuo. En este sentido las tic presentan unas notas tales que las hacen especialmente indicadas para este papel de sustitución, que suplanta ese otro estado de creencias que el hombre ha necesitado hasta ahora, y que tenía una importante razón psicológica en la disponibilidad de tiempo desocupado, de tiempo para pensar, el que la ciencia ha ganado para el hombre por haberlo hecho más productivo, más independiente de la naturaleza, pero que al propio tiempo le ha llenado con "ocio", con tiempo para hacer lo que le da la gana no al individuo, sino a los que mueven los hilos sociales.

Ahora el tiempo es vivido ociosamente por el individuo, pero parece que es la colectividad, sus órganos de diseño, los que le trazan el cómo, dónde, y cuándo ha de emplear ese tiempo de ocio. Y precisamente el tiempo dedicado a la búsqueda del sentido de la vida no se encuentra precisamente estimulado, más bien es visto como una conducta desviada, poco valorada. ¿Siempre ha sido así?. Es posible que sí, pero ahora las tic, su propia naturaleza, sus notas, las hacen especialmente útiles, las constituyen, más que nunca, en una alternativa a la religión, en la medida que pueden llenar buena parte de los imputs hasta ahora propios de los planteamientos religiosos. A pesar de esa compatibilidad entre ambos fenómenos ya hemos apuntado la facilidad con que el "modus de vida técnico" puede suplantar al "modus de vida religioso", haciendo que el sujeto vea reducidas al mínimo sus inquietudes, sin que sienta desasosiego por esa suplantación. Satisfacción personal inmediata por la práctica del fenómeno, por la pertenencia a un grupo que hace y siente lo mismo, distracción de otras preocupaciones "racionales" por el sentido de la vida más angustiosas y angustiantes, son algunas de las notas que comparten los usuarios y creyentes de ambos fenómenos y que nos permiten hablar de un cierto grado de coincidencia entre ellos.

Aunque no es muy habitual hablar de las tic como un fenómeno con similitudes con el de la religión, sin embargo si analizamos ambos fenómenos a la luz de los datos históricos, hallamos una serie de "inflamaciones del alma" a la luz de una serie de hechos que han sorprendido y abrumado al hombre. En este sentido, tecnología y religión pueden ser vistos como coincidentes, en la medida en que participan de la característica de sorprender, de sacar al hombre de su vida más cotidiana, de la inmediatez, de sus propias fuerzas. Ambas hacen que el individuo cuente con poderes superiores a su propio esfuerzo. En ambas tiene lugar el incremento de productividad, de eficacia. El hombre que cree, que conoce y maneja la tecnología puede conseguir muchos más éxitos que si únicamente actúa con sus solas fuerzas personales. El hombre siempre ha contado con la ayuda de esos dos procedimientos para mejorar y superar sus vivencias humanas, sus momentos más penosos. La religión le ha permitido trascender las limitaciones de la vida terrena, dotando su existencia de una plenitud superior, con la tecnología ha superado dificultades inmediatas, de procesos materiales, que le han ido haciendo más agradable la vida cada día. El hombre confía en esos dos procedimientos como principales aliados para sentirse mejor, para lograr más satisfacción de su vida terrenal, extendiendo ésta incluso al más allá, a la eternidad. Estos datos nos los facilitan tanto la historia, como la antropología o la psicología, de ellas, entre otras disciplinas, extraemos esa información y podemos aseverar que siempre ha venido siendo así, sin embargo no es posible ocultar significativas diferencias. La religión cuenta con éxitos muy transcendentes para la vida eterna, nada menos, que hacen que el hombre pueda alcanzar la felicidad total, si se adapta a determinadas circunstancias y cumple ciertos requerimientos de conducta y pensamiento. Se apoya en datos no comprobables. La técnica sirve sobre todo para alcanzar en esta vida felicidad y placer, para evitar sufrimientos, para mejorar en suma las condiciones de la vida humana y se apoya en datos incontrovertidos, claros y evidentes, la fuerza de los hechos, la experimentación constante de beneficios y éxitos. No es preciso hacer un ejercicio de fe, de confianza ciega en algo que no vemos. Los éxitos científicos se ven y resultan completamente palpables, a diferencia de los de la religión, que son más dudosos, más cuestionables, aunque hay que decir que también las creencias religiosas presentan una vertiente palpable, evidente, irrefutable, de éxitos seguros, y es la mejora mental de los que confían y acomodan sus vidas a los principios y creencias religiosas.

Por otra parte, tampoco hay que olvidar la situación de los que llegan a estar profundamente angustiados por la existencia de unas creencias que pueden resultarles adversas, en cuanto no han acomodado a ellas sus comportamientos, y en ese sentido ello les hace desgraciada una existencia que de otro modo no lo sería en absoluto. También en este punto podemos encontrar un paralelismo con lo que ocurre en el ámbito de la ciencia, hay asimismo numerosos acontecimientos en los que el efecto de la tecnología es pernicioso para muchos sujetos, o porque han sido excluidos de sus ventajas, o porque han sido objeto de una acción de las llamadas colaterales, involuntariamente ocasionantes de un perjuicio no perseguido, o porque han sido directa o indirectamente alcanzados por una tecnología con esa finalidad. Por tanto, pese al efecto generalmente satisfactorio de la tecnología, hay muchos casos en que ese efecto desaparece, y tiene lugar un perjuicio eventualmente grave y contrario a un primer propósito no buscado y acorde con los objetivos. Cuando ese efecto colateral es importante, o cuando el objetivo perseguido por la propia tecnología pone en grave peligro la vida humana, es, tal como ocurre en estos momentos, cuando comienza a ser cuestionada la propia ciencia, cuando se acuerda ponerle límites, cuando se pone en cuestión el desarrollo científico.

Otro aspecto que resulta compartido por la religión y por la técnica es el de la absorción que de la vida intelectual del hombre producen ambas. Aunque hay lugar para la compatibilidad, cada una de ella es suficiente para llenar inquietudes y anhelos, para completar vidas, para colmar aspiraciones, hay casos en que la vida de los ciudadanos puede decantarse completamente por alguna de ellas, en detrimento de la otra. Lo de la cuestión más o menos racional con la que cabe referirse a estos dos fenómenos, no es ajeno a la discusión, y puede decirse que desde una razón práctica tan racional puede resultar optar por la religión como por la ciencia como fuente de satisfacción, de felicidad. De todos modos lo más habitual resulta la compatibilidad de ambos fenómenos, los creyentes religiosos usan y confían en la técnica, y la creencia técnica no suele ser obstáculo para el que quiere desarrollar una vida religiosa, más o menos profunda, más o menos formal. Hay no obstante casos en que sí tiene lugar la mutua exclusión, hay creencias religiosas que llevan a prescindir de determinadas prácticas técnicas, por resultar contrarias a la puridad de dichas creencias. También hay casos en que la racionalidad técnica, el hábito y modo de trabajar y funcionar en el ámbito de la ciencia da lugar a un rechazo hacia todo aquello que no participe de esos modos de actuar, sobre lo palpable, sobre lo directamente visible. Es en este punto donde ambos fenómenos confluyen más directamente, se produce una concepción de las tic como si de una religión más se tratase, puesto que muchas personas tratan de los asuntos científicos con una fe ciega, como si la ciencia fuese la solución definitiva a los problemas humanos, como si su explicación fuese absoluta, como si no hubiese más realidad que la que los científicos nos muestran, como si la ciencia fuese el camino único y definitivo para que el hombre logre su mejor condición.

Por otra parte, dado que el objeto de la ciencia es inacabado y sus límites no se pueden vislumbrar por completo, y habida cuenta de la creencia ciega en sus métodos, y en sus procedimientos, nos encontramos con una situación que es susceptible de colmar la curiosidad humana, la búsqueda de infinitud, la exploración de lo desconocido, en ese sentido nos hallamos con una realidad semejante a la que constituye el campo propio en el que también se mueve la religión: el más allá, lo desconocido.

Por tanto la relación técnica-religión puede ser abordada desde una perspectiva de semejanza, hemos de considerar los aspectos que tienen en común, y que no son pocos, como acabamos de ver. Aunque parecen hacer referencia a dos mundos distintos y con frecuencia antitéticos, hay muchos puntos confluyentes, y esa antítesis no es tanta como habitualmente se suele creer. Así ambas pretenden mejorar las condiciones de vida del hombre, si bien la religión pretende hacerlo sobre todo de cara al más allá, mientras que la ciencia pretende hacerlo para la vida diaria. Aunque la religión mejora también esa vida diaria, en cuanto aporta tranquilidad y sosiego a sus creyentes, de todos modos no se puede generalizar en exceso esa afirmación, puesto que también hay casos excepcionales. Ambas llevan a excesos, a consecuencias perjudiciales, a fenómenos de barbarie. La ciencia por medio de los efectos colaterales, no deseados, y también por muchos de los deseados, cuando tiene unos objetivos declarados de destrucción y muerte, y el integrismo religioso ha generado no pocas confrontaciones, y hay casos en que el propio dogma religioso encierra directamente propósitos destructivos.

La religión supone un modo de vida, en el sentido que es posible acomodar a sus exigencias y credos toda la vida del individuo, y la ciencia es susceptible de provocar el mismo sentimiento, la misma sensación en sus creyentes. Más allá de sus logros reales, religión y ciencia son capaces de dibujar un mundo en el que los hombres ven unos rasgos que no existen, que sumen al hombre en una aureola de felicidad, de dicha, que no es tal, y que oculta sus efectos más negativos, más perversos. El vínculo con la razón que suele predicarse fundamentalmente de la ciencia, y que se excluye de la religión, no suele ser tan radical. Ya hemos visto cómo puede ser racional acoger creencias religiosas, que aportan un plus de felicidad, que mejoran la calidad de vida de los creyentes en esta vida, y por si acaso en la futura, y que tienen pocos elementos negativos, en tanto que puede ser muy irracional introducirse en un vehículo que nos lleva muy deprisa a un lugar al que no sabemos qué vamos a hacer, que lo hacemos por mimetismo, y que puede ocasionarnos la muerte estadísticamente hablando. El umbral de lo racional y de lo irracional es bastante oscuro, es ciertamente confuso, y dista bastante de ser una realidad total, que se nos muestre de un modo irrefutable.

Una línea de investigación en esta materia habría de ser la de sondear aportaciones de la psicología social, para ver en qué medida la mente del hombre se ve influida por el hecho religioso y por la ciencia, para ver si encontramos parcelas comunes en las que se dan notas de semejanza. La historia y la antropología nos ofrecen casos en que sí se produce esa semejanza, en que el hombre se ha visto arrastrado por esos fenómenos, y en que las consecuencias son ciertamente similares

13. Cultura y tic

En un doble sentido puede hablarse de esta cuestión. Las tic requieren un determinado nivel cultural para poder ser utilizadas. Es preciso que los usuarios superen un estadio cultural para poder obtener de ellas la potencialidad que poseen. Requieren, pues, un mínimo grado de destreza que a su vez presupone un cierto punto de conocimientos culturales: saber leer y escribir, manejar un teclado, retener una buena cantidad de normas operativas, unos hábitos de funcionamiento mecánico, etc., que no todos los ciudadanos poseen; aunque cada vez mayor número alcanza en las sociedades modernas, y ello suele ir parejo al proceso educativo general y tradicional, incorporándose como una parte consolidada del mismo. Por otra parte, las tic contribuyen a conformar un mundo, un marco cultural especial, produciéndose una lluvia informativa que empapa indiscriminadamente amplias capas de la población, y en donde cada uno de los agentes sociales pretende influir del modo que estima más beneficioso para sus intereses. Se va creando un ambiente cultural, informativo, en que los ciudadanos cada día, cada minuto, se tropiezan con un cúmulo de noticias, de datos, de reclamos, de propuestas, que condicionan su vida de un modo decisivo, y que les llevan a organizarla de una manera determinada, muy ceñida a unos determinados parámetros, con poca libertad. Una vez ha optado por una de las alternativas que se le ofrecen, el ciudadano ha de seguir unas pautas concretas de comportamiento, que le han de llevar a intentar alcanzar los objetivos propuestos, trazados por él mismo, pero dentro de unas opciones dibujadas socialmente, externamente, limitándose el individuo a tomar esa decisión primera (y también esto ha de ser dicho con reparos), que le ha de llevar por uno u otro sentido.

Las tic configuran un mundo más general, en el que parecen desaparecer las barreras comunicativas anteriores, los límites tradicionales. Ahora las relaciones espaciales son más fáciles, de mayor alcance, las distancias informativas pueden ser acortadas al gusto del usuario, bien como emisor o como receptor de informaciones, se han superado muchas barreras espaciales, aunque se han levantando otras simultáneamente con nuestros vecinos más inmediatos. Se ha hecho posible una elección del espacio comunicativo, acercando o alejando las distancias físicas tradicionales al gusto del sujeto, del ciudadano. Se crea un mundo en que surgen unas pautas, unos modos de actuar uniformados debido a la intervención de esas tic, pero no sólo por el mundo que nos muestran, sino también por el grado de uniformidad que los mismos requerimientos técnicos de manejo exigen. Si es mucho el tiempo dedicado a esa interactuación técnica, a ese funcionamiento, es evidente que durante todo ese tiempo los usuarios, aunque sean diferentes cultural y socialmente, han de aparcar durante todo ese tiempo sus diferencias, para hacer, para comportarse del mismo modo, y en consecuencia todo eso es un factor que no puede dejar de aportar un elevado nivel de uniformidad, de debilitamiento de la diversidad.

Hoy se da un cambio del proceso educativo. Desde siempre es en las edades más tempranas cuando tienen lugar las etapas más profundas de aprendizaje, cuando los aspectos más complejos de la educación son más fácilmente absorbibles. No se puede decir que la formación que la tecnología actual requiere sea mucho más complicada que otro tipo de educación, sin embargo, para adaptarse a esas nuevas situaciones que continuamente se van creando, para poder obtener éxito en la interrelación con la tecnología hace falta que los usuarios, cualquiera que sea su edad, adquieran la destreza precisa para hacerlo con soltura. Por tanto, se ha extendido esa necesidad formativa a edades que no eran las más habituales hasta ahora. Ello ha repercutido en la sociedad de una doble manera, por cuanto muchos ciudadanos ante esa situación, y la dificultad que entraña, renuncian directamente a esa posibilidad, otros en cambio se ven forzados a dedicar numerosos esfuerzos a esa labor, puesto que es una exigencia precisa para alcanzar sus objetivos.

Las Nuevas tecnologías, como siempre. José Antonio Martínez

La cultura se ve asimismo directamente influida por todo ese proceso educativo a nivel global, puesto que el hecho que dicha tecnología se haya generalizado, y de que sea además necesario un conjunto de técnicas y métodos precisos para poder usar la tecnología en cuestión, hace que todo el mundo realice, al menos durante el tiempo que dura ese proceso, cada vez mayor, unos mismos actos, unas mismas conductas, lo que lleva claramente a una uniformidad cultural sustancialmente idéntica. En otro sentido parece que ahora las tecnologías exigen una mayor cualificación profesional, una mayor dosis de información de los ciudadanos para poder utilizarlas. Sin embargo eso tampoco es así, puesto que cuando se observan otros antecedentes nos damos cuenta de que, en algunos casos ha habido tecnologías que han exigido igualmente un adiestramiento importante, y además ahora cada vez más se trabaja para simplificar su manejo.

La relación entre cultura y tecnología no es, pues, nueva, las innovaciones tecnológicas siempre han producido variaciones culturales y han condicionado la vida diaria de los usuarios. El hecho de que ahora la tecnología esté dotada de un alcance más global, hace que sus efectos también sean vistos como globales, aunque no es así exactamente, puesto que también ha habido otras tecnologías globales, en realidad todas las tecnologías que subsisten son globales. Además todas las tecnologías generan unos comportamientos muy semejantes en todo el mundo, aunque siempre hay peculiaridades espaciales y temporales.

14. Medios o mensajes

De todo hay, las tic actualmente constituyen unos fines importantes en sí mismos, aparte de su utilidad real, es importante para los ciudadanos tenerlas a su alcance, poder disfrutarlas, manejarlas, exhibirlas, enseñarlas, retar a los demás con ellas. Constituyen un elemento muy relevante de ostentación de posición social, de capacidad de manejo, de habilidad, de posibilidad, de virtualidad, de conocimiento, de información, etc. El mero hecho de disponer de un determinado instrumento tecnológico supone una muestra clara de toda una gama de facultades con las que el titular de las mismas puede contar en determinado momento. Alude a una serie de opciones que pueden desplegarse si llega el caso. Los demás lo perciben y lo saben inmediatamente. Únicamente el hecho de que ese poder se encuentre bastante generalizado, en la medida que también los demás sujetos tienen a su alcance esas armas, hace que sea limitado un poder que de ser único o exclusivo podría crear enormes diferencias o ser causa de una brecha social entre los que disponen de él y los que no. Circunstancia que se está produciendo respecto de países enteros a los que no llegan las tic o lo hacen de una manera sesgada, parcial o desigual. También es cierto que en nuestra sociedad no todos los colectivos acceden de igual modo a las tic, pero incluso aquellos que por las circunstancias que sean (incapacidad técnica, económica, de edad, etc.) no pueden acceder directamente a sus ventajas, generalmente cuentan con importantes mecanismos indirectos de acceso   (familiares, institucionales, gubernamentales, etc.) que evitan su descolgamiento social.

La mixtura entre medio y mensaje, entre medio y fin, es de difícil descomposición teórica. Se da en la práctica una real confusión de propósitos y valoraciones en cuanto al uso de las tic, y de ambos aspectos hay en la configuración actual del fenómeno. Aislar uno de ellos en detrimento de otro, se ve bastante forzado, sería faltar a la verdad. Clara y fácilmente se observa una doble motivación en el acercamiento y uso de las tic, hasta el punto que creemos más operativa la consideración conjunta de ambos, en el buen entendimiento de que son elementos absolutamente imprescindibles en la existencia del fenómeno, incuestionables en su éxito y seguimiento masivo en nuestra sociedad. Tan evidente se nos muestra un aspecto como el otro. Es incuestionable que nos encontramos ante unas tecnologías muy útiles, tremendamente prácticas: emitir y recibir información de calidad, instantáneamente, sin barreras físicas apreciables, de tan bajo coste, son fenómenos incontestables, abrumadores, que diluyen cualquier atisbo de planteamiento crítico. Sin embargo, los excesos, la sobreutilización, el hábito que crean, el modo en que afectan y repercuten en los modos de vida, su sobredimensión, también son perfectamente observables, incuestionables y están a la vista de todos. Podemos hablar de una utilidad directa, inmediata, y de otro conjunto de hechos que van inexorablemente asociados a las mismas y que se están poniendo de relieve al hilo de la implantación de las tecnologías, de las nuevas y de las no tan novedosas.

McLuhan llamó la atención sobre este fenómeno, de una manera que ya ha calado en la teoría sociológica clásica, pero eso no lo entendemos como privativo de la televisión, como él señaló, sino que percibimos su rastro al lado de cualquier otra tecnología, ya sea reciente o más alejada en el tiempo. El descubrimiento de cualquier tecnología, de cualquier innovación en la historia de la humanidad presenta dos aspectos fundamentales para nuestro propósito: de una parte, y esto es la razón de su éxito, resuelve, mejor o peor, un problema de funcionamiento de la humanidad. Pero de otra parte, cancela y obstruye la energía inventiva de la humanidad en cuanto mejora y alivia un problema social, y hace que las energías intelectuales destinadas a esa labor sean retiradas en cuanto se produce una solución. Sin embargo, las soluciones no son únicas, y sólo en la medida en que esa solución agote las expectativas sociales o se vea desbordada por el contexto, será reiniciado el proceso de nueva búsqueda de soluciones. Pues bien, junto con esa solución técnica, se produce inexorablemente una decantación social por la tecnología, por los hábitos que la misma crea, y que suelen venir determinados por su éxito. Son lo que podríamos llamar efectos secundarios de las mismas. Cuando se inventó la ciudad como modo de organización social, poco a poco los restantes asentamientos fueron perdiendo su vigencia, y la población mayoritariamente pasó a vivir de modo urbano. Al hacerlo así, los ciudadanos comenzaron a tener más tiempo disponible, a hacer cosas que no se podían permitir cuando vivían en tribus o en asentamientos nómadas. Para sus contemporáneos podían ser entendidos aquellos primeros momentos de ocio destinados al deporte, a la comedia, o a la educación, como algo disfuncional, absurdo, no natural. Cada tecnología, cada solución técnica, implica cambios de conductas, de hábitos sociales, que la acompañan inexorablemente, incomprensibles para los ciudadanos en un primer momento, pero que acaban por reubicarse en el conjunto del comportamiento humano general, común a toda la humanidad. El hecho de que la televisión, Internet o la radio, sean originadores de adicción o cambien costumbres, es algo "completamente natural" en toda tecnología, y muchas veces puede ser expresión de conductas ya desviadas, aunque esa desviación se canalice ahora hacia esta nueva orientación tecnológica, que no supone en su concepción categorial amplia una novedad histórica apreciable y distintiva, sino simplemente la materialización o adaptación del modo de vida de siempre al nuevo entorno creado por

276

la puesta en acción de una nueva solución tecnológica.

Como hemos apuntado, la tecnología siempre ha comportado una vertiente de mensaje, más allá de su aspecto de instrumento, de medio, a través del cual la humanidad pretende superar un problema directamente. La tecnología siempre ha constituido un medio para satisfacer determinados problemas o solucionar cuestiones diversas. En la medida en que supone una mejora, un valor añadido en la vida social, en cuanto representa una novedad y un instrumento superior a los prexistentes, despierta inevitablemente una atracción, un asombro, que la hacen digna de cierta veneración, de un poder de seducción, que capta voluntades y despierta pasiones entre los ciudadanos. En la medida en que nos encontremos en un nivel más próximo a su aparición, ese efecto será mayor, puesto que aún resulta nueva, llamativa. Cuando transcurra el tiempo, y el hombre se acostumbre a su compañía, a su existencia, ese efecto será cada vez menor. Esto ocurre con todas las tecnologías, pero si encima nos encontramos con tecnologías que directamente van dirigidas al ocio, a la satisfacción, al placer, esa veneración, esa contemplación, esa devoción serán todavía mayores. Eso es lo que ocurre precisamente con la televisión, con los medios de comunicación, con Internet, con el ordenador, con los teléfonos móviles, etc. No puede decirse que esto sea absolutamente novedoso, porque el mismo efecto lo provocan todas las tecnologías, aunque en diferente medida. Circunstancias diversas contribuyen asimismo a variar ese efecto, así una tecnología primitiva, como puede ser la rueda o el fuego, no puede decirse que se hayan quedado simplemente en ese papel, puesto que en torno a ellas se han desarrollado toda una serie de circunstancias y elementos puramente instrumentales. Sin embargo, hay otras que han dado más opciones al juego, a su consideración en sí mismas, y en ese capítulo entran perfectamente las tecnologías más recientes, desde la radio, la televisión, o las que venimos llamando tic.

El papel de medio y el de mensaje, de instrumento o fin, se confunden, se dan simultáneamente. Y ello es porque el fin se ha ampliado, no se pretende conseguir un objetivo informativo o de formación únicamente, sino que hay muchos más fines, muchos más objetivos en esas tecnologías. El placer de disfrutarlas, de jugar, de entretenerse, está absolutamente implícito en ellas. Además ello produce un hábito, una costumbre, y el usuario sabe lo que puede esperar en función del tiempo disponible, de sus posibilidades económicas, o de sus gustos, y de esas tecnologías puede obtener una satisfacción, un placer, al que ya está acostumbrado, del que ya es en buena medida deudor. No es que se produzca una perversión del sistema, porque sea especialmente malo, o tenga esa intención aviesa, sino que el ciudadano, el usuario, obtiene beneficios de esa interrelación, de ese trato con la técnica, con el instrumento, que tiene una finalidad confesada en un primer lugar, pero que no se agota en absoluto en ella, sino que tiene otras muchas, entre ellas de manera destacada llenar un tiempo de ocio creciente, una búsqueda de placer y de gratificación continuamente demandada por los ciudadanos.

Si analizamos la historia de la tecnología, encontramos inmediatamente, tal como ya hemos revelado en cierta medida, que siempre se ha caracterizado por una adicción; más allá de sus meros fines objetivos, hay una plurifinalidad, una pluriatracción de las tecnologías. El hombre sabe que de ellas puede obtener una multiplicidad de beneficios, de placeres, de momentos de ocio. No es que por primera vez en la historia la tecnología sea considerada como mensaje, como fin en sí misma, más allá de su aspecto como medio, como instrumento, lo que ocurre es que esa concepción es deudora de una previa opinión simplista de la tecnología como únicamente válida para conseguir un fin, un objetivo, pero la tecnología siempre ha desplegado tantas opciones, tantas posibilidades como ha sido capaz. Y desde luego esa virtualidad no se agota con la finalidad principal, declarada, buscada, sino que inmediatamente ello incide en otros muchos aspectos, que se van extendiendo, y que tienden a cumplir una máxima social, la de que cada fenómeno produce tantos efectos como es capaz y socialmente se le permite. En este sentido parece claro que las nuevas tecnologías tienen muchas opciones de ampliar sus posibilidades primeras, más declaradas, más propias. Las opciones colaterales a veces pasan a ser principales, a desbancar las que han motivado su puesta en marcha. La vida de cada tecnología va decantando su itinerario de un modo no completamente establecido, sino que es fruto de un cúmulo de circunstancias que dependen de esa exploración de los usuarios y que hacen que unos aspectos adquieran más éxito que otros.

Es recomendable iniciar una investigación sobre los modos en que las tecnologías han sido objeto de seguimiento históricamente, tratando de recopilar información sobre los dos aspectos que hemos apuntado con anterioridad, es decir, el más directamente perseguido, el de la finalidad principal, y los objetivos o utilidades que de los mismos se derivan. Estimamos que sería muy útil averiguar el nivel de decantación de las tecnologías, es decir en qué medida los usos que con el correr de los tiempos se les ha ido dando han permanecido fieles a los primigenios objetivos o si se han ido variando, produciendo otros muchos resultados. Cuando se observa con cierto detalle el pasado, fácilmente se puede reconocer la huella que los derroteros tecnológicos han dejado. Por una parte se puede contemplar con cierta evidencia cómo hay un camino que nos lleva directamente hacia los fines más propios de las nuevas tecnologías, y cómo hay otros que han ido variando ese itinerario hacia otros que en muchos casos han llegado a ser tan usuales como los primeros.

Ahora se comprueba cómo cada vez aparece con menor nitidez la diferencia entre esas notas. Las tecnologías incorporan más posibilidades, la distinción entre funciones propias e impropias está menos clara, y lo más usual es la plurifunción, el hecho de que los usuarios obtengan de la tecnología todas las funciones de que éstas son susceptibles, y cuantas más mejor. Además, la tendencia que ahora parece cobrar más vigencia en relación con las tic es justamente la de la unificación tecnológica, es decir que las funciones que son prestadas por diferentes aparatos, en un futuro cada vez más próximo lo serán prestados por uno solo.

15. Nuevo valor ético

Dentro del contexto actual que caracteriza el mundo en estos momentos, marcado fundamentalmente por "la puesta en valor" de elementos tales como la novedad, lo último, la tecnología, lo científico, el cambio, lo moderno, la juventud, se produce la caída en descrédito de lo tradicional, lo conservador, lo antiguo, los mayores, el criterio de autoridad, etc., y las tic se han constituido en la encarnación material, palpable, inexcusable, de buena parte de esos valores supremos en la actualidad: lo último, lo tecnológico, lo genuinamente joven, lo más eficiente. Todo eso y mucho más se encuentra absolutamente incluido en el flujo tecnológico que despliega su apabullante halo a través de un sinfín de manifestaciones concretas, deslumbrantes, que cambian mejorando constantemente. Todos los grupos de edad, todas las instituciones, todos los individuos cuentan con ese plus que el uso, tenencia o destreza de las tic irradia a quien es capaz de sintonizar con ellas. Bien sea por la mera apariencia o por la verdadera utilidad, por la moda o por la necesidad, lo cierto es que las tic se hacen imprescindibles, constituyen, en su uso directo o intermediario, un elemento fundamental de la sociedad moderna.

En la medida que ese uso no es general e idéntico en todos los sujetos, las tic son susceptibles de marcar diferencias sociales, de hecho lo hacen en gran medida, y justamente en esa realidad heterogénea, desigual en cuanto a su uso y manejo, en cuanto a su tenencia y posesión, es donde encuentra el apoyo la consideración de las tic como un valor fundamental en estos momentos. La capacidad de las tic para canalizar y encauzar perfectamente los mecanismos de la moda, hacen de ellas un instrumento completamente indicado para la consagración de la diferenciación y de la estratificación social. Es evidente que ni la capacidad de manejo, ni la de adquisición de las tic se encuentra igualmente en todos los individuos o grupos sociales, por lo que ahí comienza ya la posibilidad de consolidarse una diferencia social.

Sin embargo hay que tener en cuenta lo que parece ser una correlación no proporcional entre la estratificación social, entre los grupos sociales y el uso y manejo de las tic. Es decir, no hay una exacta consecuencia entre el uso y tenencia de las tic y los grupos sociales. Así con un mínimo nivel intelectual y de formación, ya es posible obtener una alta rentabilidad del uso de las tic, y su disposición presenta asimismo una falta de correlación entre poder económico y tecnología disponible y ostentable.

Normalmente estas tic han sido concebidas por las empresas promotoras como unos bienes destinados a ser consumidos de forma masiva por las poblaciones, de ahí que sus precios también se encuentren acordes con la capacidad dispositiva de estos colectivos. Por tanto son muy escasos los elementos que tienen un objeto exclusivo de ostentación o lujo, más bien esa capacidad se ve en la frecuencia de la renovación tecnológica, en el estar a la última, de ser auténticos "willing users", o amantes de la tecnología del "last minute". No hay pues, PCs equiparables a un "ferrari" o a un "porsche", o a una mansión de superlujo. Más bien despliegan su mayor capacidad de negocio en la impulsión a las masas de iguales para marcar pequeñas diferencias entre sus individuos, que con una nueva adquisición posterior a la de un individuo de referencia comparativa puede sobrepasarla y mantener, aunque sólo sea temporalmente, una posición dominante sobre él.

Las tic han venido a encarnar a la perfección, a la vez que lo retroalimentan, dan vida y fuerza, al conjunto de valores e ideas que conforman la mentalidad actual. Las circunstancias en que tiene lugar el uso de las tic, las sitúa en el pleno centro de un proceso de absoluta actualidad. Decir que están de moda no parece del todo exacto por cuanto ésta parece alimentarse principalmente de elementos efímeros, irracionales, caprichosos, y poco o nada prácticos. Las tic comparten con la moda el hecho de la fascinación, el halo, la expectación que su uso, cuando se da en determinadas condiciones de novedad, de sofisticación, es capaz de producir. Otros elementos como su duración, su carácter práctico, su eficacia, parecen alejarlo de un tratamiento paritario con ella. De todos modos, aunque hay coincidencias insoslayables entre ambos fenómenos, no resulta en absoluto exacto referirse a las tic y a la moda como sujetos sociológicos equiparables, puesto que la moda más bien es un sentimiento, una sensación, y las tic son unos instrumentos que los individuos utilizan en su vida diaria para llevar a cabo determinadas actividades, de modo que perfectamente puede encajarse la primera en la existencia de las segundas, y canalizarse sobre ese presupuesto su verdadero funcionamiento y existencia. Esto último se nos antoja en principio como mucho más exacto, aunque el primer planteamiento pueda presentar atractivos reclamos teóricos.

En este punto parece encajar perfectamente la opinión de que las tic pueden ser consideradas como un valor moral. Dentro del contexto de una mayor racionalización de la sociedad, los valores se han hecho más técnicos, más racionales, más prácticos. Y en este sentido lo tecnológico, lo práctico cuadra mucho mejor con lo valorativo. Se ha producido una desvinculación de los valores sociales de instancias religiosas. Aunque tal como referimos en otras partes de este estudio, hay una transferencia nominal hacia otras instancias de contenidos que continúan siendo los mismos, y que afloran o se ocultan en función de las necesidades de mantenerlos en cada ocasión. ¿Pero qué hemos de entender por valores realmente?. Puede convenirse en que valores son aquellos sentimientos colectivos e individuales que los ciudadanos tienen en cuenta, y que constituyen normas de conducta que representan, más auténticamente que las normas legales, los propósitos y objetivos perseguidos por los individuos y colectivos sociales. Sirven para mejorar y engrasar la vida social, y hacer que los objetivos se cumplan más eficazmente, contribuyendo a la mejora de la vida en común, haciendo voluntariamente lo que conviene para que la vida del hombre en sociedad resulte más llevadera. Desde luego que hay valores que han hecho que la vida social resulte alterada, que varíe, que suponga un cambio de los planteamientos tradicionales, aunque estos casos se nos antojan menos frecuentes, menos usuales.

Los valores más directamente identificados con la religión, que en su día fueron incorporados a estos planteamientos, parece que ahora, al menos en Occidente, han salido de esos dominios, aunque sin cambiar sustancialmente. Así podemos decir que los principios que inspiran la vida social de Occidente se corresponden en cierta medida con los que fueron consagrados políticamente en la Revolución francesa. Los conocidos como libertad, fraternidad, igualdad y fraternidad, son claramente los que inspiran varias confesiones religiosas, entre ellas la cristiana. Lo que ocurre es que ahora son apoyados y defendidos por las constituciones políticas de los estados que en ellas toman su apoyo. En este punto podemos decir que hay una doble defensa de las mismas, la religiosa y la política. Aunque se trate de desligarlas, de definirlas como algo diferente, en la práctica son lo mismo sustancialmente. Sin embargo, los que tienen que ver con la política se tiñen de un laicismo y de una racionalidad que se pretende exclusiva, aunque se trate de lo mismo de siempre, y se quiera desligarlos de los lazos con lo religioso. Hace ya más de dos siglos que se considera que la sociedad va mejorando progresivamente, en un proceso dialéctico, en el que la vida social es impulsada por la acción inteligente del hombre, que con la ayuda de la técnica consigue una mejora clara de la misma. Para ello es preciso romper amarras con la tradición; progresar e ir hacia adelante son vistos como los procesos ideales para conseguir esa mejora, y por tanto es necesario que todo lo más posible sea nuevo, que no tenga que ver con lo anterior. Pero esa novedad total no es posible, hay innumerables aspectos que se mantienen, que deben continuar siendo como hasta ahora, aunque está mejor visto si todo se tiñe con una nota de novedad, de actualidad.

En este contexto, la aparición de las tic, su existencia, aporta aspectos importantes a esa configuración, hace más clara la identificación novedad-progreso. Se suman por tanto lo nuevo, las tecnologías y la idea de que lo nuevo es lo mejor. La moda de lo nuevo bebe directamente y confunde notas con el valor expuesto, resulta ciertamente dificultoso deslindar ambos casos, aunque la duración puede ser uno de los aspectos fundamentales para desligar esa confusión. La moda se contempla como un hecho mucho más perentorio que el valor, en este sentido puede ser entendida como una subespecie de este último. Sin embargo, dentro de ese contexto, cabe entender que la moda funciona en esta materia de una manera más fragmentaria que el valor. De hecho un mismo valor es susceptible de generar varias modas. Así, en la práctica una tecnología es capaz de actualizar y materializar aspectos que se corresponden en general a un valor de contenido más amplio, como el expuesto, de que lo nuevo es mejor, y se pone de moda una tecnología, que lógicamente ha surgido ya al amparo de ese planteamiento. Pero cada tecnología concreta, viene a revitalizar ese planteamiento por el mecanismo de la moda. En este sentido valor y moda se refuerzan y dan sentido mutuamente, por cuanto el uno justifica y apoya al otro, y la moda recuerda y mantiene vivo el primero. Sin embargo, la moda no es puro capricho. Hay que decir que la moda tecnológica aparece como perfectamente coherente y plenamente dotada de sentido, algo que parece que choca con otras manifestaciones de moda. Aunque también sobre este punto hay que decir que el arbitrio no es tal, puesto que hay unas campañas publicitarias y un cúmulo de intereses detrás que encuentran en esa variación continua de la moda la razón de su subsistencia, aparte de la razón psicológica, entre cuyas manifestaciones no cabe excluir el gusto por la novedad, por destacar, por diferenciarse de los demás, etc.

Cuando se consideran estos fenómenos de moda y valor en relación con las tic, lo más adecuado es ver qué es lo que ha ocurrido históricamente. Así podemos comprobar cómo nos encontramos ante unos fenómenos que se vienen repitiendo a lo largo de los siglos. El hecho de que la tecnología avance, de que la ciencia avance, es debido a que constituye un valor, un objetivo de la humanidad, y por tanto el proceso ha tenido un seguimiento continuado. La moda va pareja a ese proceso, aunque es mucho menos constante, y mucho menos continuada, sin embargo en ciertos periodos se ha producido un incremento de la labor y del éxito de la investigación, y ello puede entenderse como consecuencia de esa moda, junto a circunstancias más coyunturales, como las condiciones particulares de cada momento, que hacen que en determinados casos se produzcan unos hallazgos y no en otros, aunque siempre hay que contar con el factor individual, que es el que ha hecho, sobre todo en el pasado, que se hayan producido éxitos en el proceso inventivo. Hoy en día parece que es mucho más difícil conseguir un éxito por la vía individual, el trabajo se ha hecho mucho más complejo y normalmente está siendo el resultado de la acción colectiva de corporaciones y empresas dedicadas expresamente a ello.

16. Aventura

Las tic abren la posibilidad de que los usuarios penetren en mundos desconocidos, que se adentren en lugares y establezcan contactos insospechados y no previstos. Nos encontramos, pues, ante una dimensión sorprendente, de aspectos y contornos aventureros, y que constituye una nota más de las que contribuyen a su atractivo. Esta faceta no puede decirse que sea menor, de escasa importancia, en realidad representa uno de los principales elementos cautivadores de las tic, especialmente para los usuarios más jóvenes, aunque no exclusivamente. No solo lugares, sino también situaciones, relaciones y contactos, personales y comerciales, culturales y lúdicos, formativos, delictivos, funcionales y disfuncionales, es mucho lo que tiene cabida y lugar en las tic. Por tanto esa motivación de aventura, de diversión, de adentrarse en lo desconocido, la ofrecen hoy en día en buena medida las tic y es precisamente eso lo que las hace tan atrayentes a los ojos de muchos usuarios. Si a ello le añadimos su bajo coste, su carácter anónimo, su componente de reto (puesto que aporta un mundo en el que tienen cobijo infinidad de situaciones, de oportunidades y de posibilidades, pero también de trampas, peligros y riesgos), tenemos un panorama perfectamente apto para que muchos ciudadanos se encuentren en un hábitat totalmente favorable para desplegar muchas de sus fantasías, para dar mayor plenitud a su existencia, para combatir el tedio diario, para dar más aliciente a sus vidas, y además permite a sujetos determinados, con dificultades de relación social, con escasas habilidades en esos dominios, superar fácilmente esas barreras y actuar en igualdad de condiciones que cualesquiera otros. Todo ello hace de las tic un marco especialmente idóneo para la puesta en práctica de esa faceta social e individual de los usuarios.

Además la comodidad con que todo esto puede ser hecho, nos permite hablar de una dimensión de un enorme calado, de la que no nos podemos sustraer, con una gran vecindad conceptual con la del papel lúdico de las tic, únicamente lo hacemos por un recurso temático, operativo, pero somos completamente conscientes de que nos encontramos ante una más de las manifestaciones de las tic, con las que mantienen una identidad casi total. Juego y aventura son diferentes caras de una misma realidad, pero es en otro lugar donde nos referimos a este elemento de un modo más detallado. Llamamos ahora la atención sobre un aspecto que tiene su importancia al hilo de lo que estamos tratando.

Cuando un usuario asiduo de las tic centra su atención sobre ellas de una manera precisa, les dedica un tiempo que ha de restarlo a otras actividades. Así nos encontramos con que el tiempo que los jóvenes dedican a la faceta aventurera de las tic, puede que lo resten a otras aventuras más tradicionales, o puede que se lo resten al tedio, al aburrimiento, que dominaría su existencia de no ser por el concurso de esas tic. En el primer caso nos encontramos ante una limitación de la actividad real de aventura, podrían pensar algunos. Sin embargo el hecho de que la actividad se realice desde una pantalla, o sin desplazamiento del cuerpo físico del sujeto interviniente no quiere decir que no se produzca igualmente la experiencia aventurera, del tipo que sea. Así podemos poner ejemplos de sujetos que desencadenan por medio de Internet una verdadera y auténtica relación de amistad, de amor o incluso de pasión, a otros más dramáticos, de grupos terroristas que desarrollan por medio de las tic la mayor parte de su acción letal. Desde un punto de vista social, es prematuro el análisis de las circunstancias del modo de conducta tecnológico de los sujetos, de los usuarios. Si el tiempo de aventura tecnológica se lo roban los usuarios al tedio, parece que tengamos unos sujetos más alegres, más felices, aunque habría que ver hasta qué punto esta diversión técnica de los individuos es beneficiosa individual o colectivamente. Habría que ver hasta dónde ello supone un enganche del sujeto a la máquina, y hasta dónde se están limitando las capacidades humanas de buscar y fabricarse su propia diversión, o de convivir y soportar un determinado grado de tedio vital.

¿Estamos contribuyendo a crear un mundo muy divertido, muy festivo, muy lúdico, que habitúa a sus miembros a un umbral muy elevado de diversión, por debajo del cual toda vida se considera desgraciada, sin sentido y que no merece la pena? Son éstas, cuestiones para la reflexión, para el análisis, y como siempre en este punto se impone la comparación con otras épocas, pero la que aquí haremos es una comparación intuitiva, operativa, funcional, no erudita, no exhaustiva ni profunda, aunque la consideremos suficiente para el propósito perseguido. Si vemos los casos de Roma, de Grecia, de Egipto, etc., podemos decir que la aventura vital era mucha, los sujetos cada día veían que su vida corría riesgos serios, peligros evidentes, incertidumbres de no acabar bien. Hoy en cambio parece que nos educan para experiencias vitales de 80 ó 100 años, y por tanto con tranquilidad, aburrimiento, seguridad social, etc., parece que las tic vengan a llenar nuestras vidas de una cierta falta de esa aventura existencial de otras épocas. La observancia de qué peculiaridades se dan en estos momentos en las tic, hace necesario volver la vista hacia el pasado e investigar qué ocurría en otras épocas.

Ahora es cierto que los sujetos encuentran en la tecnología, y de modo señalado en las tic, unos lugares especialmente diseñados para satisfacer el deseo lúdico. Se hace muy fácil y sencillo acudir a la diversión, al placer de la contemplación, de mirar, de ver un espectáculo, de ver cosas agradables y desagradables, de sorprenderse, aunque también de aprender, de comprar, de informar, de informarse, de comunicarse de las maneras más diversas, de jugar, de delinquir. La tecnología en estos momentos permite por medio de su uso una amplia gama de acciones y comportamientos que resultan útiles y placenteros para el hombre. Se trata de duplicar toda una serie de actos y comportamientos que antes sólo era posible realizar de modo directo, acudiendo personalmente a los lugares y acontecimientos en que se producía la vida. Ahora parece que es posible suplir esa presencia real e inmediata en el lugar de los hechos por la intercesión de la tecnología, que hace innecesaria esa asistencia directa y personal. No es necesario acudir, se pueden conseguir los mismos o similares objetivos a través de la tecnología.

Por centrarnos en el objeto de este epígrafe, hemos de decir que asimismo la aventura, en toda su dimensión tradicional y de siempre, puede ser abordada desde un punto de vista tecnológico, que equivale a decir que es satisfecha desde otras perspectivas, de distancia, de anonimato, con lo que ello implica en cuanto a la

Las Nuevas tecnologías, como siempre. José Antonio Martínez

alteración y modificación de sus notas más características, que se ven alteradas por las nuevas condiciones en las que la misma tiene lugar. La novedad no está tanto en la diversión, puesto que en otras épocas, en contra de lo que se pueda decir en algunas ocasiones, podía ser tanta en cuanto al tiempo y dedicación empleados en ella, como en los tiempos presentes. Sino que más exactamente hablando, la verdadera novedad parece encontrarse en el modo en que la misma tiene lugar actualmente, especialmente por medio de la acción de la tecnología. En este sentido también podemos acudir a periodos más recientes para tratar de comprobar si otras tecnologías más próximas a nosotros nos han permitido lograr diversión de una manera mediata. Desde este punto de vista es evidente que la televisión o la radio ya supusieron en su momento un punto de inflexión importante en ese proceso de mediación en la diversión, en la aventura, en la información, en la comunicación. Otro tanto cabe decir de otros instrumentos como el telégrafo o el teléfono, o incluso de la imprenta en un periodo anterior.

Es evidente que el proceso de mediación cada vez alcanza mayores cotas, se ha logrado una mayor abstracción de las condiciones espacio-temporales, y se ha producido una mayor independencia respecto a la diversión real, in situ. La aventura tecnológica actual presenta características propias, diferentes de las que nos permitían las tecnologías anteriores, y más diferentes todavía de las que tenían lugar cuando no existía esa mediación tecnológica. Sin embargo siempre ha ocurrido que la tecnología ha servido para ampliar las expectativas, las opciones de diversión, de aventura del ser humano. Desde la invención del fuego o de la rueda, o de las armas o útiles de trabajo, o la ciudad, el hombre siempre ha tenido en esos instrumentos elementos con los que contar a la hora de afrontar aventuras, diversión, trabajos, etc. En este sentido, las nuevas tecnologías continúan ese proceso, esa tendencia. Cada tecnología origina unas nuevas formas de diversión, de aventura, aunque todas están en la misma línea al ampliar esas opciones. Es interesante investigar hasta qué punto y en qué medida esa correlación entre tecnología, aventura y diversión existen, y cómo se ha producido la relación entre unas y otras. Es un tema complejo, que puede dar lugar a profundos y extensos análisis, pero que puede contribuir sin duda a mejorar el grado de conocimiento de los fenómenos sociales como el que es objeto de estudio en el presente supuesto.

17. Ventajas y reticencias

Es preciso embarcarse en distintos niveles de análisis al afrontar una cuestión como la de las ventajas e inconvenientes que las tic implican. Desde el punto de vista de los usuarios concretos hemos de tener en cuenta que son varios los elementos que integran su apuesta por la decisión, por la toma de partido hacia una nueva tecnología, para acogerla en su vida ordinaria, de la que formará parte de un modo tan directo y próximo. Cabe hacer referencia a factores culturales, es decir a los procesos sociales por los que una conducta, cual es el uso de una y no otra variante tecnológica, es asumida por un determinado grupo social o colectividad. En este sentido no es necesario que todos y cada uno de los individuos de un grupo concreto experimenten las ventajas de su uso, basta con que la misma haya sido "acogida" por el grupo en su conjunto, para que cada sujeto dé ya por buena esa elección, sin necesidad de validarla individualmente. En ese proceso, además, tienen su peso específico factores diversos, coincidentes con fenómenos en cierta medida asimilados, como es la moda, el mito o la exageración del alcance real de un determinado hecho, etc. Así pues, la convicción individual, la opinión personal, el propio gusto, son generalmente el fruto de una suma de factores que aglutinados dan lugar a ese deseo, aspiración, creencia, convicción o conducta determinada. El caso que nos ocupa, en cuanto especie del proceso más general de la decisión, con todo lo que su formación y manifestación conlleva, no es una excepción y participa plenamente de las notas propias de aquélla. Esbozada esa breve consideración psicológico-social de la toma de decisiones, que interpelan más propiamente aspectos subjetivos de los individuos y grupos de convivencia, hemos de referirnos ahora a algunos rasgos que integran ese conjunto ventajoso que caracteriza las tic, y que supuestamente es el que ha concluido en la aceptación generalizada de su uso.

En este punto hay que tener en cuenta un hecho histórico importante y que forma parte del conjunto de elementos que son tenidos en cuenta a la hora de formar opiniones en torno a cuestiones tecnológicas. Se encuentran relativamente próximos en el tiempo determinados efectos, unos colaterales y otros directos, del uso de determinados tecnologías, y que han llevado a los intelectuales y a la sociedad en su conjunto a revisar opiniones muy asentadas como la del progreso continuado de la humanidad, la de la mejora constante de las condiciones de vida y la de que cualquier tiempo pasado fue peor. Tras la ocurrencia de hechos de esos tipos se ha producido una pérdida de confianza en el conocimiento humano. El hombre como especie ha constatado la posibilidad real de su desaparición como consecuencia del poder de la tecnología por él producida, y esa perspectiva de análisis ha pasado a formar parte sustancial de sus consideraciones sobre el propio hombre, sobre su poder, sobre la importancia de la ciencia y sobre el progreso ilimitado. Sin embargo, esto que parece que ha sucedido ahora por vez primera, quizás ya anteriormente fue experimentado cuando las dimensiones del análisis o los datos manejados eran más reducidos, puesto que aunque los efectos devastadores o no deseados de la tecnología disponible entonces no tenían el alcance planetario actual, sin embargo sí que eran capaces de dañar el micromundo o espacio entonces considerado, aunque no desde luego con el alcance actual. Por tanto, no nos atrevemos a decir categóricamente que la sensación de peligro extremo que actualmente rodea inevitablemente determinados desarrollos técnicos, sea absolutamente nueva.

Referida esta premisa conformante de las reflexiones actuales sobre la tecnología, hemos de decir que lo que constituye nuestro objeto de consideración, las tic, está en cierta medida al margen de un punto de vista semejante, aunque hay otros peligros, que se detallan más extensamente en otras partes del trabajo, pero en cualquier caso no operan como un factor disuasorio de una aceptación masiva y sin reticencias.

En general no puede decirse que las ventajas que se les atribuyen sean propias y exclusivas de nuestro tiempo. Es más, siempre ha sido así, y una de las razones principales por las que la humanidad ha ido completando etapas tecnológicas ha sido precisamente la de que siempre ha considerado que ello le reportaba más elementos positivos que negativos. Si no fuera así no contaríamos con la situación tecnológica actual. Si la agricultura, la ganadería, la escritura o la ciudad no fueran vistas como algo positivo no nos encontraríamos disfrutándolas actualmente. Es tan obvio, que resulta innecesario insistir sobre ello.

La cuestión que se nos puede plantear hace referencia a si la humanidad siempre ha mantenido la misma actitud actual en relación con esta consideración beneficiosa de las tecnologías. Si volvemos la vista atrás y contemplamos lo que ha ocurrido con la historia de la tecnología y con la del hombre, que es absolutamente inseparable de ella, vemos que ha habido etapas en las que esa opinión ha variado,

293

en las que en ocasiones también se ha mantenido una opinión disidente y contraria con determinadas tecnologías, y en que algún avance técnico se ha visto relegado por chocar con algún planteamiento ideológico. Sin embargo, la opinión mayoritaria, dominante, siempre ha acabado por imponerse, y en general la tecnología en su conjunto ha avanzado con paso firme.

La continuada opinión favorable a la tecnología y a la ciencia, que el hombre ha venido manteniendo, encuentra ahora, como hemos dicho anteriormente, unos determinados contrapuntos al hilo de los acontecimientos que han tenido lugar, y del efecto colateral no deseado que inexorablemente acompaña también a las tecnologías, así como al efecto querido, que en ocasiones alcanza magnitudes que le convierten en un peligro evidente. Todo ello hace que la concepción tradicional y que de siempre se había venido manteniendo, relativa al progreso de la humanidad, cuente en estos momentos más especialmente con un cuestionamiento que en otras ocasiones históricas parece haber sido menos frecuente.

No queremos decir con ello que sea la primera vez que tiene lugar una situación semejante, puesto que también en otras épocas se han dado acontecimientos en los que el hombre ha desconfiado de la técnica, y de hecho los conocidos como movimientos *antimaquinistas*, es decir aquellos en que una determinada tecnología es combatida por aquellos sectores sociales que ven en ella una seria amenaza para sus intereses de clase, han ocurrido en la historia más reciente de la humanidad, y reviven con intensidad variable cada vez que surge un nuevo instrumento técnico. No quiere decirse que ahora se produzca una batalla tan explícita como las que tuvieron lugar en el pasado en cuanto a ese aspecto concreto, pero sí que es inevitable que cada vez se produzcan reflexiones sobre esos hechos, sobre sus consecuencias, sobre si afectará negativamente los intereses de determinadas clases.

La cautela hacia la tecnología por sus consecuencias laborales, la que aquí señalamos respecto a los efectos para el trabajo, para las condiciones de una determinada clase social, no es la única puesto que ahora, y parece que cada vez más, la tecnología suscita reservas sobre las consecuencias medioambientales, sobre el impacto que su despliegue puede llegar a producir en la humanidad, sobre su influencia en la situación geopolítica mundial, sobre sus connotaciones éticas, etc.

Por tanto, como vemos, son numerosas las consideraciones que ahora se formulan sobre la conveniencia o no de aceptar, de implantar una tecnología. Son apreciaciones, opiniones, manifestaciones, que tienen lugar con motivo de la llegada de esas tecnologías. Algunas pueden llegar a ser más explícitas, a originar agrias polémicas sociales, a dividir opiniones y grupos sociales, y a veces se convierten en fuente de graves conflictos. Pensemos por ejemplo en los *movimientos antiglobalización y antisistema*, que en general pretenden combatir con los medios que tienen a su alcance la marcha de la humanidad en estos momentos, que debido a los avances científicos y técnicos se dirige de un modo inexorable hacia una globalización y situación en la que la tecnología parece dominar la mayoría de los procesos en el mundo presente. Estos movimientos atacan, aunque con una cierta confusión, al menos aparente, lo que consideran una nueva forma de capitalismo, que sobre la base de estos nuevos procesos técnicos está extendiendo el sistema hasta todos los lugares del planeta, y está incrementando los beneficios de los capitalistas hasta límites insospechados. Estos movimientos se hacen eco de una ideología poco clara, heredera en cierta medida del pasado anticapitalista, pero cuenta con el *handicap* de ver cómo esa ideología ha sido rechazada por los propios ciudadanos de los países en los que se había implantado en mayor medida, los comunistas, siendo repudiada por los excesos y aberraciones que ha originado; ciudadanos que ahora son los que más rápida e incondicionalmente se echan en manos de las nuevas fórmulas económicas, y los que muestran un mayor grado de aceptación de los métodos capitalistas, aún de los más extremos, puesto que parten de la opinión de que todo lo pasado fue peor.

La situación, pues, es la de una clara contestación, aunque hay que valorar suficientemente en qué medida esos movimientos, esos foros internacionales, esas llamadas de atención hacia el desarrollo tecnológico supondrán una traba eficaz a ese proceso más desenfrenado. Lo que hasta ahora ha ocurrido es que la técnica, la ciencia, siempre ha desarrollado sus potencialidades hasta el límite de sus fuerzas, aunque ahora la situación está alcanzando cotas elevadas de peligro real, de ataque frontal a la supervivencia del hombre como especie, a la del planeta, y entonces las reacciones están alcanzando cada vez más consistencia, de la mano de estos movimientos, ya sean antiglobalización, ecologistas, promotores de una mayor justicia, o países que ven peligrar sus formas de vida tradicionales en beneficio de los que son menos contemplativos y condescendientes con el medio ambiente, y que llevan el desarrollo al límite de las posibilidades técnicas. Asimismo hay casos en que determinadas religiones, creencias y confesiones, se oponen a las posibilidades técnicas que la ciencia ofrece, y en este sentido mantienen una actitud contraria a ese desarrollo tecnológico. Hay y ha habido en el pasado numerosos casos en que se ha producido ese rechazo que podemos llamar ideológico sobre la tecnología. Hay pues una contestación imparable, que es profusamente difundida por los medios de comunicación social, pero en general parece que la tecnología continúa y así lo seguirá haciendo su marcha implacable. ¿El límite dónde se encuentra, en un desastre global y definitivo, en un resultado continuado que llegue igualmente al colapso del planeta?. ¿Podemos rastrear precedentes situaciones de similar contestación al desarrollo tecnológico? No disponemos de datos relativos a estas cuestiones que sean lo suficientemente significativos, por lo que proponemos una acción investigadora que vaya en esa línea, que aclare estos aspectos, y que arroje luz sobre estas cuestiones.

Exponemos a continuación algunos supuestos en los que se deja sentir de modo especial el efecto más bien beneficioso de la implantación de las tecnologías que estamos analizando, las tic.

17.1. Información

No resulta comparable el volumen de datos, de información que un sujeto actualmente puede recabar a poco que sea permeable a la acción del fenómeno tecnológico. El problema fundamental que se suele plantear a los individuos es el de cómo resolver la saturación informativa, el gran acúmulo de material que puede llegar a manejar. Toda esa información ha de ser tratada, o al menos debería serlo. El hombre no tiene capacidad para digerir, para asimilar todo lo que de un modo u otro se ve obligado a engullir. ¿Qué problemas puede plantear ese estado de cosas? ¿Es eso un verdadero problema? Puede ocurrir una cierta desazón del intelecto. Hay una relativa insatisfacción por cuanto esos datos se ven almacenados en los receptáculos cognitivos y ahí se quedan, pero el individuo no tiene la iniciativa de ese proceso de información, la ha perdido por completo. Ahora no es necesario que el individuo vaya a buscar la información, ésta todo lo invade, lo domina todo y la iniciativa de la misma, es decir los contenidos, la frecuencia, el modo, son completamente

297

controlados por los agentes de los medios de comunicación. El sujeto tiene una pequeña capacidad para elegir el medio, la hora, la cantidad de información que deja entrar en su vida, pero resulta muy difícil de controlar ese proceso, al menor descuido se cuelan todo tipo de contenidos y en el modo no requerido. Además es una información enormemente dirigida, es decir, que no va primordialmente encaminada a mejorar el conocimiento humano, sino que hay una mezcla total y constante entre contenidos de todo tipo, lúdicos, formativos, comerciales, quizás los principales.

Hay una lucha enorme por captar la atención del sujeto, porque ello es dinero, porque tras ello hay un evidente interés económico. Entonces la información se deforma, se tergiversa, se reviste de interés, haciendo lo que sea para lograr ese propósito. Para ello ha de haber una relativa novedad, un hecho anormal, extraordinario, aunque ese carácter se deba únicamente a que lo vea mucha gente y genere sus comentarios. Generalmente las malas noticias, las desgracias, los desastres son más seguidos que los contenidos de sentido contrario. El control sobre el individuo, sobre las masas, sobre una colectividad, toma hoy en día esta vía, en muchas ocasiones se da a conocer un producto, se crea una necesidad social de adquisición y se comercializa y se obtiene un beneficio por ello. Es un moderno procedimiento comercial que ha de tener en cuenta elementos fundamentales de marketing y de competencia, puesto que hay unos límites y otros agentes pueden hacer lo mismo, además hay que dominar las reglas de captación de voluntades, y los destinatarios y consumidores se desenvuelven en un marco que aparece delimitado por el tiempo y por los recursos disponibles, por la saturación, por la moda, etc. El ámbito de la información se ha abierto y se ha ampliado enormemente en extensión, en inmediatez y en intensidad. Los contenidos provienen de todo el mundo, de cualquier parte, son de una cantidad e intensidad inagotables, de una permanencia absoluta.

Junto a ello, también hay muchos rasgos disfuncionales a tener en cuenta: el error, la reiteración, la falsedad, que implican una gran pérdida de tiempo, la saturación, el hastío, el estrés informativo, la desazón, la delincuencia, el poder de unos individuos y grupos, la desaparición de algunas profesiones, aparición de nuevas profesiones y modificación de casi todas, cambios de hábitat y de hábitos de conducta, etc.

Evidente y repentinamente las consecuencias parecen ser rotundas, tremendas, todo cambia, pero ¿es realmente así?. Nuestro propósito nos lleva una vez más a replantearnos esta situación de novedad total. Empecemos por los precedentes: la televisión, el teléfono, la radio, el telégrafo, el avión, el automóvil, el tren, el barco, la prensa, la imprenta, etc., han constituido otros tantos hitos en ese creciente proceso informativo de la humanidad. Han servido para acondicionarla, habituarla y prepararla para la actual situación, o sea que ya había un terreno abonado y, en cierta medida, ya en crecimiento. Las actuales notas del fenómeno informativo forman parte de un continuum, marcado por el crecimiento continuado y constante que se remonta a los tiempos de que tenemos noticias y que no han dejado de crecer, aunque con una velocidad variable e inconstante, pero que ha estado caracterizada por: una pérdida permanente y creciente de autonomía de los individuos y grupos respecto a la recepción de datos e información, por el uso comercial y productivo de la información, por la manipulación individual y colectiva por medio de la información y de los que la manejan y dirigen esos procesos, por la transmisión de modelos de conducta y hábitos de consumo y vida, por la relación continua y constante entre información y poder, por la hiperrealidad de que hablaba Jean Baudrillard, y por el medio como mensaje a que se refería M.

McLuhan. Si tenemos en cuenta estos datos, nos damos cuenta que la historia de la humanidad puede ser vista como una sucesión de acontecimientos en que la información siempre ha sido una clave de la vida social. Tanto los individuos como los grupos sociales han contado con la información, ésta ha formado parte de la vida social, y aspectos tales como el poder, la fama, el prestigio, la acción política, etc., han estado siempre directamente vinculados con todo el proceso informativo. Por tanto, no podemos decir que ahora esa situación haya variado, puesto que en todo tiempo y lugar podemos encontrar manifestaciones de lo que acabamos de decir. Esa información siempre ha sido elemento fundamental y clave en el engranaje social, para bien o para mal, para cohesionar o desencajar el grupo.

La mentira, el engaño, la difamación, la exageración, la intoxicación, también han estado siempre presentes en dicho fenómeno, y no cabe decir que sea éste un fenómeno reciente, debido al deseo de engañar, de manipular o de vender productos o ideas, más allá de su real y auténtico alcance. La saturación y el control y manipulación de los contenidos también parece que ha sido siempre un propósito y un objetivo perseguido por los agentes sociales, aunque su alcance ha dependido de las posibilidades técnicas y de dominio de los medios disponibles de esos agentes. Lo que ocurre actualmente es que se han franqueado unos límites técnicos que han dejado abierta la posibilidad de alcanzar esos objetivos de control por parte de los que ostentan el poder y el control de los medios. Contra la saturación y manipulación, hay que decir que los individuos tienen mecanismos psicológicos y sociales que les permiten combatir esas fuerzas opresoras, de modo que parece que siempre es posible encontrar una luz para la libertad y combatir el control manipulativo. Sin embargo esto ha de ser matizado, puesto que aunque sostengamos eso con carácter general, hay que decir también que la presión informativa es muy grande, y que el hombre puede desconectar de todo eso cuando se siente verdaderamente agobiado, pero de todas formas hay una continua acción sobre el sujeto que condiciona verdaderamente su vida, haciéndole objeto de un propósito verdaderamente manipulante y condicionante, que indudablemente modula su vida, aunque como hemos dicho éstos tengan la posibilidad de prescindir en cierta medida de esa acción, pero sólo en cierto punto.

Respecto a la concepción de la información, hemos de decir que siempre ha constituido una función básica para el hombre, tanto como emisario como destinatario de la misma, y tanto individual como colectivamente considerado. La verdad tiene perfecta cabida, pero de igual modo y medida la falsedad, la manipulación y la desinformación. La saturación parece más propia de la época presente. Efectivamente nos encontramos con una situación actual en que el individuo, por efecto directo de las posibilidades técnicas en este sentido, se ve acosado por un cerco informativo que le dejan pocas vías de escape, aunque hay algunas de alcance limitado.

Este apartado se refiere a la información, y se trata de analizar si realmente las tic aportan más información. En este sentido es necesario ver si el ciudadano está más informado que con anterioridad, y si esa información le resulta conveniente, necesaria y en definitiva más útil. Parece que el individuo hoy tiene a su alcance sin apenas esfuerzo una gran cantidad de datos de todo lo que ocurre en cualquier parte del mundo. Otra cosa es que todo eso le concierna, le afecte y le resulte útil. El hombre, sin contar con él, se ve bombardeado por una enorme dosis de informaciones sobre aspectos de cualquier tipo, que ocurren en el mundo. Además si lo desea puede recurrir vía Internet a datos de lo más variado sobre cualquier tema, de forma casi instantánea, aunque hay mucha información asociada a la que él pueda verdaderamente necesitar en un momento determinado, y que le hará invertir una gran cantidad de tiempo en depurar y separarla de la que le pueda interesar. Para qué sirve todo ese proceso. Es una pregunta complicada y que no tiene una fácil respuesta. En principio, el emisor, el que envía toda esa información, ve colmados sus deseos de informar de una determinada manera, de condicionar una determinada imagen de un producto, ya sea personal o comercial. El receptor se ve alcanzado por todo un conjunto de datos que no ha reclamado, pero que van creando en él todo una serie de hábitos informativos, y de formas de comportarse ante esa información, de vivir "informado", que condicionarán mucho su conducta, y sobre lo que él solo tiene una pequeña posibilidad de influencia.

17.2. Productividad

Es éste un término más bien procedente de la economía y que hace referencia a un conjunto de factores que afectan a la cantidad de bienes que se derivan de algo o de alguien. Así pues, si decimos que las tic aumentan la productividad, parece que aludimos directamente al hecho de que gracias a su uso se consigue una mayor cantidad de bienes o prestaciones, lo que suele tener bastante que ver con la velocidad de la producción y el acortamiento del tiempo necesario para generar algo. Evidentemente todo eso ocurre en el presente caso y ello es valorado especialmente en el momento histórico actual en que el tiempo constituye un elemento importante, en cuanto bien escaso, y en el que tiene lugar el ocio, como un fenómeno diferente y contrapuesto al del trabajo; el hombre se procura hoy lo necesario para vivir, y necesario se considera también hoy el ocio.

Este aspecto es muy relevante, supone una característica cada vez más determinante de nuestro hábitat social, y ha ido incrementándose, aunque no de un modo continuado ni uniforme históricamente, en función de factores tales como la disponibilidad de material técnico que posibilite ese tiempo de ocio. No opera por igual en todos los individuos, por cuanto su situación personal no es la misma, y hay otros muchos aspectos que determinan esa cantidad de tiempo libre disponible. Hoy en día es preciso además contar con recursos económicos para lograr esa actividad ociosa.

Pues bien, la productividad, en general, acompaña y caracteriza de manera principal a las tic y es uno de sus principales elementos de convicción por cuanto le permite al hombre tener más tiempo libre, además de un mayor rendimiento en su trabajo.

Sin embargo, es necesario referirnos a la situación histórica en general para valorar adecuadamente esta afirmación. Podemos preguntarnos en qué momento no ha sucedido algo semejante, en qué fase de nuestra historia no ha tenido lugar un acontecimiento similar. Efectivamente, ha sido una constante en la historia de la humanidad que la razón principal para que la técnica haya tenido éxito se ha debido fundamentalmente a que la técnica ha incrementado la productividad, a que el hombre haya alcanzado más rendimiento de su trabajo, lo que sin duda ha redundado en un incremento de tiempo libre, de ocio. Cualquiera que sea la tecnología considerada, el efecto comprobable siempre será el mismo. Si analizamos, por ejemplo lo que ocurrió cuando se produjo la invención del fuego, de la agricultura, de la ganadería, de la escritura, de la ciudad, podemos comprobar fácilmente cómo se dio inmediatamente ese efecto. Evidentemente se ha producido una mayor disponibilidad de elementos materiales, de objetos, de bienes en definitiva. Con el fuego el hombre ha sido capaz de combatir otros animales, de cocinar alimentos, con la agricultura ha sido posible aumentar la

303

producción de alimentos para su nutrición, permitiendo los asentamientos fijos y las ciudades; lo mismo puede decirse de la ganadería, que ha permitido disponer de animales para realizar las tareas más diversas y servir como alimento. Si por el contrario consideramos otros inventos más modernos como por ejemplo el tren, la imprenta, el automóvil, el teléfono o las tic, igualmente percibimos que la productividad ha aumentado notablemente debido a ellas. Es evidente que las ventajas que proporcionan han supuesto en la práctica un incremento muy notable de la capacidad del hombre para generar más y mejores bienes, para incrementar su tiempo de ocio, de hacer que sea posible un espectacular crecimiento demográfico debido precisamente a la acción de esa producción tan extensa y tan intensa. Pero se trata de una constante siempre observable en la historia humana, por más que ahora ese fenómeno nos parezca más real por tenerlo más próximo.

17.3. Calidad

Actualmente se hace difícil concebir una mayor productividad si no se mantiene al menos la calidad anterior, aunque las tic además suman una mayor calidad, con lo que el resultado es ya definitivo. A estos efectos entendemos por calidad el conjunto de prestaciones que hacen referencia al modo en que actúa una determinada tecnología, a la forma en que desempeña sus funciones propias.

En general una tecnología requiere una serie de conductas que han de adoptar los usuarios para poner en marcha un determinado aparato o instrumento, con cuya ayuda consiguen unos resultados superiores a los que obtenían sin ella. Siempre es precisa una mejora en los mismos, respecto a una situación precedente de ausencia de tecnología o del uso de una tecnología de menor alcance. Sin embargo los términos de esa mejoría incluyen una pluralidad de aspectos, como pueden ser la cantidad de resultados o su grado de perfección. Actualmente el empleo de estas tic ocasiona ambos efectos simultáneamente: una mayor cantidad de *outputs*, y una mejora de los mismos, con lo que su poder de convicción se multiplica.

Desde que surge una determinada solución técnica avanzada, desde que los investigadores y la industria lanzan una nueva forma de resolver un problema, o un reto de la vida diaria de los sujetos, la tendencia a seguir es la de agotar las opciones posibles de esa tecnología, hasta que la misma no puede dar mas de sí. De ese modo se inicia un proceso de profundización y exploración en el aspecto cuantitativo de la tecnología en cuestión hasta que se llega a su límite. Cuando esto ocurre se busca el salto cualitativo, el cambio de tecnología que permita esa mejoría que ya es imposible por la vía tradicional. Pues bien, en estos momentos históricos, pese al relativamente poco tiempo transcurrido desde su aparición, las tic parece que ya están alcanzando el techo de sus posibilidades de mejora, respecto de sí mismas, se entiende, por lo que ya comienzan a explorarse otras soluciones, que permitan romper el corsé que cada tecnología marca a sus opciones.

La calidad puede ser enfocada desde diversas perspectivas, por una parte, desde una consideración general, de continuo, y tomando como referencia una fecha pasada, por ejemplo hace 50 años (que entendemos un mirador razonable puesto que, a medida que retrocedamos en el tiempo, el desenfoque y el marco podrían hacer perder la eficacia de los términos de la comparación, por ser sencillamente inconcebibles), los resultados que actualmente se obtienen son absolutamente fabulosos y extraordinarios.

Sin embargo, desde el presente el panorama tecnológico puede verse de otro modo. Se ha creado ya un cierto hábito en el uso de estas tecnologías (aunque el continuo cambio no permita excesivos comportamientos rutinarios) y también un hábito, por qué no decirlo, a la dinámica de la mejora, es decir a ser sorprendidos cada cierto y escaso tiempo con una nueva solución más satisfactoria. Sin embargo, actualmente, el usuario está percibiendo como bastante evidente esa mejora provocada y destinada fundamentalmente a incrementar los beneficios económicos de los actores de la oferta. ¿Llegará también el sujeto pasivo, el demandante, a rechazar por excesiva la presión innovadora de la oferta tecnológica? La capacidad autorreguladora del mercado libre creemos que mantendrá esos parámetros en términos de equilibrio, haciendo innecesaria la preocupación por su devenir.

En fin, la calidad actual de estos productos es concebida por los usuarios como muy buena, aunque mejorable, sobre todo desde la óptica con la que funcionan los usuarios, derivada de su experiencia vital directa e indirecta, recibida por los canales culturales habituales. En este sentido no parece albergar muchas dudas la conclusión generalizada de que nunca antes el hombre había conseguido nada semejante, lo que se considera fruto del efecto mejorador del paso del tiempo, y tampoco es descartable la aparición en el futuro de nuevas soluciones más ventajosas para la vida cotidiana. Por tanto, la concepción subjetiva sobre la calidad y su gradación que posee el hombre actual, puede decirse que, globalmente considerada, es semejante a la de otros hombres y otras épocas: vendría a consistir en pensar que siempre, a medida que el tiempo pasa, el hombre consigue mejores resultados, mejores modos de hacer las cosas, de afrontar los problemas técnicos que se le plantean en la realidad diaria. Sin embargo creemos hallar un componente en ese pensamiento en cierto modo diferenciado de otros precedentes, el de

306

la perentoriedad de sus concepciones, de sus pensamientos sobre la tecnología, por cuanto los mismos precisan ser revisados, renovados, alterados con relativa frecuencia, cada vez mayor, en la medida en que los hallazgos tecnológicos han pasado de una esporadicidad relativa, a encarnar un flujo de descubrimientos continuados, que van alimentando ese otro proceso, del cambio tecnológico, de la renovación técnica que se ha instalado en nuestras vidas.

Desde un punto de vista objetivo, de la mejora de la calidad en sí misma, ha habido otros momentos históricos en que el hombre ha alumbrado hallazgos muy importantes, que le han permitido llegar a ser lo que es como especie. Y resulta bastante complejo el análisis comparativo de esos hechos, cuya simple enumeración disuade, por su magnitud y términos, un análisis mínimamente válido. Pensamos, por ejemplo, en el hallazgo de las ciudades, de la escritura, de la agricultura, de la domesticación de los animales, de la rueda o del fuego, de la dinamita o de la imprenta, la radio o la electricidad, los antibióticos, etc., que han marcado diferentes etapas de la humanidad. Localizar y cuantificar la importancia de las actuales tic en ese contexto general requiere unos mecanismos y unos parámetros de los que ahora no disponemos, su simple relato nos permite trasladarnos a unos momentos fundamentales para la historia humana y nos ayuda a relativizar, a redimensionar el alcance de un fenómeno actual como es el de las tic. Ni es la primera vez que tiene lugar un hallazgo tecnológico, al menos en general, ni quizás haya sido el más determinante. Sólo encontramos un pequeño rasgo peculiar, y es el del conglomerado tecnológico, la interrelación técnica que está teniendo lugar, no un hallazgo más o menos aislado, sino que se trata de un proceso interrelacionado que abarca muchos campos y muchas materias.

Si consideramos la historia de la humanidad y de la tecnología en particular, observamos que siempre que se ha producido un avance tecnológico ha habido una mejora en las condiciones en las que tiene lugar la existencia humana, y ello es consecuencia directa de la calidad que por medio de esas tecnologías se ha conseguido. Calidad en todos los sentidos, es decir, no sólo hay una mayor cantidad de bienes, sino que como consecuencia de esa tecnología lo que ocurre es que también la calidad de los bienes obtenidos es superior a la prexistente. Y eso podemos comprobarlo perfectamente en todos los órdenes de la existencia humana, en los que la tecnología ha ido dejando su impronta, así hoy con el ordenador podemos mejorar cuantos escritos y trabajos se venían haciendo. Ello es igualmente predicable de cualquier otro invento con anterioridad, el automóvil, el tren, el teléfono, la televisión, todo nos lleva a decir sin duda que la historia de la humanidad es una sucesión constante de acontecimientos en que la calidad continuamente ha ido mejorando, ha ido consiguiendo cotas cada vez más elevadas. Nos encontramos ante una de las notas principales de la tecnología, que fundamentalmente ha permitido que haya alcanzado niveles cada vez más elevados.

17.4. Comodidad

La comodidad puede entenderse en un sentido negativo como la dificultad que una tecnología requiere de los usuarios. Es una nota que va inevitablemente de la mano de la productividad y de la calidad. Si no se dieran al unísono, previsiblemente no sería admitida o lo sería en menor grado dicha tecnología. Los descubrimientos tecnológicos han ocasionado una comodidad mayor para el hombre, disminuyendo la penosidad de su esfuerzo, de su trabajo y de su lucha por la supervivencia. Así hay algunos descubrimientos científicos en que esto se ve de un modo claro y palpable, por ejemplo en la escritura, la ciudad, la agricultura, la ganadería, la máquina de vapor, la imprenta, el automóvil, el avión, etc. Hay en cambio otros en los que resulta más difícil de observar directamente ese efecto, así por ejemplo la televisión, la radio, o la electricidad, aluden más propiamente a aspectos mas intelectuales, menos directamente relacionados con el esfuerzo físico, con la movilidad del hombre. Así el uso del teléfono no supuso, en el sentido expuesto, una mejora de la comodidad, puesto que un procedimiento suplantado no existía, no había otro modo de comunicarse con la voz a distancia, o lo que podemos llamar como tal no llega a la categoría de tecnología, puesto que no encontramos instrumento alguno que permitiese al hombre superar las barreras físicas de la distancia para hacer llegar su voz de modo audible, inteligible, y de modo que fuese posible mantener una conversación duradera. En el sentido expuesto podemos decir que no se daba un incremento de una comodidad prexistente, sino una comodidad "ex novo", se implementaba una tecnología que permitía un comportamiento nuevo, nunca hasta entonces existente. En este sentido la comodidad era total, se pasaba de no tener a tener. Lo mismo puede decirse respecto a la televisión, al teléfono, etc.

En cualquier caso, ya suponga una mejora, una comodidad total, o meramente parcial, la comodidad ha de existir. No nos resulta concebible una tecnología que vulnere ese principio, que nos lleve a una mayor dificultad en los modos de hacer las cosas. Sí que hay hechos o circunstancias capaces de limitar o reducir el uso de una tecnología más cómoda o más efectiva, por razones de seguridad, por ejemplo es lo que ocurre con la energía atómica. Ello es debido a sus riesgos y a sus devastadoras consecuencias, ya que en la misma se combinan dos circunstancias contrapuestas: un efecto óptimo, extraordinario y espléndido, en circunstancias normales, pero un grave efecto colateral para el caso de una disfunción, cierto que poco probable, pero pese a todo posible y que ya ha tenido lugar. Pues bien, esto lleva a que ese argumento entre a formar parte fundamental del razonamiento de conjunto que sobre las tic tiene lugar, y de hecho en muchos casos se ha impuesto, limitando o cortando trayectorias técnicas que de otro modo habrían incrementado los riesgos de desastre. Así pues, salvo estos hechos aislados aunque no desdeñables, el camino tecnológico de la humanidad ha transcurrido por unos marcos caracterizados por las notas ya mencionadas de más productividad, calidad y comodidad, en dosis cada vez mayores.

La comodidad y las demás notas posibilitantes del discurrir tecnológico van también unidas a la fascinación, entendida como la sensación de asombro, de satisfacción que la experiencia tecnológica, entre otras, provoca en el ser humano. Comprobar cómo con la ayuda de un instrumento, de un artefacto, creado además por otros congéneres, es posible lograr un efecto superior, unos mejores resultados, un modo más satisfactorio de alcanzar unos objetivos, proporciona una gran dosis de placer, de satisfacción, de autocomplacencia. El hombre apoya buena parte de su sentimiento de grandeza, de superioridad creciente y temporal sobre el resto de seres vivos, y de los de su misma especie, de épocas anteriores, precisamente en los logros alcanzados con la ayuda del uso de estos instrumentos. Este sentimiento no debe ser trivializado, y en el mismo se amparan y apoyan otras muchas facetas de la vida moderna. Se considera que en esto no hay pasos atrás, que no es posible retomar un camino de vuelta. La humanidad, piensa la colectividad, va por el buen camino y no caben otras alternativas. Habrá que intentar mantener bajo control los efectos no deseables de las tecnologías, hay que ir admitiendo los riesgos esporádicos, aunque posiblemente devastadores, exterminadores de las mismas, pero no es concebible un acuerdo en torno a la renuncia al conocimiento alcanzado. Si el hombre ha sido capaz de alumbrar una tecnología, por peligrosa que pueda ser, es algo que está ahí, y no debe ser obviado. Hay que esconder la cabeza bajo el ala, hay que continuar aunque, de un modo incierto en el cuándo pero casi segura en su existencia, una destrucción nuclear nos aceche, pero creemos que quizás nosotros no la veamos y quizás tampoco nuestros hijos. En cualquier caso no debemos mortificarnos pensando en ella, veamos el lado positivo de la mayor eficacia, calidad, comodidad, duración de vida, etc.

Creo que está poco considerada esta nota de la comodidad, que es una de las que mejor define la técnica, en toda su historia. El hombre ha ido demandando siempre y se le ha ido ofreciendo una mayor comodidad. Parece que es una de las reglas básicas del funcionamiento de los seres vivos, no sólo del hombre. Cuando es posible hacer algo con menos esfuerzo, el hombre lo ha ido haciendo por ese procedimiento de menor coste. No parece que haya ejemplos contrarios, y por tanto la humanidad no iba a ser una excepción. En el momento presente parece que nos encontramos en uno de los puntos más álgidos de este planteamiento. Todo lo que implica comodidad, lo que puede hacerse con un esfuerzo menor, es lo que goza generalmente de una mayor predicación. Es ésta una de las reglas de oro del proceso tecnológico, y su mera enunciación ya resulta chocante por evidente y completamente sobrentendida, no obstante hemos de insistir y recapacitar detenidamente en ella.

17. 5. Perfección

Hace referencia a un conjunto de cualidades que la técnica ofrece a los usuarios, y que se caracterizan por ser vistas como insuperables. Tiene una consideración relativa, en cuanto ocurre siempre lo mismo, siempre que nos hallamos con una tecnología nueva se produce la aparición de un nuevo modo de efectuar las cosas, de tal forma que el procedimiento anterior se muestra por sí solo, y de un modo claro y diáfano, periclitado, decaído en sus funcionalidades, y el nuevo tiende a verse como algo extraordinario, de unas prestaciones muy superiores a las de su predecesor.

Dentro de ese contexto, en que disponemos de los elementos de juicio para valorar una tecnología previa, aplicada a otra posterior y superior, evidentemente la calidad nueva se ofrece como insuperable, como fabulosa, y sus características se presentan como definitivas. Es preciso que transcurra un tiempo en que el uso y el hábito de manejo de esa nueva tecnología ponga al usuario en condiciones de evaluar aspectos ocultos en un primer momento, y a la vista de todas esas nuevas consideraciones se irá formando una decantación racional de argumentos hasta ese momento impensables.

La perfección es una cualidad que alude directamente y tiene en su esencia la comparación, algo es más o menos perfecto en función de con qué otras cosas se establezca esa equiparación. Por tanto, sólo en la medida en que el uso continuado, el hábito y las nuevas tecnologías ponen ante nuestros ojos nuevos términos con los que efectuar la comparación, será posible cuestionar la perfección de una tecnología reciente. De hecho, cuando se produce un marco nuevo de comparación, es decir, cuando se puede señalar alguna deficiencia a una tecnología reciente, se empieza a estar ya en disposición de abordar un nuevo cambio tecnológico.

Esa concepción de la perfección ha sido históricamente vista como una perfección absoluta, como total, haciendo impensable una mejora de la misma. En ese proceso histórico global podemos señalar varias fases: a) En un primer momento histórico, el más largo, el señalado anteriormente, en que se produjo una total falta de referencia hacia otras soluciones superiores, se ha ido experimentando con variables, con pequeñas cantidades de diferencias que no han sido capaces de fundamentar una clara concepción de mejora, y por ello el desarrollo tecnológico se ha estancado en ese punto enormemente. b) La idea de progreso (con sus altibajos), de mejora de la tecnología, no siempre ha estado firmemente arraigada en la humanidad; en realidad, es una forma de pensar desde hace poco tiempo, alentada por una concatenación de éxitos científicos más o menos recientes y de una consolidación y florecimiento progresivo. Se ha ido gestando una concepción de la posibilidad de mejoría científica, hasta el punto que se ha institucionalizado esa concepción, originando una profesionalización, y aparición de una clase de científicos, es decir de todos aquellos cuyas aportaciones intelectuales van haciendo posible el ensamblaje de todo un conjunto de conocimientos que permiten alumbrar alguna mejora técnica, que inmediatamente se traslada al marco empresarial y es fuente de nuevas riquezas y nuevos beneficios. Al hilo de todo esto, es necesario señalar asimismo la habilitación de específicos fondos de investigación para promocionar, desde la esfera pública y privada, el florecimiento, desarrollo y mantenimiento de toda esta situación, de búsqueda de la perfección, de la calidad y de la consiguiente repercusión sobre el cambio técnico y en definitiva sobre el cambio de hábitat humano.

17.6. Comunicación

Aparentemente las nuevas tecnologías son sobre todo tecnologías de comunicación, en cuanto su carácter eminentemente instrumental. Los teléfonos móviles, el correo electrónico, el comercio electrónico, los chats, Internet, las videoconferencias, etc., es decir, la mayoría de estas nuevas tecnologías sirven y promueven formas nuevas de comunicación entre individuos, perdiendo la distancia o lejanía física el rasgo impeditivo que hasta ahora había tenido. Con la tecnología del telégrafo o del teléfono, esa distancia ya había empezado a dejar de ser un obstáculo, ahora se ha dado un paso más, y el peso de la misma es cada vez menor en las relaciones interpersonales. Además estas nuevas tecnologías sirven para incrementar el tiempo de relación y la frecuencia en la comunicación, vienen a sustituir al contacto físico directo. Al mismo tiempo ese mayor incremento de comunicación entre personas distantes hace que, en alguna medida, se reduzca o pueda hacerlo la existente ente personas próximas, puesto que la necesidad de comunicarse que el hombre experimenta puede ser cumplida o suplida por medio de las nuevas técnicas de comunicación y, por tanto, no ser tan imperioso el modo tradicional.

Algunas notas de las modernas formas de comunicación son: a) La ubicuidad, entendida como la posibilidad de comunicarse en cualquier lugar y circunstancia, al margen, como se ha indicado anteriormente, de los aspectos físicos tradicionales; b) El incremento de comunicación y la mayor duración y frecuencia de esa comunicación; c) Actualmente, al ser necesarios unos recursos técnicos para esa comunicación, el mercado les ha atribuido un elevado coste, siendo las empresas que producen y explotan estas tecnologías algunas de las que obtienen unos mayores beneficios empresariales; d) El carácter selectivo de las comunicaciones: es posible elegir a voluntad nuestros interlocutores, de modo que la espontaneidad se ha reducido en ese ámbito y el hábitat físico inmediato condiciona menos nuestros lazos afectivos y de comunicación. e) Los nuevos sistemas de comunicación han alterado también las formas de las relaciones comerciales; f) Permiten un mayor anonimato, una mayor privacidad; g) Sin embargo, al mismo tiempo aumentan las posibilidades técnicas de su control e interferencia, así como de la piratería, surgiendo nuevas formas de delincuencia comunicativa; h) Cada vez se producen más casos de encuentros, comunicaciones o conocimientos de otras personas, es decir, los conjuntos de individuos con los que tenemos relación comunicativa aumentan progresivamente; i) Sin embargo, disminuye la relación comunicativa, o la dependencia de esa comunicación entre sujetos próximos.

¿Estamos ante una novedad histórica? ¿En materia de comunicaciones, se ha producido un salto cualitativo o sólo hay una mayor cantidad de datos? Si analizamos el fenómeno en su conjunto, es decir con una visión global, histórica, de totalidad de la información más o menos disponible, hemos de afirmar que ha sido una constante en el desarrollo tecnológico de los instrumentos con los que el hombre ha ido mejorando su comunicación, la de ir reduciendo distancia, es decir acercar a los hombres, de modo que puedan ir superando barreras físicas en su interrelación. Así si pensamos en la escritura, ha permitido a unos hombres participar todo lo que han querido a otros semejantes con independencia del lugar y del tiempo; el correo, ha hecho posible organizar y mejorar la emisión y recepción de mensajes de contenido comunicativo; los propios transportes, son otro claro instrumento de mejora tendente a esa reducción de barreras; la imprenta (junto con el uso de soportes más accesibles para la inserción de contenidos comunicativos, como

315

los papiros, el papel, etc.) ha contribuido a eliminar barreras en esa comunicación. Los inventos más recientes del telégrafo y del teléfono han supuesto hitos decisivos en la línea descrita, de modo que esas barreras cada vez han ido siendo menores. El momento presente, con el gran desarrollo que estas tecnologías están experimentando, está claro que será al menos otro hito. Creemos sin embargo que el mismo puede seguir entendiéndose como un punto de referencia en ese proceso histórico de eliminación de obstáculos físicos a la comunicación, más que como un supuesto nuevo totalmente.

Como novedades en el estudio comparativo del fenómeno podemos señalar: el control de las comunicaciones y también la interferencia, las nuevas formas de delincuencia comunicativa, el coste de las comunicaciones, el negocio comunicativo, el mayor anonimato, el carácter selectivo, etc.

Además, la comunicación es uno de los elementos básicos de la concepción de estas nuevas tecnologías, denominadas "Tecnologías de la información y de la comunicación". Desde luego que Internet, el e-mail, el teléfono móvil, y los demás instrumentos que las nuevas tecnologías han puesto a nuestro alcance, para su uso diario, sirven para mejorar la comunicación; todas ellas tienen una justificación principal y uno de sus aspectos fundamentales en la mejora de la comunicación, junto con el otro pilar que es el de la información.

18. Ocio, juego y tic

Las tic actualmente tienen un elevado componente lúdico en varios sentidos. Por su propia configuración las nuevas tecnologías son un instrumento perfectamente válido para el desarrollo de una actividad lúdica, es decir, pueden servir de medio para jugar en el sentido habitual del término, y constituyen una de las formas más habituales de realizar algún tipo de juego. De hecho es muy elevado el número y el porcentaje de personas que a través de los modernos aparatos tecnológicos juegan.

Pero además, el empleo de las tic permite también al hombre actual dotar de un matiz, en cierta medida, lúdico su trabajo, su información, su comunicación. Es decir, el empleo de estas nuevas tic va habitualmente acompañado de una dimensión de esa naturaleza, de un placer añadido, más allá del mero uso plano de su finalidad más evidente. Así es posible y habitual combinar un ejercicio profesional o una búsqueda de información, con una cierta actividad gustosa, consultando al mismo tiempo alguna otra información que resulte más placentera, o buscando una comunicación agradable o practicando un puro juego. Su propia disposición técnica permite alternar perfectamente esos tipos de actividad que anteriormente se encontraban más compartimentados, en este sentido se ha producido una cierta mezcla de tiempos.

Además el propio uso tecnológico también implica una actividad llena de satisfacciones, debido al poco sacrificio que suele suponer, junto con otros factores como el manejo de un instrumento sofisticado, y su alta productividad, eficacia y calidad. De hecho aquí radica uno de los principales reclamos de estos productos tecnológicos, que les hacen captar de un modo tan fiel la voluntad del usuario, del consumidor.

Hay también otros aspectos que hacen de las tic un elemento importante para el ocio. Al reducirse el tiempo de trabajo, o al liberar actividad mental o sacrificio en el trabajador, se produce una mayor dedicación del hombre a sí mismo, a buscarse placer, a pensar en

317

unas mayores satisfacciones. Aunque también al propio tiempo por medio de las tic se le induce al hombre de hoy para que se procure y dedique tiempo al ocio por medio del uso de esas mismas tic.

Y en buena media el ocio actualmente está pensado y diseñado para circular por las tic en ambos sentidos, es decir hacia el usuario y desde el usuario, pero no es nuestro propósito un análisis exhaustivo del ocio en general, sino, una vez enunciados algunos aspectos del mismo, contrastar su auténtica naturaleza, es decir, tratar de acercarnos a su supuesta novedad histórica, si tal existe. Una vez más, la primera idea que al respecto nos invade es la de la originalidad, tendemos a creer que a nuevos desarrollos tecnológicos han de corresponder nuevas experiencias, nuevas actitudes, nuevas formas de pensar, de reaccionar, en fin, una nueva vida social. A estas alturas, ya ha quedado clara la tesis que tratamos de exponer, es decir la de asegurarnos que ello es así realmente, o ver si no es más que una ilusión apresuradamente hecha derivar del deslumbrante hallazgo técnico. Si nos aproximamos de nuevo a todas esas notas antes aludidas, nos damos cuenta que, en cuanto tales, siempre han acompañado a los anteriores desarrollos tecnológicos. En efecto, el hecho de tener mayor tiempo disponible, de poder usar la propia tecnología como fuente de placer, de juego, también se ha producido con anterioridad; poder mezclar más fácilmente el tiempo de ocio y el de trabajo, también ha tenido lugar antes. En general podemos decir que en otras ocasiones, con motivo de la implantación de otras técnicas, ha habido igualmente un aumento del juego, de la actividad lúdica en la sociedad. En fin, el juego y la diversión van inexorablemente unidos al desarrollo tecnológico; el tiempo y energías que la tecnología pone a disposición del hombre, éste las destina a incrementar su placer, su ocio, su juego. Sin embargo, analizados desde una perspectiva más corta, más próxima a nuestros días, sin tanta distancia histórica, podemos pensar, y de hecho así es mayoritariamente, que es la primera vez que el hombre experimenta y pasa por tales situaciones. Se trata, en última instancia, de una cuestión de matices, por una parte podemos decir que ha tenido muchos y constantes precedentes, pero si le vamos añadiendo condicionantes también podemos concluir que estamos en un tiempo nuevo y distinto, de hecho todos lo son en muchos aspectos, aunque la misión de nuestra propuesta sea encontrar continuidades, semejanzas, de forma que sean más inteligibles realidades sociales diferentes en el tiempo y en el espacio.

La vida entera como un juego. Aún hay otro elemento que es susceptible de derivarse en este punto y es el de la vida entera como un juego. Las actuales tecnologías han colocado la existencia humana próxima al abismo en muchas ocasiones: en este sentido hay peligro no solo de una posible guerra nuclear, sino que también mueren muchas personas como consecuencia de los modernos medios de transporte, tan veloces y sofisticados. Hay una continua valoración estadística de la posibilidad de muerte derivada del uso de la técnica actualmente, pero es asumida como inevitable por el hombre moderno.

En este sentido aludimos a la concepción de la vida como un juego, al aspecto lúdico referido a la vida misma del hombre. Se suele decir que la vida hay que vivirla con una cierta dosis de incertidumbre; o que puede ocurrir esa destrucción total, hace unos años el riesgo parecía mayor incluso que ahora, era más brutal en la época aterradora de la Guerra fría, o que desgracias siempre pueden ocurrir, pero hagamos lo posible para que ello no tenga lugar; o que después de todo no tenemos datos fehacientes de que esa autodestrucción del hombre haya tenido lugar en nuestra especie, así que seamos optimistas y continuemos por donde vamos. Éstos son los pensamientos dominantes que maneja la humanidad en torno a su existencia actual y a los riesgos que corre. En fin, el hombre trata de buscar salidas posibles desde un punto de vista psicológico a su existencia, a los retos y peligros que en cada época se le plantean.

El juego es una de las facetas más propiamente humanas, aunque también la compartan con otras especies, pero su alcance, duración y notas características es en el hombre donde adquieren una mayor presencia. En la época actual las tic, y la tecnología en general, se han puesto, como no podía ser de otra manera, al servicio de ese deseo tan propiamente humano. Y no sólo el ocio, sino la vida humana misma es contemplada bajo una buena dosis de juego. Seguimos adelante en el juego, en este caso se trata de una espeluznante ruleta de la destrucción, pero hasta que no llegue, y puede que no lo haga, la actual situación nos proporciona mil y una satisfacciones y después de todo, la destrucción total, si ocurriese sería hasta cómoda, rápida, sin darnos apenas cuenta. Sería una destrucción muy eficaz, de mucha calidad y enormemente fascinante. Una de las mayores fascinaciones del mundo actual la constituyen las guerras modernas, con su elevadísimo poder de seducción, por el uso fascinante de las tecnologías; en el caso que apuntamos, se trataría de un juego global, real y letal, que podría acarrear la destrucción total.

19. Paz social y tic

Cuando se observa la abrumadora mayoría de jóvenes dedicados en cuerpo y alma a las tic, que desde que se levantan hasta que se acuestan están continuamente pendientes de las mismas, que viven con, por y para las tic, puede uno verse asaltado por el pensamiento de que toda esa gente ya ha encontrado un modo definitivo de ocupar su tiempo, el libre y el resto. Podría pensarse que si históricamente hablando, la mayor parte de revueltas, algaradas y alteraciones del orden, han tenido que ver en buena medida con inquietudes no satisfechas, con ocios no canalizados, los entretenimientos actuales, a la vista de la inmensa e intensa ocupación de tantos jóvenes, generan una situación de paz social, de tranquilidad de la vida cotidiana en este aspecto. Pero resulta que tampoco es así, hoy sigue habiendo grandes revueltas, grandes conflictos, y las tic suelen ser un instrumento muy usado para difundir, emitir, recibir mensajes y consignas, y para crear, formar, incrementar opiniones, y tanto sirven para soliviantar como para apaciguar ánimos. Es decir, que las tic desde su aparición son unos medios que han servido a unos intereses como a los contrarios, aunque mayoritariamente lo han hecho de los sectores más pudientes, que controlan, filtran y condicionan el flujo tecnológico, su desarrollo y vigencia, mientras que los más desfavorecidos tienen una presencia y un protagonismo más residual.

Lo que ocurre es que los jóvenes tienen actualmente en las tic una ocupación importante en la que invierten buena parte de su tiempo, de sus energías. Qué consecuencias pueden derivarse de ello, a qué extremos puede dar lugar esa situación, son cuestiones importantes. ¿Estamos ante un fenómeno adormidera, como el que en otras épocas tuvo lugar en sociedades como la de Roma, por ejemplo? Ahora hay que sumar al propósito concreto de distracción de los medios de comunicación, el también absorbente del aspecto puramente técnico de las tic, o sea que distraen, ocupan y entretienen no sólo por el contenido, sino también por el continente, por todo lo que rodea los artilugios que integran el flujo técnico en general. Aparte de ello, las tic constituyen un acicate, un objetivo principal en la vida de muchos sujetos, el de trabajar para poder gozar de los terminados, concretos y específicos bienes de consumo modernos, alejados en buena parte de la mera satisfacción de las necesidades básicas, cuya persecución, alcance y disfrute justifican y dan razón de ser a los desvelos y anhelos de la vida moderna. Pues bien, las tic, y cuanto las rodea, constituyen un elemento fundamental en ese conjunto configurador del deseo consumista propio del mundo moderno.

Donde encontramos una cierta novedad es precisamente en ese entretenimiento indirecto que las tic ejercen en sus usuarios, en su vertiente colateral, por su componente externo, de mero instrumento. Junto con el papel del contenido, de la labor de ocupación que el mismo desempeña, el elemento externo también funciona como una especial motivación para esa carrera de captación de adeptos de las tic. La especial configuración de las tic, su nivel de dificultad de manejo, la exigencia de conocimientos y habilidades que le son propias, hacen que constituyan un reto especialmente atractivo para los jóvenes que ven en ellas un medio de competir, de rivalizar y, en la mayoría de los casos, de vencer la tiranía tradicional de los mayores.

¿Ocupan las tic tan definitivamente las energías de los jóvenes, hasta el punto que puede hablarse de una total absorción de las mismas, y una pérdida de ellas para causas revolucionarias, progresistas y configuradoras del futuro? Es muy difícil contestar a esa cuestión de un modo acertado, pero podemos decir que persiste una parecida cantidad de problemas, revueltas y conflictos de siempre. Nos inclinamos a pensar que la situación no se apartará de la de otras épocas, por más que presente tintes novedosos, como los que hemos expuesto anteriormente.

Aunque a primera vista la captación de tiempo en la juventud, su dedicación, el modo en que podamos hablar ya de un "imponente valor técnico", como una moda, como un objetivo al que tienden muchas voluntades hoy en día, pese a todo ello, por paradójico que resulte, por más evidente que se nos muestre, no parece que ese fenómeno vaya a ser capaz de cambiar el rumbo social, al menos de un modo profundo, por más que en apariencia se produzca una alteración en el modo de vida de muchos jóvenes, de muchos individuos. Creemos poder decir que las energías revolucionarias no se ven alteradas de un modo sustancial por el poder transformador del juego de las tic, por su función. Sí se produciría, empero, una reacción importante, una fuente definitiva de conflictos si se diera una situación en la que se privara a la juventud del uso, del juego, de la distracción de las tic, ello supondría una brusca alteración de una corriente muy avanzada ya, sería una quiebra definitiva de la actual situación que avocaría sin duda a una grave conflictividad social.

20. Hipótesis de un estudio comparado

A continuación vamos a realizar un ligero ejercicio imaginativo consistente en que en Roma o en la Edad Media dispusiesen de algo parecido a la televisión o al ordenador. Supongamos por un momento que ello fuera posible, o que actualmente la realidad social manifiesta fuera la propia de aquellas épocas. Dejemos desplegarse brevemente nuestra mente, y algunos de los posibles resultados podrían ser del tenor de los siguientes:

En Roma el ordenador podría prestar una extraordinaria utilidad en la organización de las legiones y las continuas campañas militares, en las correspondientes levas, en la explotación de las minas, en las fabulosas construcciones de obras públicas y recaudación de impuestos; en el control del correo o en la vigilancia de las fronteras en Britania, la Dacia, las Galias, Hispania, Helvetia o Germania, en

Las Nuevas tecnologías, como siempre. José Antonio Martínez

Egipto, Judea o Cartago, en fin en todo el Mare Nostrum; o en la organización de los continuos fastos militares en Roma, o en todo el Imperio; o para la construcción de los innumerables arcos de triunfo, vías públicas, acueductos, circos, teatros y anfiteatros, o para disponer el sofisticado Derecho romano, la organización política. O para controlar la delincuencia, y los espectáculos públicos y deportivos, las intrigas y el avance cultural, la unificación idiomática y el avance tecnológico en todos los órdenes. Es decir, los romanos fueron capaces de todas aquellas extraordinarias proezas sin contar con artefactos técnicos como el ordenador, sin el que hoy nos sentiríamos completamente perdidos.

En la Edad Media se podrían abrir los telediarios al menos en Europa con noticias relativas a la marcha de la Reconquista en España, el avance de la peste bubónica, el ejercicio del derecho de pernada, el asalto de ciertos bandidos a los caminantes, la subida del precio de los alimentos. Ello se podría alternar con las conexiones en directo con la construcción de la catedral de Pisa, de León o de Siena, o con el asalto de las huestes de Almanzor a Santiago de Compostela, o la muerte de varios pastores debido al ataque de ciertos osos en la Cordillera Cantábrica o en la Selva Negra. Desde luego habría sobrada gama de sucesos, como los que hoy hacen subir tanto las audiencias de los medios de comunicación.

En general nos sorprendería la similitud entre el pasado y el presente, aunque quizás sea menos escabrosa y dura (o eso creemos) la situación actual, la "gran novedad" de todos los temas de hoy en día quedaría enormemente cuestionada, y afloraría una mucho mayor similitud histórica entre ese pasado y el presente que la que hoy suponemos. Las desigualdades sociales, la agricultura, la ganadería, la minería, la marina de guerra, las comunicaciones, la banca, la educación, el empleo, el medio ambiente, la inflación, el coste del alquiler, la escasez de alimentos, los sucesos, el deporte, los hospitales, la sanidad, estarían mucho más próximos de lo que las modernas concepciones sociales nos hacen suponer. En muchos aspectos habría temas comunes tales como los derechos humanos, la religión, el poder, la cultura, las luchas de clases, la sequía, la producción, la igualdad, las obras públicas, las "nuevas tecnologías", la represión, el progresismo, los medios de comunicación, la ciencia, la medicina, la física, la filosofía, etc., que nos permitirían reconsiderar si verdaderamente nuestros mundos son tan distintos y si nuestra época es absolutamente nueva y original.

21. Algunas conclusiones

Podemos decir que no se produce una alteración de la vida social en sus elementos fundamentales. La historia del hombre se debate en los mismos problemas y en los mismos parámetros desde siempre y paralelamente se ha producido un gran cambio de hábitat, un significativo aumento de la productividad, del tiempo de ocio, de la comodidad y facilidad para la vida, pero otros aspectos que podemos tener por fundamentales no cambian: la guerra, la desdicha o la injusticia continúan existiendo. Es decir, el mundo como hábitat externo cambia mucho, mientras que el comportamiento social profundo cambia poco. La acomodación del hombre al hábitat es poco traumática porque en general las nuevas condiciones suponen una mejoría en los modos de vida. Frente al gran cambio que desde la teoría sociológica se sostiene, en realidad lo que se produce es un natural proceso adaptativo al nuevo medio que el hombre y sus desarrollos técnicos van generando. En este sentido hay una identidad sustancial con todos los procesos tecnológicos anteriores.

325

Las Nuevas tecnologías, como siempre.   José Antonio Martínez

Éstos siempre originan un cambio en las formas de la vida diaria y ordinaria, pero se mantiene una identidad de otros muchos elementos de la vida de los sujetos, tales como la estructura social, los sentimientos, y el funcionamiento de la vida comunitaria.

Los nuevos artilugios técnicos permiten mantener el optimismo y la confianza en la vida humana y en la existencia, el hombre va mejorando continuamente, ello da un sentido, una razón de ser a su existencia, es decir, a la vida y a la muerte. Hay una confianza en la capacidad del hombre para cambiar el mundo por medio del deslumbrante avance de la ciencia. En realidad supone una vuelta al Renacimiento, al humanismo, es un paso en secularización de la sociedad. Se produce, por tanto, un desplazamiento de la confianza depositada en Dios, hacia la capacidad del hombre.

Sin embargo, al mismo tiempo tiene lugar una incertidumbre técnica, un vértigo social de la mano de las nuevas tecnologías. Ignoramos hacia dónde vamos, qué nos deparará el futuro, pero la sociedad se *mueve* (avanza) a una velocidad asombrosa, hay cambios constantes, que nos permiten satisfacer el deseo de aventura que el hombre siempre ha tenido. A la espera de lo que la tecnología nos pueda deparar, contamos ya con un poderoso elemento de paz social, de cohesión. Así pues, se postergan planteamientos de descontento con el status quo, y con la propia condición humana, puesto que ese status quo está en movimiento continuo. Asimismo se suprime la cuestión sobre el fin del hombre y su existencia, se confía en que el hombre alcance a descubrir los últimos porqués. Puesto que el hombre está investigando y obtiene resultados constantemente, progresos continuos, puede llegar a descubrirlo todo. Tiene lugar un planteamiento que aleja las llamadas cuestiones últimas: de una parte la tecnología, llenando ese tradicional campo del pensamiento; la filosofía, relegada al lenguaje; la sociología, intentando averiguar sin éxito y sin perspectiva lo que ocurre, salvo cuando ya ha ocurrido; y la historia y la antropología, desconectadas del presente.

BIBLIOGRAFÍA

ARIÑO, Antonio. (1997). *Sociología de la cultura: la constitución simbólica de la sociedad*. Barcelona, Ariel.

ARON, Raymond. (1966*)*. *La lucha de clases*. Barcelona, Seix Barral.

BACON, F. (1961). *Novum organum*. Buenos Aires. Losada.

BAUDRILLARD, Jean. (1978). *Cultura y simulacro*. Barcelona, Kairós.

BECK, Ulrich. (1998) *La sociedad del riesgo: hacia una nueva modernidad*. Barcelona, Paidós Ibérica.

--- (1998) *¿Qué es la globalización?: falacias del globalismo, respuestas a la globalización*. Barcelona, Paidós.

BELL, Daniel. (1964) *El fin de las ideologías*. Madrid, Tecnos.

--- (1976) *El advenimiento de la sociedad post-industrial: un intento de prognosis social*. Madrid, Alianza.

BERGER, Peter L. y LUCKMANN, Thomas. (2003). *La construcción social de la realidad*. Buenos Aires, Amorrortu.

BOAS, Franz. (1965*)*. *The mind of primitive man*. London, Collier MacMillan Publishers.

--- (1966*)*. *Race, language and culture*. London, Collier MacMillan Publishers.

BOBBIO, N. (1974*)*. *Politica e cultura*. Torino, Giulioi Einaudi.

BRAUDEL, Fernand. (1993). *El Mediterráneo y el mundo mediterráneo en la época de Felipe II.* Madrid, Fondo de Cultura Económica.

BURCKHARDT, Jacob. (1974-75). *Historia de la cultura griega.* Barcelona, Iberia.

CARCOPINO, Jérôme. (1983). *La vie quotidienne à Rome à l'apogée de l'Empire.* Paris, Hachette.

CASTELLS, Manuel. (1997-1998) *La era de la Información: economía, sociedad y cultura.* 3 Vol. Madrid, Alianza.

--- (2003*) La Galaxia Internet.* Barcelona, Plaza&Janés.

CERRONI, Umberto. (1962*). Marx e il diritto moderno.* Roma, Editori riuniti.

CHOMSKY, N. (1976). *Aspectos de la teoría de la sintaxis.* Madrid, Aguilar.

--- (1984*). Estructuras sintácticas.* México, Siglo Veintiuno.

CORTINA, Adela. (1997). *Ciudadanos del mundo: hacia una teoría de la ciudadanía.* Madrid, Alianza.

DAHRENDORF, Ralf. (1962). *Las clases sociales y su conflicto en la sociedad industrial.* Madrid, Rialp.

DARWIN, Charles. (1983*). El origen de las especies.* Madrid, Sarpe.

DURKHEIM, E. *De la división del trabajo social.* Buenos Aires, Schapire, 1973.

EISENSTADT, S.N. (1970). *Ensayos sobre el cambio social y la modernización.* Madrid, Tecnos.

ELSTER, Jon. (1991). *Tuercas y tornillos: una introducción a los conceptos básicos de las ciencias sociales.* Barcelona, Gedisa.

ETZIONI, A. y E. (1968) *Los cambios sociales.* México, Fondo de Cultura Económica, 1968.

EVANS-PRICHARD, E.E. (1957). *Antropología social.* Buenos Aires, Nueva Visión.

FARRINGTON, B. (1972). *Ciencia y filosofía en la antigüedad.* Barcelona, Ariel.

--- (1973). *Ciencia y política en el mundo antiguo.* Madrid, Ayuso.

FEYERABEND, Paul K. (1974). *Contra el método: esquema de una teoría anarquista del conocimiento.* Barcelona, Ariel.

FRIEDMAN, M. (1966). *Capitalismo y libertad.* Madrid, Rialp.

--- (1982). *Friedman contra Galbraith.* Madrid, Unión Editorial.

FUKUYAMA, Francis. (1992) *El fin de la Historia y el último hombre.* Barcelona, Planeta.

GADAMER, Hans-Georg. (1992). *Verdad y método.* Salamanca, Sígueme.

GALBRAITH, J.K. (1972). *El capitalismo americano: el concepto del poder compensador.* Barcelona, Ariel.

GARCÍA FERRANDO, M. y otros. (2000) *El análisis de la realidad social: métodos y técnicas de investigación.* Madrid, Alianza.

GARFINKEL, Harold. (2006). *Estudios en etnometodología.* Barcelona, Anthropos.

GEERTZ, Clifford. (1988). *La interpretación de las culturas.* Barcelona, Gedisa.

Las Nuevas tecnologías, como siempre. José Antonio Martínez

GELLNER, Ernst. (1988). *Naciones y nacionalismo*. Madrid, Alianza Editorial.

GIDDENS, Anthony. (1995). *La constitución de la sociedad: bases para la teoría de la estructuración.* Buenos Aires, Amorrortu.

--- (1998). *Sociología*. Madrid, Alianza Editorial.

GUBERN, Román. (1987). *El simio informatizado*. Madrid, Fundesco.

HARRIS, Marvin. (1978). *El desarrollo de la teoría antropológica: historia de las teorías de la cultura*. Madrid, Siglo Veintiuno de España.

--- (1987). *El materialismo cultural.* Madrid, Alianza.

--- (1993). *Introducción a la antropología general*. Madrid, Madrid, Alianza.

HEGEL, Georg Wilhelm Friedrich. (1974). *Ciencia de la lógica*. Buenos Aires, Solar.

--- (1993). *Fenomenología del espíritu.* México, Fondo de Cultura Económico.

HOBSBAWM, E. J. (1992). *Naciones y nacionalismo desde 1780.* Barcelona, Editorial Crítica.

HUIZINGA, Johan. (1990). *Homo ludens.* Madrid, Alianza Editorial.

HUNTINGTON, Samuel P. (1997) *El choque de civilizaciones y la reconfiguración del orden mundial.* Barcelona, Paidós.

KANT, Immanuel. (1989*). Crítica de la razón pura.* Madrid, Alfaguara.

KEYNES, J. M. (1970*)*. *Teoría general de la ocupación, el interés y el dinero*. México, Fondo de Cultura Económica.

KUHN, Thomas S. (1971). *La estructura de las revoluciones científicas*. México, Fondo de Cultura Económica.

LAZARSFELD, Paul y BOUDON, Raymond.(1979). *Metodología de las ciencias sociales*. Barcelona, Laia.

LÉVI-STRAUSS, Claude. (1985*)*. *Las estructuras elementales del parentesco*. Barcelona, Planeta-De Agostini.

MALTHUS, T. R. (1951). *Ensayo sobre el principio de la población*. México, Fondo de Cultura Económica.

MANDEVILLE, Bernard. (1997). *La fábula de las abejas o los vicios privados hacen la prosperidad pública*. Madrid, Fondo de Cultura Económica.

MARCUSE, Herbert. (1972). *El hombre unidimensional*. Barcelona, Seix Barral.

--- (1976). *Eros y civilización*. Barcelona, Seix Barral.

MARX, Karl. (1971). *El 18 Brumario de Luis Bonaparte*. Barcelona, Ariel.

MASUDA, Yoneji. (1984). *La sociedad de la información como sociedad post-industrial*. Madrid, Tecnos.

McLUHAN, Marshall. (1969*)*. *La galaxia Gutenberg*. Madrid, Aguilar.

--- (1987). *El medio es el mensaje: un inventario de efectos*. Barcelona, Paidós.

--- (1990). *La aldea global: transformaciones en la vida y los medios de comunicación mundiales en el siglo XXI*. Madrid, Gedisa.

MOMMSEN, Theodor. (2003). *Historia de Roma*. Madrid, Turner.

MONTANELLI, Indro. (1961). *Historia de los griegos*. Barcelona, Plaza y Janés.

--- (1961). *Historia de Roma*. Barcelona, Plaza y Janés.

MYRDAL, G. (1967). *El elemento político en el desarrollo de la teoría económica*. Madrid, Gredos.

NEGROPONTE, Nicholas. (2000). *El mundo digital*. Barcelona, Ediciones B.

NISBET, Robert A. (1991). *Historia de la idea de progreso*. Barcelona, Gedisa.

OGBURN, William F. (1966). *Sociología*. Madrid, Aguilar.

ORTEGA Y GASSET, José. (1957). *Meditaciones del Quijote*. Madrid, Revista de Occidente.

--- (1976). *El tema de nuestro tiempo: el ocaso de las revoluciones, el sentido histórico de la teoría de Einstein, ni vitalismo ni racionalismo.* Madrid, Revista de Occidente.

PÉREZ ADÁN, J. (2006*). Sociología: comprender la humanidad en el siglo XXI*. Madrid, Eiunsa.

PIAGET, J. (1979). *Psicología y epistemología*. Barcelona, Ariel.

--- (1969). *Psicología y pedagogía*. Barcelona, Ariel.

POPPER, Kart R. (1994). *La sociedad abierta y sus enemigos*. Barcelona, Paidós.

--- (1973). *La miseria del historicismo*. Madrid, Taurus: Alianza.

RIFKIN, Jeremy (1996) *El fin del trabajo: nuevas tecnologías contra puestos de trabajo: el nacimiento de una nueva era.*

Las Nuevas tecnologías, como siempre. José Antonio Martínez

Barcelona, Paidós.

--- (1999) *El siglo de la biotecnología: el comercio genético y el nacimiento de un mundo feliz*. Barcelona, Crítica.

--- (2000). *La era del acceso: la revolución de la nueva economía*. Barcelona, Paidós Ibérica.

--- (2000) *La economía del hidrógeno: La creación de la red energética mundial y la redistribución del poder en la tierra*. Barcelona, Paidós.

RITZER, George. (1993). *Teoría sociológica contemporánea*. México, McGraw-Hill.

--- (1997). *Teoría sociológica clásica*. Madrid, McGraw-Hill.

ROCHER, Guy. (1977). *Introducción a la sociología general*. Barcelona, Herder.

SAHLINS, Marshall. (1983). *Economía de la Edad de Piedra*. Madrid, Akal.

SARTORI, Giovanni. (1988). *Teoría de la democracia*. Madrid, Alianza.

--- (2003). *¿Qué es la democracia?*. Madrid, Taurus.

SAUSSURE, Ferdinand de. (1987). *Curso de lingüística general*. Madrid, Alianza.

SCHUMPETER, J. A. (1984). *Capitalismo, socialismo y democracia*. Barcelona, Folio.

SMITH, Anthony D. (2004). *Nacionalismo: teoría, ideología, historia*. Madrid, Alianza Editorial.

SOMBART, W. (1962). *The jews and modern capitalism*. New York, Collier Books.

SPENGLER, Oswald. (1923-1932*). La decadencia de Occidente: bosquejo de una morfología de la historia universal.* Madrid, Calpe.

TERCEIRO, José B. (1996). *Sociedad digital: Del homo sapiens al homo digitalis.* Madrid, Alianza Editorial.

TOCQUEVILLE, Alexis de. (1985). *La democracia en América.* Barcelona, Orbis.

TOFFLER, Alvin. (1982) *La tercera ola.* Barcelona, Plaza&Janés.

TOURAINE, Alain. (1971) *La sociedad post-industrial.* Barcelona, Ariel.

TOYNBEE, Arnold Joseph. (1951-1968). *Estudio de la Historia.* Madrid, Emecé.

VATTIMO, Gianni y Pier Aldo Rovatti, eds. (1995). *El pensamiento débil.* Madrid, Cátedra.

VICO, Giambattista. (1995). *Ciencia nueva.* Madrid, Tecnos.

WEBER, Max. (1944). *Economía y sociedad.* México, Fondo de Cultura Económica.

--- (1969). *La ética protestante y el espíritu del capitalismo.* Barcelona, Península.

WITTGENSTEIN, Ludwig. (1987). *Tractatus logico-philosophicus.* Madrid, Alianza.

--- (1988). *Investigaciones filosóficas.* México, Instituto de Investigaciones Filosóficas.

www.ingramcontent.com/pod-product-compliance
Lightning Source LLC
Chambersburg PA
CBHW051852170526
45168CB00001B/74